Henrik Svensmark · Nigel Calder
Sterne steuern unser Klima

Henrik Svensmark · Nigel Calder

# Sterne steuern unser Klima
Eine neue Theorie zur Erderwärmung

Aus dem Englischen von
Helmut Böttiger

Patmos

Titel der englischen Originalausgabe:
*Chilling Stars. A New Theory of Climate Change*
Published in the UK in 2007 by Icon Books Ltd.

© 2007 Henrik Svensmark and Nigel Calder

Bibliografische Information der Deutschen Nationalibliothek

Die Deutsche Nationalbibliothek verzeichnet diese Publikation in der Deutschen Nationalbibliografie; detaillierte bibliografische Daten sind im Internet über http://dnb.d-nb.de abrufbar.

© der deutschen Übersetzung
2008 Patmos Verlag GmbH & Co. KG, Düsseldorf
Alle Rechte vorbehalten.
Printed in Germany
ISBN 978-3-491-36012-9
www.patmos.de

# Inhalt

Vorwort .................................... 7
Einführung ................................. 9

1 Was die Sonne mit der Eiszeit zu tun hat ............. 19
2 Das Rätsel der Höhenstrahlen .................... 43
3 Wie Höhenstrahlen die Erde kühlen ................ 71
4 Wie Höhenstrahlen zur Wolkenbildung beitragen ...... 108
5 Wenn die Erde durch die Galaxie reist ............... 140
6 Sternenexplosionen, Eis in den Tropen
  und neues Leben ............................... 164
7 Sind wir Kinder einer Supernova-Explosion? .......... 188
8 Was die Kosmoklimatologie leisten muss ............. 213

Nachwort von Eugene Parker ....................... 241
Anmerkungen .................................... 244
Literatur ........................................ 247
Index ........................................... 248

# Vorwort

Dieses Buch ist das Ergebnis eines jahrelangen Gesprächs. Während der eine von uns, Henrik Svensmark, die wissenschaftlichen Ergebnisse einbrachte, stellte der andere, Nigel Calder, den Text zusammen und fügte verschiedene Details hinzu. Bis zur Fertigstellung des Manuskripts genossen wir gemeinsam die Erregung, Dinge herauszufinden, die bisher keiner kannte – dazu gehörten auch die Ergebnisse der dringend erforderlichen Berechnungen, die mithilfe von Svensmarks Sohn Jacob gelangen.

Wir waren uns das erste Mal im Jahr 1996 begegnet. Eigil Friis-Christensen machte uns bei einem Mittagessen, bei dem es dänischen Hering und Lagerbier gab, miteinander bekannt. Svensmark trug damals seine ersten Ergebnisse vor, die zeigten, dass Höhenstrahlen, auch kosmische Strahlen genannt, Einfluss auf die Ausbreitung der Wolkendecke der Erde hatten. Calder schrieb dann eilig ein Buch über die Geschichte dieser Entdeckung und ihrer Implikationen – *Die launische Sonne*. In den folgenden Jahren sprachen wir oft über die Möglichkeit einer überarbeiteten Neuauflage. Doch als sich die Geschichte in so viele unerwartete Richtungen weiterentwickelte, konnte dem nur ein neues Buch gerecht werden.

Wir sind allen dankbar, die weiterführende Bemerkungen zu den ersten Entwürfen oder zu einzelnen Teilen beigesteuert haben. In alphabetischer Reihenfolge waren das Liz Calder, Peter Campbell, Roland Diehl, Jasper Kirkby, Gunther Korschinek, Eugene Parker, Jens Olaf Pepke Pedersen, Nir Shaviv und Ján Veizer. Keiner von ihnen ist für irgendwelche Fehler, die noch enthalten sein mögen, verantwortlich.

Ein herzlicher Dank gilt Simon Flynn und seinen Kollegen von unserem englischen Originalverlag Icon Books dafür, dass sie das

Manuskript unter der seltsamen Bedingung von Vertraulichkeit, die der Ankündigung der Versuchsergebnisse voranging, angenommen und dann das Buch sehr schnell und mit großem Elan produziert haben.

*Henrik Svensmark Hellerup, Kopenhagen, Dänemark*
*Nigel Calder Crawley, West-Sussex, England*

# Einführung

In einer sternenklaren Nacht kann man sich eine Erkältung holen. Unsere Ahnen waren daher manchmal versucht zu glauben, dass Mond und Sterne der Erde die Wärme entziehen und Menschen krank machen. Sie hatten gut beobachtet, aber eine fragwürdige Theorie aufgestellt. Von Astronomen wissen wir inzwischen, dass die meisten hellen Sterne viel heißer als unsere Sonne sind. Wenn die größten Sterne in mächtigen Supernovaexplosionen zerbersten, versprühen sie in der Galaxie geladene, atomare Teilchen, die wir Höhenstrahlen oder kosmische Strahlen nennen. Diese explodierten Sterne tragen zur Abkühlung der Erde bei, und zwar durch eine Zunahme der Bewölkung.

Die Entdeckung erschien zuerst abwegig. Wer glaubt schon, dass gewöhnliche Wolken, die dekorativ am Himmel dahinziehen, dies auf Befehl von Sternen tun, die weit draußen im Weltenraum explodieren? Oder dass das Klima Schwärmen von Atomteilchen folgt, die aus der Milchstraße auf uns herniederprasseln? Dennoch: Ein kürzlich durchgeführtes Experiment zeigt, wie trickreich dies vor sich geht. Der Versuch stellt vieles, was Wissenschaftler über das Wetter, das Klima und die lange Geschichte des Lebens auf der Erde zu wissen glaubten, auf den Kopf.

Um der Natur einige ihrer bestgehüteten Geheimnisse zu entlocken, wendet sich unser Buch fernen Orten zu: dem atlantischen Meeresboden, fossilienreichen Hügeln in China, der stürmischen Sonne und den Spiralarmen der Milchstraße. Aus der Kluft zwischen Raum und Zeit ergeben sich überraschende Beziehungen. Da die Bandbreite des Buches wohl einige Leser erstaunen wird, legen wir zu Beginn eine kurze Einführung vor. Sie können sie überblättern, wenn Sie wollen.

Das Klima ändert sich ständig. Erste Hinweise darauf, dass die Höhenstrahlung etwas damit zu tun hat, liefert Kapitel 1. Es handelt von einander abwechselnden Kälte- und Wärmeperioden der letzten paar Tausend Jahre, vor allem von der jüngsten Kleinen Eiszeit, die vor rund 300 Jahren ihren Höhepunkt erreicht hatte und auf die das derzeitige warme Zwischenspiel folgte. Die Kleine Eiszeit ging mit einem ungewöhnlichen Zustand der Sonne einher. Er heißt »Maunder-Minimum«. Es gab nur wenige Sonnenflecke, was auf eine nur schwache magnetische Sonnenaktivität schließen ließ. Ein weiterer Hinweis auf die geringe Sonnenaktivität war ein plötzlich gestiegenes Aufkommen radioaktiver Kohlenstoffatome und anderer langlebiger Isotope. Sie sind Indikatoren, die sich aufgrund von Höhenstrahlung durch Kernreaktionen in der Luft bilden. Das Magnetfeld der Sonne schützt uns vor zu viel Höhenstrahlung. Doch wenn es sich abschwächt, dringt mehr kosmische Strahlung auf die Erde durch.

Kälteereignisse wie die Kleine Eiszeit sind seit der jüngsten Eiszeit, die vor 11 500 Jahren zu Ende ging, neun Mal eingetreten. Sie waren immer mit einer starken Vermehrung radioaktiver Kohlenstoffatome und anderer Isotope verbunden. Historiker und Archäologen bezeugen das Elend, das diese Phasen über unsere Vorfahren gebracht haben. Ein deutscher Wissenschaftler, der ältere Phasen der Eiszeiten untersuchte, entdeckte, dass große Eisbergschwärme, die während sehr kalter Perioden auftraten, beim Abtauen ihr mitgeführtes Geröll weiter südlich auf den Ozeanboden fallen ließen. Wieder fielen die so ermittelten kalten Zeiträume mit Episoden geringer Sonnenaktivität zusammen.

Selbst Wissenschaftler, die sich einig sind, dass die Sonne eine deutliche Rolle beim Klimawandel spielt, sind dennoch geteilter Meinung in der Frage, wie sie ihren Einfluss ausübt. Manche Forscher erklären den Wechsel von warmen und kalten Perioden durch die Änderungen der Strahlungsintensität der Sonne. Ihrer Meinung nach sind die Höhenstrahlen nicht unmittelbar an der Gestaltung des Wetters beteiligt, sondern zeigen nur an, ob die Sonne

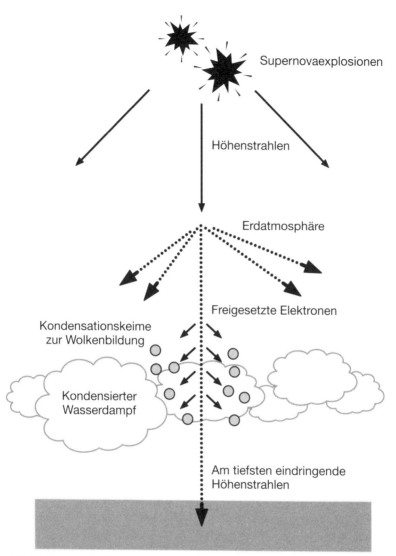

*Abb. 1: Die Geschichte in wenigen Worten: Mehr Höhenstrahlen sind gleichbedeutend mit mehr Wolken und einer kühleren Erde, denn die Höhenstrahlen tragen zur Wolkenbildung bei.*

mehr oder weniger magnetisch aktiv ist und daher heller oder schwächer strahlt. Dänische Wissenschaftler, allen voran Henrik Svensmark, glauben jedoch, dass der unmittelbare Einfluss der kosmischen Strahlen auf das Klima viel wichtiger ist, weil Höhenstrahlen auf die Bewölkung der Erde einwirken.

Kapitel 1 schließt mit einem Überblick über die aussagekräftigsten Beweise, die ein Schweizer Physiker gegen die Theorie Svensmarks vorgebracht hat. Vor etwa 40 000 Jahren wurde das Magnetfeld der Erde sehr schwach. Geophysiker nennen dies das »Laschamp-Ereignis«. Dadurch drangen viel mehr Teilchen der kosmischen Strahlung in die Atmosphäre ein und hinterließen ihre Isotope als Visitenkarte. Hätte dies gemäß der Theorie vom Zusammenhang zwischen Höhenstrahlen und Wolkenbildung nicht zu einer starken Abkühlung führen müssen? Doch gerade die war nicht eingetreten.

Um dieses wohlbegründete Argument zu widerlegen, ging Svensmark dem Rätsel der Höhenstrahlen noch einmal auf den Grund. Davon handelt Kapitel 2. Auch wenn Sie es nicht bemerken: Etwa zweimal pro Sekunde schießt ein Teilchen der kosmischen Strahlung durch Ihren Kopf und verschwindet im Boden unter Ihren Füßen. Wenn Sie einen Berg besteigen oder mit dem Flugzeug fliegen, sind es wesentlich mehr Teilchen pro Sekunde.

Seitdem ein österreichischer Wissenschaftler die Höhenstrahlen vor beinah einem Jahrhundert entdeckt hatte, schienen sie eher eine Nebensache zu sein. Zunächst waren sie bei den Forschern auf großes Interesse gestoßen, erwiesen sich dann aber für die Belange des Universums und der Erde als eher unwichtig. Erst kürzlich haben Astronomen erkannt, dass die kosmischen Strahlen ein wesentlicher Bestandteil in dem Hexengebräu sind, aus dem die Sterne, die Planeten und die lebensnotwendigen Chemikalien stammen. Höhenstrahlen, die von einem weit entfernten Reigen explodierter Sterne hier eintreffen, beeinflussen unser Leben auf eine Weise, die die Wissenschaft nur langsam anerkennt. Bevor sie uns erreichen, müssen die kosmischen Strahlen drei Schutzschilde durchbrechen: den Magnetismus der Sonne, den Magnetismus der Erde und die uns umgebende Luft. Die üppige Atmosphäre der Erde ist ein Grund dafür, dass dieser Planet das Leben mehr begünstigt als etwa die Marsoberfläche, auf der die Höhenstrahlen Hunderte Male heftiger einschlagen. Auf der Erde dringen nur die energiereichsten geladenen Teilchen bis auf Meereshöhe vor. Sie werden »Myonen« oder »schwere Elektronen« genannt. Sie entstehen, wenn die eintreffenden kosmischen Teilchen auf Atome der Atmosphäre treffen.

Nach Svensmarks Theorie tragen die Myonen dazu bei, jene niedrig ziehenden Wolken zu bilden, die die Erde abkühlen. Um den scheinbaren Widerspruch des Laschamp-Ereignisses zu seiner Theorie zu erklären, ging Svensmark dem Ursprung der Myonen nach. Dabei benutzte er ein deutsches Computerprogramm, das alle atomaren und subatomaren Ereignisse berechnet, die eintreten, nachdem kosmische Strahlenpartikel auf die Atmosphäre auftreffen. Er stellte fest, dass fast alle Myonen, die die untersten 2000 Meter der Atmosphäre erreichen, durch Teilchen erzeugt werden, die zu energiegeladen sind, als dass sie von Änderungen des schwachen Erdmagnetismus beeinflusst werden könnten. Demnach gibt es keinen Grund, wegen des Laschamp-Ereignisses eine größere Zunahme an Myonen oder eine bedeutendere Abkühlung zu erwarten.

Reagieren Wolken nur passiv auf anderweitig verursachte Klimaänderungen, wie die meisten Klimawissenschaftler des frühen 21. Jahrhunderts annahmen, oder verursachen sie das Ganze? Dies ist das Thema im 3. Kapitel. Die Forschungen in Kopenhagen konnten aufzeigen, welche Wolkenart für Klimaänderungen am wichtigsten ist und am stärksten durch die Höhenstrahlen beeinflusst wird: Es sind die untersten Wolkenschichten, die weite Gebiete der Erde bedecken. Dies fällt besonders bei transatlantischen Flügen auf, wo Wolken über Tausende von Kilometern eine leuchtende, aber etwas langweilige Szenerie bieten.

Anders als höhere Wolkenschichten, die sich wärmend auswirken, halten Wolken unter 3000 Metern über NN den Planeten kalt.

Wenn weniger kosmische Strahlen durchdringen, werden auch die niedrigen Wolken weniger und es wird wärmer. Während des 20. Jahrhunderts hat sich die Stärke des Magnetfelds der Sonne mehr als verdoppelt. Dadurch haben sich die kosmischen Strahlen und Wolkenbildung so weit verringert, dass dies die von Klimawissenschaftlern gemeldete globale Erwärmung weitgehend erklärt.

Doch sind die Wolken wirklich schuld am Klimawandel? Einen schlagkräftigen Beweis hierfür liefert der Südpol der Erde. Die sich mehrenden Hinweise, dass die Antarktis klimatisch eigene Wege geht, verwirrten die Forscher. Wenn sich die Erde insgesamt erwärmt, wird es in der Antarktis kälter, und umgekehrt. Komplizierte Theorien versuchen diesen eigenwilligen Vorgang zu erklären. Wenn Wolken der Grund sind, lässt sich die antarktische Klimaanomalie vorhersagen. Die Antarktis ist das einzige große Gebiet, über dem niedrige Wolken den verschneiten Boden erwärmen, während sie den Rest der Erde kühlen.

Die Bestätigung, dass Wolken die Klimaänderungen bewirken, scheint eine gute Nachricht für die Erdbewohner zu sein. Sie macht die Sonne zu einem mächtigen Motor des Klimawandels, und zwar durch ihr Einwirken auf die kosmischen Strahlen, die zu einem wesentlichen Teil für die Erwärmung im 20. Jahrhundert verantwortlich sind. Wenn dies der Fall ist, dann müssen die Auswirkungen von Kohlendioxid recht gering sein. Damit fällt die globale Erwärmung im 21. Jahrhundert wahrscheinlich wesentlich geringer aus, als die typischen Vorhersagen von drei oder vier Grad Celsius behaupten.

Zehn Jahre nachdem Svensmark und seine Kollegen in Kopenhagen erstmals auf den Zusammenhang zwischen Höhenstrahlen, Wolken und Klima hingewiesen hatten, wurden ihre Forschungen noch immer ignoriert oder kritisiert. Ihre Idee zog die gängigen Hypothesen zum Klimawandel in Zweifel. Sie stießen deshalb zum Teil auf massive Ablehnung. Die Gewährung weiterer Forschungsgelder wurde erschwert. Um der Kritik zu begegnen und für die Entdeckung die Aufmerksamkeit zu bekommen, die sie verdiente, musste das dänische Forscherteam herausfinden, *wie* Höhenstrahlen die Wolkenbildung beeinflussen. Kapitel 4 gibt darauf die Antwort.

Es ist seltsam, aber die Wetter- und Klimaexperten wussten nicht genau, wie es zur Wolkenbildung kommt. Ihre Lehrbücher besagten nur, dass die Luftfeuchtigkeit kondensieren kann, wenn feuchte Luft weit genug abkühlt. Daraus entstehen Wolken. Doch zuerst müssen in der Luft kleine Teilchen als Kondensationskeime für Wolken vorhanden sein, an denen sich Wassertröpfchen bilden können. Die wichtigsten Keime sind Tröpfchen, die selbst aus Schwefelsäure- und Wassermolekülen bestehen. Woher sie kommen, war bislang noch ein Rätsel. Ein Forschungsflugzeug, das 1996 über den Pazifik flog, entdeckte eine Keimbildung, die sich mit so hoher Geschwindigkeit ausbreitete, dass dies allen vorherrschenden Theorien der Wetterforscher widersprach.

Die Antwort auf die Frage lieferte 2005 ein großer Kasten gefüllt mit Luft im Keller des dänischen Nationalen Weltraumzentrums in einem Experiment mit der Bezeichnung SKY. Kosmische Teilchen, die durch die Labordecke eindrangen, setzten in der Luft Elektronen frei, die ihrerseits die Zusammenballung von Molekülen zu Mikro-Tröpfchen anregten. Diese waren imstande, sich zu größeren Tröpfchen zu verbinden, die zur Wolkenbildung benötigt werden. Die Geschwindigkeit und Leistungsfähigkeit, mit der die Elektronen ihre Aufgabe erfüllten, überraschten die Forscher.

Weitere Laborversuche über die möglichen Auswirkungen der kosmischen Strahlen auf die Atmosphäre begannen 2006. Ein internationales Team am CERN, dem Europäischen Laboratorium für Teilchenphysik in Genf, bereitet dort das Experiment CLOUD vor. Es soll komplexer als SKY sein und auf beschleunigte Teilchen zurückgreifen, um Höhenstrahlen zu simulieren. Der erste Durchlauf wird zunächst nur die Wiederholung des SKY-Experiments mit zusätzlichen Instrumenten sein.

Das Kopenhagener Experiment schloss die Erklärungskette zwischen den von den explodierenden Sternen freigesetzten Höhenstrahlen, ihrem Eindringen in die unteren Schichten der Erdatmosphäre und ihrem Einwirken auf die Wolkenbildung und das Klima. Die Wissenschaftler können jetzt mit mehr Zuversicht auf die Auswirkungen von Schwankungen der Höhenstrahlung seit Entstehung der Erde achten. Wie Kapitel 5 ausführt, hängt der Zustrom der Höhenstrahlen nicht nur von der Aktivität der Sonne ab, sondern auch vom Standort der Erde innerhalb der Galaxie.

Von der Erde begleitet kreist die Sonne zwischen den Sternen auf einer Umlaufbahn um das Zentrum der Milchstraße. Manchmal befindet sie sich in einer dunklen Region mit nur wenigen hellen, heißen, explosiven Sternen. Dann fällt die Höhenstrahlung relativ gering aus und das Klima auf der Erde ist warm. Die Geologen nennen das den »Treibhausmodus«. In anderen Perioden, wenn Sternenlicht und Höhenstrahlen heftig sind, gerät die Erde in eine »Kühlhausphase«, in der sich Gletscher und Eisflächen ausdenen.

Ein israelischer Wissenschaftler griff die dänischen Vorstellungen von Höhenstrahlen und Klima auf, um die größeren Klimaschwankungen durch die Wanderung der Sonne in den helleren Spiralarmen der Milchstraße zu erklären. Während der 500 Millionen Jahre langen Geschichte tierischen Lebens auf der Erde ist vier Mal ein Wechsel zwischen Treibhaus- und Kühlhausmodus eingetreten. Die Theorie der kosmischen Strahlung geht von einer Kühlhausphase für die Zeit der Dinosaurier aus, weil die Sonne während des Mesozoikums einen hellen Spiralarm passierte. Die meisten Geologen und Fossiliensucher waren bisher der Ansicht, dass diese Zeit im Allgemeinen warm gewesen sei. Doch jetzt stößt man in Australien auf überzeugende Beweise dafür, dass das Land damals von Eis bedeckt war. In dieser kalten Zeit intensiver Höhenstrahlen wuchsen kleinen Dinosauriern Federn, um sie warm zu halten. Einige von ihnen haben sich, wie chinesische Fossiliensucher bestätigten, zu Vögeln weiterentwickelt.

Während ihres Laufs hebt und senkt sich die Sonne wie ein verspielter Delfin über und unter die flache Scheibe der Galaxie. Dabei gerät sie in Bereiche mit zum Teil sehr starker Höhenstrahlung. Diese Bewegungsabläufe verursachen Klimaschwankungen, die viermal häufiger sind als jene aufgrund der Durchquerung von Spiralarmen. Zum Beweis, dass die Theorie der kosmischen Strahlung funktioniert, können Klimaaufzeichnungen verwendet werden, die die Erkenntnisse und Zahlen der Astronomen über die Milchstraße präzisieren.

In Milliarden Jahren hat sich die Galaxie selbst verändert. Himmelsereignisse schufen manchmal so kalte Bedingungen, dass Gletscher und Eisberge sogar bis in die Tropen vordrangen. Kapitel 6 beginnt mit diesen beängstigenden Zuständen, die die Geologen »Schneeball-Erde« nennen. Sie traten vor 2300 Millionen und 700 Millionen Jahren ein.

Solche Schneeball-Ereignisse fielen mit gewaltigen Supernovaexplosionen, einem Wirbel von Geburt und Untergang vieler Sterne der Milchstraße, zusammen. Auslöser war der Zusammenstoß mit einer anderen Galaxie. Da die Höhenstrahlung weit stärker als üblich wurde und Wolken die Erde verdunkelten, vereiste unser Planet. Die dringend nötige Anpassung der Lebewesen führte zu großen evolutionären Veränderungen. Eine davon ist die Entstehung der Tiere beim letzten Schneeball-Ereignis.

Andererseits war es auf der Erde in der Frühzeit wärmer, als man erwarten könnte, weil die noch junge Sonne weit schwächer strahlte als heute. Doch die Sonne wehrte damals die Höhenstrahlen viel besser ab. Das führte zu günstigen Bedingungen für die frühesten Lebensformen, die in 3800 Millionen Jahre alten Felsen auf Grönland entdeckt wurden. Seit damals ertragen Lebewesen das sich stetig verändernde Klima. Der jüngste Überblick über die Geschichte des Lebens zeigt, dass starke Höhenstrahlung außergewöhnliche Schwankungen zwischen Knappheit und Fülle auslöste.

Während der vergangenen drei Millionen Jahre überfielen heiße, explosive Sternenhaufen Sonne und Erde mit einer Reihe nahe gelegener Supernovae-Ausbrüche, die die Höhenstrahlung sehr verstärkten. Kapitel 7 untersucht einen möglichen Zusammenhang zwischen diesen Sternkatastrophen und der Austrocknung Afrikas, die zur Entstehung des Menschen und zur Entwicklung der ersten Steinwerkzeuge führte. Mindestens eine Supernova-Explosion ereignete sich nahe genug, um unseren Planeten mit exotischen Atomen zu übersähen, die jetzt vom Meeresboden geborgen werden.

Einige Sterne müssen damals in unserer kosmischen Nachbarschaft explodiert sein. Dadurch kam es auf der Erde mehrmals zu einer schneidenden Abkühlung. Neueste Gammastrahlendetektoren auf einer Erdumlaufbahn sollen diese Ereignisse in einen Zusammenhang bringen in der Hoffnung, Ursache und Wirkung zu bestätigen. Die Überlegung, dass Menschen ihre Existenz Supernovae-Ereignissen schulden, motiviert die forschenden Astronomen. Denn diese Untersuchungen veranschaulichen die außergewöhnliche Beziehung zwischen den unterschiedlichen Wissenschaftszweigen, wie sie sich aus der Theorie über den Zusammenhang von Höhenstrahlen, Wolkendecke und Klima ergibt.

Die Kosmoklimatologie – wie wir diesen Zusammenhang nennen wollen – bildet sich als ein neuer Wissenschaftsbereich heraus, der Forschern viele neue Möglichkeiten erschließt. Kapitel 8 umreißt einige davon als Schnittstellen für Entdeckungen auf mehreren Gebieten. Die Kenntnisse über die Galaxie und die lange Geschichte der Klimaschwankungen und des Leben auf der Erde bieten Raum für viele weitere Verbesserungen. Das neue Gespür für unsere besondere Beziehung zur Sonne und ihren magnetischen Schutzschild dürfte auch die Anzahl der Orte einschränken, an denen man nach fremdem Leben suchen kann.

Inzwischen regelt die Sonne weiterhin den Zustrom der kosmischen Strahlung, aber niemand weiß, was sie als Nächstes vor hat. Die tatsächlichen Auswirkungen menschlicher Aktivität müssen neu überdacht werden. Deshalb ist langfristigen Klimavorhersagen nicht zu trauen. Aber die Kosmoklimatologie kann Menschen, die durch Klimaschwankungen besonderen Härten ausgesetzt sind, praktische Ratschläge geben.

# 1 Was die Sonne mit der Eiszeit zu tun hat

*Unsere Vorfahren waren mit erschütternden Klimaschwankungen konfrontiert, die zeitlich oft mit Änderungen im Sonnenverhalten übereinstimmten. Seltene Atome, erzeugt durch kosmische Strahlung, deuten auf diese Veränderungen hin. Wenn die kosmischen Strahlen zunahmen, kühlte sich die Erde ab. Sind die Höhenstrahlen die Ursache dafür oder nur ein Symptom?*

Ein weniger uneigennütziger Finder hätte die Kuriosität wohl bei ebay verkauft. Doch so konnten sich die Archäologen vom Kanton Bern dafür bedanken, dass ihnen Ursula Leuenberger den aus Birkenrinde gefertigten Köcher eines Bogenschützen überließ. Sie staunten nicht schlecht, als die Kohlenstoffanalyse ergab, dass der Köcher etwa 4700 Jahre alt war. Frau Leuenberger hatte ihn bei einer Wanderung zusammen mit ihrem Ehemann in den Bergen oberhalb von Thun gefunden. Dort oben am Schnidejoch hatte sich das ewige Eis der Gletscher im ungewöhnlich heißen Sommer 2003 zurückgezogen und das unter ihm verborgene Fundstück preisgegeben.

Das wandernde Ehepaar hatte unbeabsichtigt eine seit Langem vergessene Abkürzung der Route von Reisenden und Händlern über die Schweizer Alpen wiederentdeckt. Um Schatzsucher fernzuhalten, hielt man den Fund für zwei Jahre geheim. In dieser Zeit durchsuchten die Archäologen das Gebiet des abgeschmolzenen Eises und analysierten die Funde. Bis Ende 2005 hatten sie rund 300 Gegenstände aus der Jungsteinzeit und Bronzezeit, aus der Zeit des Römischen Reichs und des Mittelalters gefunden.

Gegenstände unterschiedlichen Alters traten gehäuft in Zeiten auf, zu denen der Pass über das Schnidejoch offen war. Das Joch bot einen schnellen Zugang von und zum Rhône-Tal südlich der Berge. Es fanden sich aber keine nennenswerten menschlichen Überreste, die sich mit dem ermordeten Eismann vom Ötztal (»Ötzi«) hätten vergleichen lassen. Dieser war 1991 mit einem ähnlichen Köcher hoch oben im italienischen Tiroler Land gefunden worden und stammte aus der Zeit um 3300 v. Chr. Doch ergaben die wiederholten Öffnungen und Schließungen des Schnidejochs für den Klimawandel ein weit interessanteres Bild.

Der Ötztal-Mann dient als hervorragender Beleg für jene, die behaupten, das Klima habe sich seit Anfang des 21. Jahrhunderts besorgniserregend erwärmt. Das Eis, das seine mumifizierte Leiche aufbewahrt hatte, lag über 5000 Jahre lang ungeschmolzen auf 3250 Metern Höhe über dem Meeresspiegel. Damals hat die Erde ihre wärmsten Phase nach der letzten Eiszeit erlebt. Danach, so die Meinung, habe die vom Menschen erzeugte globale Erwärmung im Industriezeitalter alle natürlichen Klimaschwankungen überboten und schließlich den Leichnam als Warnung für uns alle freigegeben.

Einen ganz anderen Eindruck vermitteln die Objekte, die am Pass des Schnidejochs, knapp 500 Meter tiefer gelegen als die Eishöhle des Ötztal-Mannes, gefunden wurden. Sie erzählen von mehrmaligen Wechseln zwischen warmen Zeiten, in denen der Pass begehbar war, und kalten Perioden, als er wegen des Eises unzugänglich war. Die Entdeckungen lösten auch das langjährige Rätsel einer Herberge aus römischer Zeit, die an den Hängen oberhalb der heutigen Stadt Thun gefunden worden war. Dort gab es einen römischen Tempel und sogar eine Siedlung. Der Chef des kantonalen archäologischen Dienstes, Peter Suter, äußerte sich zufrieden über das Ergebnis: »Wir fragten uns immer wieder, warum es die Herberge dort oben gegeben hat. Jetzt wissen wir, dass sie an der Straße, die über das Schnidejoch führte, gelegen hat.«[1]

Als jüngsten Gegenstand fanden die Archäologen Teile eines Schuhs aus dem 14. oder 15. Jahrhundert n. Chr. Dies stimmt mit dem Ende einer Periode überein, die als Mittelalterliche Warmzeit bekannt ist. Während der Kleinen Eiszeit, der jüngsten Periode deutlicher Abkühlung, war das Schnidejoch wieder durch den Gletscher versperrt. Offiziell endete die Kleine Eiszeit um 1850, aber der allmähliche Rückzug des Eises dauerte eineinhalb Jahrhunderte bis zu seiner Wiederentdeckung am Anfang des 21. Jahrhunderts. Dies ist eine Geschichte von natürlichen Klimaschwankungen, die sich 5000 Jahre lang spürbar auf das Leben und Reisen von Europäern ausgewirkt haben. Das Klima war zwei Mal, etwa um 800 v. Chr. und 1700 n. Chr., besonders kalt. Die Auswirkungen der Kleinen Eiszeit hatten am Schnidejoch so lange fortgedauert, dass die Einwohner vergessen hatten, dass sich dort jemals ein begehbarer Pass befunden hatte.

Die Mittelalterliche Warmzeit und die Kleine Eiszeit stellten in den letzten Jahren alle vor ein Problem, die natürliche Klimaschwankungen, die vor dem Industriezeitalter aufgetreten waren, herunterspielen wollten. Michael Mann und seine Kollegen von der Universität Massachusetts hatten 1998 eine Temperaturkurve vorgelegt, die die früheren Klimaschwankungen wegwischen sollte. Sie fand sofort weite Verbreitung, ist aber inzwischen diskreditiert und wird als »Hockeyschläger-Kurve« verspottet. Manns Kurve wollte zeigen, dass die Erde während der letzten tausend Jahre bis 1800 nahezu gleichbleibend kühl geblieben war. Erst Ende des 20. Jahrhundert habe die Temperatur in noch nie da gewesener Weise zu steigen begonnen und so den »abgespreizten Fuß« am Hockeyschläger gebildet. Damit sollte das angebliche Einsetzen einer beispiellosen globalen Erwärmung angezeigt werden.

Die Fundstücke am Schnidejoch spotten diesem Orwell'sche Bestreben, politisch nicht korrekte Ereignisse aus der Klimageschichte verschwinden zu lassen. Sie zeigen, dass Wärmeperioden wie jene vor 100 Jahren immer wieder aufgetreten sind, und zwar lange bevor fossile Brennstoffe in großem Umfang genutzt wurden und der damit verbundene Kohlendioxidausstoß diese Wärmephasen verursacht haben konnte. Den Behauptungen, diese Klimaereignisse seien nicht global aufgetreten, widerspricht das reichlich vorhandene Beweismaterial für die Mittelalterliche Warmzeit und die Kleine Eiszeit aus Ostasien, Australien und Ozeanien, aus Südamerika und Südafrika, ebenso aus Nordamerika und Europa. Die Fehler zu untersuchen, die zur Hockeyschläger-Kurve geführt haben, kann man getrost den Statistik-Pathologen überlassen, während wir uns dem Charakter und den Rhythmen des Klimawandels im Laufe der Jahrhunderte und Jahrtausende zuwenden wollen.

## Kleine Eiszeit ohne Sonnenflecken

Von explodierenden Sternen regnen ständig atomare Geschosse herab – die Höhenstrahlen. Sie hinterlassen ihre Visitenkarten, die über ihre nur Sekundenbruchteile dauernden Besuche in der Erdatmosphäre Auskunft geben. Es handelt sich um ungewöhnliche Atome aus Kernreaktionen in den oberen Luftschichten. Archäologen schätzen diese Atome als Hilfsmittel bei der Altersbestimmung von Gegenständen sehr, insbesondere der Kohlenstoff oder Carbon-14, der aus Stickstoff entsteht.

Wenn Carbon-14 in Kohlendioxid, in das Lebensgas, das die Pflanzen wachsen läßt, aufgenommen wird, gelangt es über Pflanzen und Tieren in Holz, Holzkohle, Knochen, Leder und andere Überreste. Der ursprüngliche Carbon-14-Anteil entspricht der Menge, die in der Luft vorherrschte, als die Lebewesen abstarben. Danach zerfallen die Atome über Tausende von Jahren allmählich und verwandeln sich zurück in Stickstoff. Wenn man weiß, wie viel Carbon-14 in einem alten Stück Holz, einer Faser oder einem Knochen noch vorhanden ist, kann man ermitteln, wie viele Jahrhunderte oder Jahrtausende vergangen sind, seit die Pflanze oder das Tier noch gelebt haben.

Dieses Wissen, das uns die Sterne schenken, hat einen Haken, wie die Archäologen bald entdecken mussten. Einige ihrer frühen Radiocarbon-Daten erwiesen sich als völlig unsinnig, ja sogar widersprüchlich. Zum Beispiel hatte sich ergeben, dass ein altägyptischer Pharao jünger gewesen sei als seine bekannten Nachfolger. Hessel de Vries aus Gronigen fand dafür 1958 eine Erklärung: Die Produktionsrate von Carbon-14 schwankt. Messungen an gut datierbaren Jahresringen sehr alter Bäumen lösten das Problem, sodass die Archäologen nun über zuverlässigere, wenn auch oft noch immer mehrdeutige Daten verfügen.

Physiker konnten nun erkennen, wie die Sonne, unsere »Pförtnerin« für kosmische Strahlen, ihre Leistung über Tausende von Jahren veränderte. Das Magnetfeld der Sonne schützt uns, indem es viele Höhenstrahlen aus der Galaxie abwehrt, bevor sie in die Nähe der Erde gelangen. Die Schwankungen, welche die Archäologen verunsichert hatten, entsprachen den launischen Änderungen im Sonnenverhalten. Geringe Produktionsraten von Carbon-14 bedeuteten, dass die Sonne magnetisch sehr aktiv war. War sie ruhiger, erreichten mehr Höhenstrahlen die Erde und die Produktion von Carbon-14 stieg an.

Die Entdeckung bereitete Anfang der 1960er-Jahre den Weg für die moderne Interpretationen des Zusammenhangs zwischen der Sonne und dem sich ständig ändernden Klima auf der Erde. Roger Bray von der neuseeländischen Abteilung für Wissenschafts- und Industrie-Forschung verfolgte die Schwankungen der Sonnenaktivität seit der Zeit von 527 n. Chr. Es gelang ihm, die vermehrte Produktion von Kohlenstoff-14 durch Höhenstrahlen mit anderen Symptomen einer schwachen magnetischen Sonnenaktivität in Verbindung zu bringen.

Die geringe Anzahl dunkler Flecken auf der Sonnenoberfläche, die aufgrund von Zusammenballungen heftiger Magnetwirbel entstehen, war ein solches Symptom. Berichte über Polarlichter, die den Nordhimmel erleuchten, wenn die Sonne aktiv ist, werden ebenfalls seltener, wenn die Höhenstrahlen viel Kohlenstoff erzeugen. Am bedeutsamsten war, dass Bray Ruhephasen der Sonne und starke Höhenstrahlen mit dem geschichtlich überlieferten Vordringen von Gletschern, als sie ihre kalten Nasen wieder weit in die

Täler hinunterstreckten, in Verbindung brachte. Dieses Vordringen war im 17. und 18. Jahrhunderten besonders stark ausgeprägt, als die Kleine Eiszeit am kältesten war.

Einigen Wissenschaftlern gelingt es besser als anderen, für sich und ihre Arbeit öffentliche Aufmerksamkeit zu erringen, und so wurde Bray ein Jahrzehnt später von Jack Eddy vom Höhenobservatorium in Colorado ausgestochen. Er hatte dem eigenartigen Zustand der Sonne im späten 17. Jahrhundert den flotteren Titel »Maunder-Minimum« gegeben. In einem Bericht aus dem Jahr 1976 benannte er den Zustand nach Walter Maunder, dem Dekan für Sonnenbeobachtungen am Londoner Greenwich-Observatorium. In den 90er-Jahren des 19. Jahrhunderts hatte Maunder den Zeitraum zwischen 1645 und 1715, als es fast keine Flecken auf der Sonne gab, rückblickend beschrieben.

Anschauliche Begriffe wie »Urknall« und »Schwarzes Loch« spielen bei der Verbreitung wissenschaftlicher Theorien eine wichtige Rolle, und Eddy war sich bewusst, dass er mit »Maunder-Minimum« auf der Gewinnerseite stand.

»Ich wusste, dass es stark auf den Verkauf ankommt, damit die Leute die Vorstellung von derartigen Schwankungen in der Sonne akzeptieren. Daher wählte ich einen Namen, den sich die Menschen merken konnten. ›Maunder-Minimum‹ mit den vielen ›Ms‹ war eine Lautmalerei. Ich denke, ich habe mit dem Namen einiges für Maunder getan. Weil Maunder seine Idee von Gustav Sporer, einem deutschen Astronomen, bekommen hatte, wurde ich nach der Veröffentlichung des Aufsatzes unter anderem auch aus Deutschland angegriffen: ›Wissen Sie, dass Sie es nach der falschen Person benannt haben?‹ Das wusste ich nur zu gut.«[2]

Als Entschädigung wurde der Name »Sporer-Minimum« später für eine andere Abschwächung der Sonnenaktivität mit starker kosmischer Strahlung in der Zeit zwischen 1450 und 1540 gewählt. Weniger stark ausgeprägte Ereignisse ähnlicher Art zwischen den

Jahren 1300 und 1360 und 1790 bis 1820 werden Wolf- und Dalton-Minima genannt. Vier verschiedene Episoden schwacher Sonnenaktivität kurz hintereinander, unterbrochen von nur kurzen Erholungsphasen – das erklärt, warum sich die Klimahistoriker oft nicht darauf einigen konnten, wann die Kleine Eiszeit begann und endete. Doch ihre strenge Kälte ist gut belegt, weil Gletscher damals Bauernhöfe und Dörfer niederwalzten, die Sommer schmerzlich kurz waren und an vielen Orten Hungersnöte herrschten.

Der Geigenbauer Antonio Stradivari lebte während des Maunder-Minimums, als die Bäume in Europa nur schlecht gediehen und die engsten Wachstumsringe der letzten 500 Jahre aufwiesen. Das erklärt, weshalb eine Stradivari heute Preise von bis zu 10 Millionen Dollar oder mehr erzielt. 2003 wiesen der Experte für Baumringe Henri Grissino-Mayer von der Universität von Tennessee und der Klimawissenschaftler Lloyd Burckle von der Columbia-Universität darauf hin, dass infolge der engen Wachstumsringe das Rottannenholz, das Stradivari benutzte, außerordentlich zäh und dicht war. Er brachte dadurch eine Klangqualität hervor, die spätere Geigenbauer nie mehr erreichten.

## Meinungsverschiedenheiten unter Sonnenfreunden

Astrophysiker und Klimaforscher waren vom Maunder-Minimum fasziniert. Sonnenähnliche Sterne, die seit einem Vierteljahrhundert oder länger routinemäßig beobachtet werden, zeigen, dass sie ihre magnetische Aktivität – ebenso wie die Sonne vor 300 Jahren – einstellen können. 1993 berichteten Robert Jastrow vom Mount-Wilson-Observatorium in Kalifornien und Sallie Baliunas vom Harvard-Smithsonian-Center für Astrophysik, dass von zwölf sonnenähnlichen Sternen die meisten ähnliche Aktivitätszyklen wie die Sonne aufwiesen, während einer von ihnen, Tau Ceti, magnetisch völlig untätig war. Am dramatischsten fiel auf, dass ein anderer Stern, 54 Piscium, sich bis 1980 ganz normal verhielt, dann aber plötzlich seine magnetische Aktivität bremste und niedrig hielt, als durchliefe er gerade eine Art Maunder-Minimum.

Der Mann, der Jack Eddy zuerst vorgeschlagen hatte, sich Walter Maunders Geschichte über die fehlenden Sonnenflecken während der Kleinen Eiszeit anzusehen, war Eugene Parker. Der Physiker aus Chicago hatte die Theorie über den Sonnenwind aufgestellt, durch den die Sonne eine magnetische Barriere gegen die Höhenstrahlen errichtet. 2000 hatte Parker auf einer Konferenz in Teneriffa dazu aufgerufen, solche Schwankungen in anderen Sternen aufmerksamer zu beobachten.

»Wir wissen aus Beobachtungen einiger sonnenähnlicher Sterne, dass einer von ihnen in wenigen Jahren 0,4 Prozent seiner Leuchtkraft eingebüßt hat. Wenn die Sonne das macht, könnte sie schnell wieder für die kalten Zustände von vor 300 Jahren sorgen, als die Sonnenaktivität während der Zeit, die wir Maunder-Minimum nennen, stark zurück gegangen war. Um herauszufinden, was die Sonne eines Tag tun könnte, sollten wir ein vollautomatisiertes System einrichten, das eintausend sonnenähnliche Sterne überwacht.«[3]

Wie viele andere Anhänger der Theorie, dass die Sonne eine Rolle beim Klimawechsel spielt (darunter Jack Eddy und Sallie Baliunas), nahm auch Eugene Parker an, dass die Kälte der Kleinen Eiszeit entstand, weil die Sonne bei einer geringeren Anzahl von Sonnenflecken schwächer schien. Für diese Wissenschaftler gilt, dass Schwankungen in der Intensität der sichtbaren und/oder unsichtbaren Sonnenstrahlen sich auf das Klima auswirken. Die Zunahme der kosmischen Strahlen während der Kleinen Eiszeit ist ihrer Meinung nach nur ein Symptom für die Schwäche der Sonne und nicht an sich schon die Ursache für die Abkühlung.

Im Gegensatz dazu sehen wir, Nigel Calder und Henrik Svensmark, in der Abschwächung der Leuchtkraft der Sonne nur einen Auslöser unter vielen für die Entstehung der Kleinen Eiszeit und ähnlicher Ereignisse. 1996 bemerkte Svensmark zuerst, dass ein größerer Einfall an Höhenstrahlen mit der Zunahme der globalen Bewölkung einhergeht, was zu einer weit stärkeren Abkühlung führen kann. Damit musste er nun an zwei Fronten kämpfen: gegen diejenigen, die glauben, dass die Sonne allenfalls einen sehr geringen Einfluss auf den Klimawandel hat, und gegen jene, die den Beitrag der Sonnen zwar für sehr wichtig halten, aber die Rolle der Höhenstrahlen außer Acht lassen. Der beständige Disput verhinderte nicht, dass die inzwischen allgemein bekannten Tatsachen über die Beziehung Sonne–Klima immer überzeugender wurden.

## Gletscherschliff-Ereignisse

Zu den Opfern der Kleinen Eiszeit zählen die Wikinger, die sich auf Island und Grönland niedergelassen hatten, wo nun das Eis die Küsten belagerte. Hungersnöte plagten die Isländer und auf Grönland verschwanden alle Neuankömmlinge, obwohl die Einheimischen überlebten. Als sich das Eis nach Süden bis zum Atlantischen Ozean ausbreitete und dort schmolz, gab es mitgeführtes Gestein frei, das sich noch immer auf dem Meeresboden finden lässt.

Weit unterhalb der stürmischen Wellen bilden die am Meeresboden lebenden Organismen und mikroskopisch kleine Mikrobenschalen, die von der Meeresoberfläche herabsinken, zusammen mit anderen Abfällen in Millionen Jahren langsam, Schicht auf Schicht, einen Bodensatz. Wenn man nun von oben, von einem Forschungsschiff aus, lange Röhren in den Meeresboden stößt, kann man damit Sedimentkerne bergen. In ihnen zeigen sich die Schichten an ihrer unterschiedlichen Färbung und Zusammensetzung. Experten lesen diese Schichten wie die Seiten eines weit in die Zeit zurückreichenden Geschichtsbuchs. Je tiefer eine Schicht im Kern angeordnet ist, desto älter ist das ihr entsprechende Ereignis.

Neben den nahezu einfarbig weißen Ablagerungen der kleinen Mikrobengehäuse, die für warme Zustände typisch sind, zeigen sich Bänder von schlammigem und sandigem Material aus Zeiten, in denen es auf der Erde kalt war. Wandernde Eisberge können solche Ablagerungen von weit her mitführen, um sie, wenn das Eis schmilzt, freizugeben. Die von Eisbergen herangeschafften Ablagerungen auf dem Boden des Nordatlantiks lassen erkennen, dass die Kleine Eiszeit nur die letzte einer langen Reihe ähnlicher, oft noch strengerer Kälteereignisse war, die in Abständen von ungefähr 1500 Jahren auftreten.

Vor dem Maunder-Minimum gab es um ungefähr 800 v. Chr., während des Übergangs von der Bronze- zur Eisenzeit, eine ähnlich ärmliche Zeit. Das war eine jener Perioden, in denen der Schnidejoch-Pass versperrt war. In den Niederlanden stieß man an einem archäologischen Grabungsort in West-Friesland ebenfalls auf die Auswirkungen einer längeren kalten und nassen Periode. Der steigende Grundwasserspiegel hatte die Einwohner aus ihren tief liegenden Siedlungen und Höfen vertrieben. Auch dies war eine Zeit, in der sich die Sonne ruhig verhielt. Der Palaeo-Ökologe Bas van Geel von der Universität Amsterdam machte Svensmark und Calder 1997 auf das Ereignis aufmerksam und äußerte über die Ursache:

»Dieser abrupte Klimawandel trat zugleich mit einer deutlichen Zunahme von radioaktivem Kohlenstoff auf. Er begann um 850 v. Chr. und erreichte um 760 v. Chr. seinen Höhepunkt. Dass niemand so recht weiß, wie sich Sonnenschwankungen auf das Klima auswirken, ist keine Entschuldigung dafür, diese Auswirkungen zu bestreiten.«[4]

In der Leidenszeit der Bevölkerung Frieslands übertraf die Schuttablagerung des Eisabschliffs auf dem Meeresboden im Nordatlantik sogar noch die während des Maunder-Minimums. Dennoch fiel sie nicht ganz so üppig aus wie in einigen noch früheren Perioden. Wir gehen nun in eine Zeit zurück, als die abrupten, aber relativ kurz aufeinanderfolgenden Klimawechsel die allmählichen Änderungen überlagerten. Während längerer Eiszeiten schob sich das Eis vor und zog sich wieder zurück. Dies geschieht typischerweise im

Rhythmus von 100 000 Jahren. Nach einer Theorie, die um 1970 sehr verbreitet war, scheinen Abweichungen der Erde auf ihrer Umlaufbahn um die Sonne die langsamen Rhythmen der Eiszeiten festzulegen. Die kürzeren Ereignisse erfolgen aufgrund der Änderungen der Sonnenstrahlung, die sich auf die Höhenstrahlen auswirken.

Wilde klimatische Ausschläge wurden zuerst in den 1980er-Jahren entdeckt, als Hartmut Heinrich vom Deutschen Hydrographischen Institut in Hamburg Bohrkerne aus dem Meeresboden auf der europäischen Seite des Nordatlantiks untersuchte. In den Ablagerungen der jüngsten Eiszeit, die 11 500 Jahre zuvor zu Ende gegangen war, fand er elf typische, mit Quarzsand angereicherte Schichten. In sechs Fällen waren Bruchstücke von weit entfernten

*Abb. 2: Vor ungefähr 22 000 Jahren rieselte Kies aus verschiedenen Gebieten aus Eisbergen auf den atlantischen Meeresboden. Dieser Kies erzählt von drastischen Kälteperioden, die als »Ice-Rafting« oder »Heinrich-Events« bekannt sind – in diesem Fall das 2. Heinrich-Ereignis. Sie alle scheinen mit einer ruhigen Sonne und einem hohen Einfall von kosmischer Strahlung in Verbindung zu stehen. (Anne Jennings, Institut für Arktis und Gebirgs-Forschung, Universität von Boulder, Colorado)*

Felsen enthalten. Die Schichten stammten aus den außerordentlichen Gletschergeschieben, die vor 60 000 Jahren und zuletzt vor 17 000 Jahren aufgetreten sind.

Ein Schweizer Student, Rüdiger Jantschik, verfolgte die Bruchstücke zu ihrem Ursprungsort zurück. Diejenigen, die aus Norwegen und Grönland stammten, sorgten kaum für Verwunderung, doch gab es auch Körner aus weißem Karbonatgestein aus dem Norden Kanadas. Heinrich war über die Implikationen verwundert:

> »Wir mussten uns klarmachen, dass jedes Mal große Flotten von Eisbergen abbrachen und aufs Meer hinaustrieben. Sie mussten von Nordamerika aus über den ganzen Atlantik gelangen, bevor sie ihre Gesteinsfracht auf unserer Seite des Ozeans abwarfen. Sie verwiesen auf Ereignisse, wie sie bis dahin in keinem der Lehrbücher zum Klimawandel zu finden waren.«[5]

Bei Heinrich-Ereignissen konnte es im Nordatlantik während nur eines Menschenalters zu einem plötzlichen Absinken der Durchschnittstemperatur um mehrere Grad Celsius kommen. Die Auswirkungen waren weit entfernt zu spüren. Jüngste Untersuchungen im Nahen Osten haben gezeigt, dass der Wasserspiegel des Lisan-Sees, dort, wo heute das Tote Meer liegt, während des Heinrich-Events sehr viel tiefer war. Das bedeutet, dass es dort damals wesentlich weniger Niederschlag gab.

Da unsere Vorfahren diesen drastischen Klimaänderungen hilflos ausgeliefert waren – und unsere Nachfahren ihnen irgendwann einmal wieder ausgeliefert sein werden –, verdienen die Heinrich-Ereignisse eine nähere Untersuchung. Die größte Sammlung der Welt von Bohrkernen aus dem Meeresgrund befindet sich am Lamont-Doherty-Geoobservatorium der Columbia-Universität. Dort hat sich der Geologe Gerard Bond 1995 darangemacht, die Bohrkerne aus dem Nordatlantik gründlich zu untersuchen.

Millimeter um Millimeter suchte Bond die Meeresablagerungen

nach fremden Gesteinskörnern ab. Dabei stellten sich die Heinrich-Ereignisse als umso bedeutungsvoller heraus: Unter den weißen Karbonatkörnern aus der Region der Hudsonstraße Nordkanadas fand Bond Körner aus rotem Hämatit, die aus dem Gebiet um St. Lawrence im Süden Kanadas stammten. Schwarzes, lichtdurchlässiges, vulkanisches Glas stammte aus Island. Demnach waren die Eisberge, die das Material mit sich geführt hatten, gleichzeitig aus weit verstreuten Gegenden gekommen. Einige Eisberge trieben bis nach Nordwest-Afrika, bevor sie schmolzen und dabei ihre Gesteinsfracht abwarfen.

In Zusammenarbeit mit seiner Frau Rusty Lotti fand Bond während der jüngsten Eiszeit weit mehr Heinrich-Ereignisse, als Heinrich vom Nordostatlantik gemeldet hatte. Sie ließen sich in anderen Bereichen des Ozeanbodens leichter erkennen. Die roten Körner aus St. Lawrence und die schwarzen aus Island zeigten sich manchmal auch dort, wo die auffallenden weißen Körner von der Hudson-Straße fehlten. Die Heinrich-Ereignisse waren nur die schlimmsten in dem wiederkehrenden Zyklus.

Bond verfolgte die Geschichte der Heinrich-Ereignisse auch über das Ende der Eiszeit hinaus und weiter in die folgende Warmzeit. Den Geologen war bereits bekannt, dass eine Phase starker Abkühlung, die Jüngere Dryas, die große Erwärmung am Ende der Eiszeit vor ungefähr 13 000 Jahren erneut unterbrach. Auch für diese Zeit zeigte sich in den Bohrkernen aus dem Meeresboden eine Art Heinrich-Ereignis mit weißen Sandkörnern und anderem Gestein.

Nach der Eiszeit hinterließen die Ereignisse weniger auffallende Ablagerungen. Sie stammten hauptsächlich aus Staub, der von den nördlicher gelegenen Inseln in das Treibeis geblasen und von ihm nach Süden transportiert worden war. Die Ablagerungen folgten beharrlich demselben Rhythmus und einige von ihnen wiesen mehr Eisschliffablagerungen auf als die aus der Kleinen Eiszeit. Außer diesem Ereignis aus der Zeit um 800 v. Chr. konnte man am Meeresgrund noch weitere, Geologen und Archäologen bereits wohlbekannte Abkühlungsereignisse aus der Zeit um 6300 v. Chr bzw. 3600 bis 3300 v. Chr. ablesen. Die nordatlantischen Kälteperioden stimmten mit Perioden geringeren Niederschlags in den niederen Breitengraden überein. Wer sich für mögliche Einflüsse des Klimawandels auf die Lebensbedingungen der Menschen interessiert, sollte wissen, dass in Ton eingeritzte Botschaften aus der erwähnten Kälteperiode in Mesopotamien die ältesten uns bekannten Steuerforderungen enthalten.

Ein Kälteereignis mit seinem Höhepunkt um 1300 v. Chr. hatte weit verbreitete Auswirkungen. Während das Treibeis seinen staubigen Balast im Atlantik abwarf, wurden die Länder um das östliche Mittelmeer von Trockenheit heimgesucht. Diese führten zum Zusammenbruch der Stadtkulturen des mykenischen Griechenlands und des Hethiterreichs in Anatolien. Die Hebräer zogen aus Ägypten zu einer Zeit aus, als der Nil kaum Wasser führte. Weil Räuber und Freibeuter den Handel mit Zinn zum Erliegen brachten, führte man, so etwa auf Zypern, Experimente mit Eisen und Stahl als Ersatz für Bronze durch.

## Die manisch depressive Sonne

Alle Kälteperioden fallen mit ruhigen Sonnenphasen und verstärkter Höhenstrahlung zusammen, wie das auch im Maunder-Minimum und der damit einhergehenden Kleinen Eiszeit der Fall war. Für Svensmark, der so etwas erwartet hatte, war dies nicht überraschend. Obwohl er und andere, auch Bas van Geels in Amsterdam, immer wieder auf diese Zusammenhänge hinwiesen, wurden sie weitgehend ignoriert. Als Gerard Bond von der Columbia-Universität zum ersten Mal den milderen Versionen der Heinrich-Ereignisse während der vergangenen 12 000 Jahre auf den Grund ging, stand er der Sonnenhypothese noch skeptisch gegenüber, bis sich Jürg Beer vom Schweizerischen Bundesinstitut für Umweltwissenschaft und Technologie seinem Team anschloss.

Beer ist Fachmann für früheres Sonnenverhalten, soweit es sich in Schwankungen des radioaktiven Beryllium-10 im Niederschlag zeigt. Beryllium-10 zeugt von der kosmischen Strahlung in der Atmosphäre. Es hat eine viel längere Halbwertszeit als Kohlenstoff-14 und vermischt sich nicht mit Lebewesen oder mit dem komplizierten Kreislauf des Kohlendioxid durch Atmosphäre und Ozean. Beryllium-10 lagert sich Atom für Atom auf dem Eis der Antarktis und Grönlands ab und wird dort durch nachfolgende Schneefälle begraben. Dadurch bietet es einen außerordentlich wertvollen Indikator für das Sonnenverhalten über Hunderttausende von Jahren hinweg.

Dank heroischer Bohrprojekte an den kältesten Stellen der Erde und der geduldigen Untersuchung dieser Eisbohrkerne in den Laboratorien zuhause stehen nun lange Chroniken über den Klimawandel und seine möglichen Ursachen zu Verfügung. Neben Beryllium-10 legen die Eisschichten Zeugnis ab über sich ändernde Temperaturen, über Spuren von Vulkanausbrüchen und über Gase wie Kohlendioxid und Methan.

Obwohl Beer Svensmarks Theorie der Klimaänderung über die Wolkenbildung durch Höhenstrahlen nicht unterstützte, war er der Vorstellung nicht abgeneigt, dass die Sonne sich nachdrücklich auf das Klima auswirkt. Als er die kosmischen Strahlen als Indikatoren für die veränderlichen Launen der Sonne wertete, stimmten die Höchstwerte der Beryllium-10-Produktion, die er im Grönlandeis fand, mit Bonds sehr gewissenhaft datierten Eisschliff-Ereignissen, wie sie sein Team 2001 dargestellt hatte, ziemlich genau überein.

»Unsere Zuordnungen beweisen, dass in den letzten 12 000 Jahren so gut wie jede Zunahme des Treibeises, die wir für den Nordatlantik dokumentiert haben und die sich jeweils in Zeiträumen von etwa einhundert Jahren wiederholt, mit einem sich in den gleichen typischen Abständen ändernden und im allgemeinen reduzierten Sonnenausstoß verbunden war.«[6]

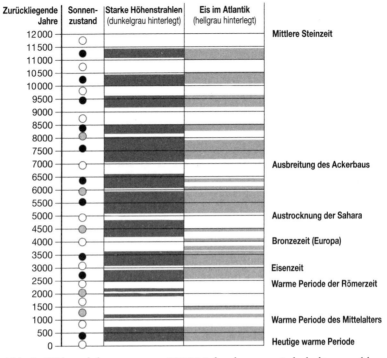

*Abb. 3: Während der vergangen 12 000 Jahre kam es wiederholt zu nachlassender Sonnenaktivität, sodass mehr Höhenstrahlung aus der Galaxie auf die Erde gelangte. Das Ergebnis war ein kälteres Klima. Dies zeigt sich an den Kiesablagerungen aus dem Eis im Atlantik – wie kürzlich in der Kleinen Eiszeit. Die heutige warme Periode (oft »globale Erderwärmung« genannt) ist nur die jüngste einer langen Reihe wärmerer Zwischenzeiten, in denen die Sonne aktiver war und die Höhenstrahlung relativ geringer ausfiel. (Die Daten stammen von G. Bond und seinem Team aus dem Jahr 2001.)*

Zwischen den plötzlichen Abkühlungen der Heinrich- und Bond-Treibeisereignisse lagen plötzliche Erwärmungsphasen. Willi Dansgaard aus Kopenhagen und Hans Oeschger aus Bern hatten sie entdeckt, als sie die Eiskerne aus Bohrungen auf dem Eispanzer Grönlands näher untersuchten. Veränderte Anteile der schweren Sauerstoffisotope im Eis sind ein Indikator für Temperaturveränderungen. An zwei, weit von einander entfernt gelegenen, unterschiedlichen Bohrstellen auf dem Eispanzer entdeckten die Forscher in den Schichten, die sich mitten in der letzten Eiszeit vor 45 000 bis vor 15 000 Jahren gebildet hatten, plötzlich ein Dutzend starker Wärmeereignisse, von denen jedes einige Hundert Jahre gedauert hatte. Jüngere Warmperioden hatten immer wieder die Abkürzung über das Schnidejoch in den Alpen geöffnet. Diese waren relativ milde, gedämpfte Versionen der extravaganten Temperatursprünge während der Eiszeit, und sie waren – etwa wie die Kleine Eiszeit – glücklicherweise weit weniger streng als ein Heinrich-Ereignis. Ist die Erde derzeit weniger verwundbar durch drastische Klimawechsel, als sie es während der letzten Eiszeit war?

Die zwei jüngsten Zeiten des Temperaturanstiegs waren die warme Periode des Mittelalters und die globale Erwärmung des 20. Jahrhunderts. Zwischen ungefähr 1000 und 1300 n. Chr. war es in vielen Teilen der Welt ebenso warm, wenn nicht wärmer, wie zur Zeit. Es ist bemerkenswert, dass dies die Glanzzeit der Wikinger im Nordatlantik, der Zenit des mohammedanischen Imperialismus, seiner Kultur und Wissenschaft war. In China herrschten so günstige Bedingungen, dass sich die Bevölkerung in nur 100 Jahren verdoppelte. Europas Wohlstand zu jener Zeit zeigt sich in einem boomenden Bau von Kathetralen.

Kräftige Sonnenaktivitäten, die den Einfall der kosmischen Strahlung drosselten, sind sowohl mit der mittelalterlichen Warmzeit wie auch mit der Erwärmung im 20. Jahrhundert verbunden. Der Unterschied zu der Kleinen Eiszeit mit der hohen Belastung durch Höhenstrahlen läßt deutlich die Launen der Sonne erkennen. Wie Bond und seine Kollegen zeigten, trat ähnlich wenig Treibeis wie während der Mittelalterlichen Warmzeit im Atlantik insgesamt acht Mal während der vergangenen 12 000 Jahre auf, und zwar immer dann, wenn der Einfall kosmischer Strahlen gering war – dazwischen lagen kalte Perioden. Die Ähnlichkeit mit der drastischeren Klimaschwankung in der jüngsten Eiszeit zwischen den kalten Heinrich-Ereignissen und den warmen Dansgaard-Oeschger-Ereignissen lassen keinen Zweifel, dass die Schwankungen der Sonnenaktivität für Ereignisse beider Art verantwortlich sind.

## Leben während der Eiszeit

Die Gattung des modernen Menschen breitete sich von Afrika aus. Zum ersten Mal trat er vor rund 35 000 Jahren während einer Dansgaard-Oeschger-Warmperiode in Westeuropa auf. Diese sogenannten Cro-Magnon-Menschen lösten bald die Neandertaler ab, die hier gesiedelt hatten. Zweifelos lockten erst wärmere Bedingungen sie nach Nord- und Westeuropa. Doch ihre Nachkommen erlebten eine »klimatische Achterbahn« mit einem halben Dutzend großer Kälteperioden und Wiedererwärmungen vor Ende der Eiszeit. Nicht nur in Eurasien wurden ihr Mut und ihre Intelligenz bis an die Grenzen ausgereizt, da es in allen bewohnten Gegenden des Globus zu drastischen Änderungen der Niederschläge kam.

Die Jüngere Dryas vor 13 000 Jahren dürfte besonders verdrießlich gewesen sein. Sie trat ein, als die Eiszeit gerade zu enden schien. Höchstwerte an Radiocarbon (C-14) zeigen an, dass mehr Höhenstrahlen als üblich einfielen, während wieder kalte Klimabedingungen einkehrten. Vom Eis mitgeführte Ablagerungen auf dem Boden des Atlantiks und wieder vorrückende Gletscher zerrieben die Wälder, die, bedingt durch das wärmere Klima, nun auch auf den Berghängen wuchsen.

Die allmähliche Zunahme der Niederschläge in Afrika endete abrupt in der Jüngeren Dryas. Trockenzeiten suchten viele Gebiete heim und ließen die Spiegel der Seen fallen. Damals entdeckten die Einwohner bei Abu Hureyra am Fluss Euphrat in Syrien eine neue Möglichkeit, mit dem Klimawandel fertig zu werden. Gordon Hillman vom Archäologischen Institut London und seine Kollegen fanden Beweise für die folgenreichste Neuerung in der gesamten Urgeschichte – den systematischen Anbau von ehemals wildem Getreide, zunächst von Roggen und Weizen.

»Der primäre Auslöser scheint die kritische Verknappung der entscheidenden Wildpflanzen während der Trockenzeit in der Jüngeren Dryas-Klimaperiode gewesen zu sein. Mit dieser frühen Kultivierung begann die Entwicklung und rasche Ausbreitung der integrierten Agrar- und Weidewirtschaften.«[7]

Diese große menschliche Errungenschaft ist dem Anstieg der Höhenstrahlung anzurechnen. Nun steht die Erforschung des Einflusses ähnlicher Klimaveränderungen an. Während der Eiszeit breiteten sich die heutigen Menschen allmählich bis nach Australien und Sibirien aus und gelangten schließlich nach Nordamerika. Wie passen ihre Wanderungen zu den sich jeweils ändernden klimatischen Bedingungen, den Dansgaard-Oeschger- und Heinrich-Ereignissen in den verschiedenen Teilen der Welt?

Vor den großen Wanderungen vor mehr als 70 000 Jahren hatte das Klima seinen ersten größeren Kälteeinbruch seit der Eiszeit erlebt. Experten fragen sich, welche physikalischen und biologischen Besonderheiten sich damals ereigneten. Verdunkelte der Staub einer fantastischen Vulkanexplosion, etwa der des Toba auf Sumatra vor 74 500 Jahren, den Himmel und stürzte die Erde in einen kalten vulkanischen Winter? Reduzierte sich die Bevölkerung damals so stark, dass ein genetischer Engpass entstand, sodass wir alle von den wenigen Überlebenden jener Katastrophe abstammen?

So fesselnd solche Behauptungen auch sind, die Beweise dafür bleiben umstritten. Wäre die Menschheit beinahe ausgerottet worden, so hätten auch viele andere Spezies darunter leiden müssen. Doch dafür gibt es wenig Hinweise. Was die klimatische Wirkung des Toba-Ausbruchs betrifft, so hat die Gewalt dieses Ereignisses Asche bis nach Indien geschleudert. Damals muss eine riesige Menge Staub in die Stratosphäre geschossen sein. Doch Geologen aus Taiwan sind einem früheren Superausbruch des Toba vor 790 000 Jahren auf die Spur gekommen. Er war nur etwa halb so stark wie der spätere Ausbruch. Eine Erwärmung folgte, und zwar der Übergang von den Temperaturen der Eiszeit zu denen der

Zwischeneiszeit. Vielleicht gab es damals auch eine kurze Abkühlung, die jedoch bisher noch nicht entdeckt wurde. Der Ausbruch hatte sicher keine Langzeitwirkung.

Hinweise auf das Toba-Ereignis finden sich in den Bohrkernen aus den Eisschilden Grönlands und der Antarktis. Die verschiedenen Anteile an schweren Sauerstoffatomen im Eis, Oxygen-18, zeigen, welche Temperaturen damals herrschten, als sich das Eis aus dem gefallenen Schnee bildete. Im Gegensatz zu Kohlenstoff-14 ist Sauerstoff-18 kein Produkt der kosmischen Strahlung, sondern ein relativ seltener Bestandteil des ursprünglichen Sauerstoffs der Erde. Schwerer Sauerstoff macht Wassermoleküle im Vergleich zu jenen, die aus normalem Sauerstoff-16 bestehen, träger. Dies ist besonders auffällig unter kalten Bedingungen. Daher ändert sich mit der Außentemperatur die Menge an schwerem Sauerstoff, die ins Gletschereis gelangt.

Im Fall des Toba-Ausbruchs vor ungefähr 74 500 Jahren zeigt sich anhand der Zunahme an schwerem Sauerstoff im Grönlandeis aus jener Zeit deutlich ein kurzes Absinken der Temperatur. Doch der wesentlich größere Temperatureinbruch mit extremen Kälteperioden begann erst tausend Jahre später und fiel mit einer der ausgeprägtesten Wärmeperioden zusammen, die in der Antarktis festgestellt wurden. Für Svensmark ist ein solcher Nord-Süd-Gegensatz ein Zeichen für einen durch Bewölkung entstandenen Klimawandel. Zweifellos war hierbei die Wirkung heftiger Höhenstrahlung viel stärker und nachhaltiger als der Einfluss des Tobaausbruchs.

Auch wenn unsere Spezies damals nicht vom Aussterben bedroht war, plagten unsere Vorfahren immer wieder abrupte Klimaänderungen aufgrund plötzlicher Schwankungen der launischen Sonne. Eine Wärme- oder Kälteperiode konnte innerhalb eines Menschenlebens ausbrechen. Der Wechsel zwischen günstigen warmen und gefährlichen kalten Perioden wirkte wie eine Reihe von Intelligenztests und begünstigte das Überleben der geschicktesten und anpassungsfähigsten Menschen. Archäologen müssen den zahlreichen Beziehungen zwischen Genetik, Migrationen, Technologien und Klimaveränderungen erst noch auf die Spur kommen. Doch unter den Tausenden menschlicher Generationen dürfte unsere die Erste sein, die sich je vor einer Erwärmung gefürchtet hat.

Gerard Bond, der die Untersuchung des atlantischen Treibeises verfeinert hat, starb 2005, doch die Daten, die er als Vermächtnis hinterließ, liefern noch immer die deutlichsten Beweise dafür, dass die Natur lange vor der industriellen Revolution zu häufigen und drastischen Klimawechseln fähig war. Gemeinsam mit den Beryllium-10-Daten von Jürg Beer sind sie ein schlagender Beweis für die wichtige Rolle der Sonne beim Klimawandel einschließlich der Erwärmung nach der Kleinen Eiszeit zu Beginn des 21. Jahrhunderts.

Beer selbst hatte Svensmarks Vorstellungen widersprochen, Höhenstrahlen seien mehr als nur ein Symptom für die Launen der Sonne und wirkten sich über die Wolkenbildung unmittelbar klimatisch aus. Er fand gute Gründe, weshalb die kosmische Strahlung keinen Einfluss auf Klimaschwankungen haben konnte, da ihr Einfall nicht von der Aktivität der Sonne abhing, sondern von Veränderungen von einem anderen Schutzschild gegen Höhenstrahlung – dem Magnetfeld der Erde.

## Svensmark stößt auf Widerspruch

Edmond Halley war ein vielseitiger Forscher, auch wenn er den meisten Ruhm dafür erntete, dass er die Wiederkehr des nach ihm benannten Kometen korrekt vorausgesagt hat. Er stellte als Erster das Magnetfeld der Erde systematisch grafisch dar. Auf ozeanografischen Expeditionen bemerkte er, dass die Magnetpole unseres Planeten ständig ihre Position ändern. Vor Halleys Geburt im Jahr 1656 wies die Anzeige der Schiffskompasse im Ärmelkanal östlich am eigentlichen Norden vorbei. Um 1700 zeigten sie zu weit nach Westen. Fähige Kapitäne, die den traditionellen Kurs durch den Kanal steuerten, standen dafür gerade, dass sie nicht an den bekannten Felsen namens Casquets zerschellten. Halley veranlasste sie, den Kurs um einen vollen Kompasspunkt oder 11,25 Grad zu korrigieren.

300 Jahre später machen sich Halleys Nachfolger auf dem Gebiet des Geomagnetismus Sorgen, weil sich das Magnetfeld der Erde inzwischen ziemlich rasch abschwächte, nachdem es ohnehin 2000 Jahre allmählich abgenommen hatte. Ein französisch-dänisches Team verglich Messungen, die der amerikanischen Satellit Magsat zwanzig Jahre zuvor geliefert hatte, mit denen des dänischen Satelliten Orsted aus dem Jahr 2000. Die Forscher stießen auf eine Abnahmegeschindigkeit, die, wenn sie sich fortsetzt, den Erdmagnetismus rein rechnerisch in tausend Jahren vollkommen verschwinden läßt.

Die magnetische Schwachstelle über dem Südatlantik, an der Satelliten besonders den energiereichen Teilchen der Sonne ausgesetzt sind, dehnt sich zum südlichen Indischen Ozean hin weiter aus. Für Weltraumingenieure ist diese Abschwächung des Mangetismus eine schlechte Nachricht. Die Zeitschrift *Canadian Geological Survey* berichtete, dass die Position des magnetischen Nordpols mit wachsender Geschwindigkeit, derzeit um 40 Kilometer pro Jahr, wandert. Fachleute fragen sich, ob unser Planet auf einen Austausch der Magnetpole zwischen Nord und Süd zusteuert.

Ein solcher Wechsel ist in der geologischen Vergangenheit in unregelmäßigen Abständen häufiger vorgekommen. Dies läßt sich in Streifen von magnetisierten Felsen auf dem Ozeangrund und in uralten Lavaflüssen an Land erkennen. Zum letzten Mal zeigte unser Kompass vor 780 000 Jahren strikt nach Süden anstatt nach Norden. Eine solche Umpolung ist als Matuyama-Brunhes-Ereignis bekannt. Diese Umkehrung erfolgt nicht schnell. Das Magnetfeld schwächt sich über tausend oder mehr Jahre ab und braucht etwa die gleiche Zeit, um sich andersherum wieder aufzubauen.

Hat es Auswirkungen, wenn die Erde für eine Weile einen großen Teil ihres eigenen magnetischen Schildes gegen die Höhenstrahlen aus der Galaxie verliert? Auf den ersten Blick scheint die

Antwort »Nein« zu sein – »kein nennenswerter Schaden«. Die Umkehrung des Erdmagnetfelds wurde Anfang des 20. Jahrhunderts von Bernhard Brunhes in Frankreich und Motonori Matuyama in Japan entdeckt. Seitdem suchten viele Wissenschaftler nach Hinweisen auf Auswirkungen, die dieses Ereignisse hätten begleiten können, doch bisher ohne Erfolg. Während man sich vorstellen kann, dass Zugvögel und andere Lebewesen, die mit angeborenen Magnetkompassen navigieren, wohl verwirrt waren, scheint es in den geologischen Quellen wenig Anzeichen für eine größere Klimaänderung durch diese magnetische Umpolung zu geben.

Weitgehend das Gleiche ließe sich über das Abflauen des Magnetfelds vor Beginn der Bronzezeit um 5000 v. Chr. sagen. Damals wurden weit mehr radioaktive Atome durch einschlagende kosmische Teilchen produziert als in irgendeinem späteren Jahrhundert. Doch es gab keinen offensichtlichen Klimaeffekt. Tatsächlich befand sich die Erde in ihrer wärmsten Phase seit dem Ende der jüngsten Eiszeit.

Manchmal scheint die Erde zu versuchen, ihr Magnetfeld umzukehren, ohne dass es ihr gelingt. Die Pole unternehmen schnelle, ausgedehnte Wanderungen, das Magnetfeld nimmt ab, doch dann kehren die Pole wieder in ihre vorherige Position auf der Erde zurück. Ein Ereignis dieser Art ließ sich anhand des Lavagesteins in Chaîne des Puys in Frankreich nachweisen. Es handelte sich um die Laschamp-Abweichung vor rund 40 000 Jahren in der Mitte der jüngsten Eiszeit. Das Magnetfeld verschwand bis auf ein Zehntel seiner heutigen Stärke.

Ein Team des Schweizer Bundesinstituts für Umweltwissenschaft und Technologie unter der Führung von Jürg Beer untersuchte dieses Ereignis eingehend anhand der Eiskerne aus den Bohrungen auf dem Gipfel des Grönlandeisschilds. Die Forscher stellten fest, dass die Anzahl von Beryllium-10- und Chlor-36-Atomen, die von der kosmischen Strahlung produziert werden, um mehr als 50 Prozent zunahm, während das Magnetfeld sich abschwächte. Trotz dieser Zunahme erfolgte keine Abkühlung.

Was dieses Ergebnis so schön und überzeugend machte, war die Tatsache, dass die Indikatoren für das damals vorherrschende Klima – der schwere Sauerstoff und ein Überschuss an Methan – aus den gleichen Eisschichten stammten wie die Indikatoren für die Stärke der Höhenstrahlung. Ohne dass es weiterer Daten bedurfte, unterwarfen die Untersuchungsergebnisse der Laschamp-Abweichung im grönländischen Eis den vermuteten Zusammenhang zwischen Höhenstrahlen und Klima einer strengen Prüfung. Als Beer und seine Kollegen 2001 ihre Ergebnisse vortrugen, wiesen sie ausdrücklich darauf hin, dass die große Zunahme der Höhenstrahlung nach der Svensmark-Hypothese zu einer Zunahme der globalen Wolkendecke und dementsprechend weltweit zu einer niedrigeren mittleren Temperatur hätte führen sollen. Doch dies war offensichtlich nicht der Fall. Beer beharrte noch 2005 auf diesem Punkt.

> »Wenn die dänische Hypothese richtig wäre, hätte die Wolkendecke in diesem Zeitraum zunehmen und zu einer deutlichen Abkühlung des Klimas führen sollen ... Unsere Ergebnisse widersprechen eindeutig der Wolkenhypothese. Da alle Parameter im gleichen Eiskern gemessen werden, hängt dieses wichtige Ergebnis nicht davon ab, wie gut der Eiskern datiert worden ist.«[8]

Dies war ein stichhaltiges Argument gegen eine starke Verbindung zwischen Höhenstrahlen, Wolken und Klima. Andere Forscher teilten weitgehend Beers Standpunkt, auch wenn sie die Idee unterstützten, dass die Sonne eine wichtige Rolle beim Klimawechsel spielt. Auch ich, Nigel Calder, kämpfte mit dem Problem und verbrachte viel Zeit unnütz damit, nach einem klaren Hinweis zu suchen, dass der Klimawandel etwas mit dem Versagen des magnetischen Schutzschildes der Erde zu tun haben könnte, obwohl ich von Svensmarks These beeindruckt war. Diese Herausforderung verlangte eine klare Antwort. Dies bedeutete, man musste genauer untersuchen, auf welche Weise Höhenstrahlen auf die Erde gelangen.

# 2 Das Rätsel der Höhenstrahlen

*Überreste von Supernova-Explosionen versprühen Höhenstrahlen. Sie spielen eine unerwartet große Rolle in der Milchstraße. Die Magnetfelder von Sonne und Erde wehren sie zum Teil ab. Die Lufthülle bremst sie ab, nur ein paar energiereiche Atomteilchen der Höhenstrahlung spotten dem Magnetfeld der Erde und verändern ihr Klima.*

Auf Ballonfahrten entdeckte man 1911/1912, dass die Luft umso elektrisch leitfähiger wurde, je höher man stieg. Der Abenteurer Victor Hess vom Institut für Strahlenforschung der Wiener Akademie der Wissenschaften führte dies auf, wie er es nannte, »Höhenstrahlung« zurück. Robert Millikan in Chicago, im falschen Glauben, es handele sich um Gammastrahlen – jene Superröntgenstrahlen, die man von der Radioaktivität kennt, nannte sie »kosmische Strahlung«. Es stellte sich bald heraus, dass es sich um geladene Teilchen handelte. Darunter waren einige, die man bisher nicht kannte.

Vier Jahrzehnte lang standen die Höhenstrahlen im Zentrum der physikalischen Grundlagenforschung und verhalfen zu Nobelpreis-Ehren. Als Teilchenbeschleuniger ein weniger riskantes Instrument wurden, um subatomare Teilchen zu entdecken, übernahmen Weltraumforscher die Führung in der Höhenstrahlenforschung. Sie konnten unverfälschte Höhenstrahlen außerhalb der Atmosphäre einfangen. Astronomen begannen über die Herkunft der Strahlung und ihre Rolle im kosmischen Haushalt nachzudenken.

Heute lassen sich die Abenteuer der Höhenstrahlen mit einiger Gewissheit von ihren feurigen Ursprüngen bis zu ihren Produkten, die unsere Atmosphäre und unsere Körper durchdringen und im Felsboden unserer Erde verschwinden, erfassen.

# Der Ursprung der Höhenstrahlen

Nahe Windhuk, auf einer weiten afrikanischen Hochfläche in Namibia, warteten 2003 vier ungewöhnliche Fernrohre auf ihre Fertigstellung. Noch bevor das letzte Teleskop aufgestellt war, ließ sich mit zwei parallel arbeitenden Teleskopen bestätigen, dass Höhenstrahlen aus den Überresten geborstener Sterne entstehen. Dies hatten Wissenschaftler seit vielen Jahren angenommen, doch bis zu den neuen Erkenntnissen aus Afrika gab es dafür nur spärliche Beweise.

Das Problem ist, dass kosmische Strahlen aus geladenen Teilchen bestehen. Magnetfelder in der Galaxie und im Umkreis der Sonne und Erde lassen sie von ihrem Kurs abweichen. Wenn die Teilchen in unserer Nähe entdeckt werden, strömen sie bereits aus jeder Richtung fast gleichförmig auf uns ein. Ihre Flugrichtung sagt uns so wenig über ihren Startpunkt wie die Flugbahn einer Schmeißfliege.

Die Astronomen gaben nicht auf, die Herkunft der Höhenstrahlen aufspüren zu wollen. Wenn Höhenstrahlen im Weltraum mit Atomen zusammenstoßen, entstehen daraus auch Gammastrahlen. Diese sind dort besonders intensiv, wo Höhenstrahlen in ihrem Entstehungsprozess konzentriert sind. Und da Gammastrahlen eine Form des Lichts sind, gelangen sie von ihrer Quelle zur Erde in einer ebenso geraden Richtung wie das sichtbare Licht in ihrer Begleitung.

Im Vergleich zu gewöhnlichen Gammastrahlen, die aus radioaktiven, im Weltraum treibenden Elementen strömen und von Satelliten gesehen werden können, müssen Gammastrahlen, die dort entstehen, wo auch die Höhenstrahlen herstammen, tausend Mal stärker sein. Um sie aufzuspüren, waren große Fernrohre nötig, die auch noch sehr schwaches Licht am Himmel einfangen können. Wenn Gammastrahlen auf die Atmosphäre treffen, erzeugen sie geladene Teilchen, die sich in der Luft schneller als Licht bewegen. Sie erzeugen dabei Stoßwellen von Licht.

Aufgrund dieses Prinzips entdeckte das Whipple-Teleskop in Arizona 1989 zum ersten Mal energiereiche Gammastrahlen, die vom Überrest einer Supernova stammten. Es handelte sich um den wohlbekannten Crab-Nebel im Sternbild Stier. Dort war um 1054 n. Chr. ein Stern explodiert. Doch konnte das Fernrohr nicht genau die Richtungen bestimmen, aus denen die Gammastrahlen kamen – jedenfalls nicht genau genug, um sie einer bestimmten Stelle der sich ausbreitenden Wolke des Crab-Nebels zuzuordnen.

Ermutigt und entschlossen, es besser zu machen, verbesserten die Wissenschaftler ihre Instrumente. Eine Errungenschaft war das Vierspiegelteleskop in Namibia, das zu Ehren des Entdeckers der Höhenstrahlen nach Victor Hess benannt wurde. An dem Projekt waren Wissenschaftler aus Deutschland, Frankreich, Großbritannien, der Tschechischen Republik, Irland, Armenien, Südafrika und Namibia beteiligt. Als die ersten Spiegelteleskope fertiggestellt waren, schauten sie damit etwa zehn Stunden lang intensiv auf einen Supernova-Überrest im Sternbild Skorpion, den man für etwa genauso alt wie den Crab-Nebel hielt. Wie heutzutage viele astronomische Objekte bekam auch dieser einen Namen wie ein Autonummernschild: RXJ1713.7-3946. Die Bezeichnung gibt vor allem seine Position am Himmel an. Das Ergebnis war das erste Bild eines astronomischen Objekts, das aufgrund seiner sehr energiereichen Gammastrahlen sichtbar war.

Das Bild entspricht sehr guten Röntgen-Bildern und zeigt die Form und Größe der sich ausbreitenden Staubwolke. Die Gammastrahlen sind am stärksten an einer Seite der Wolkenwand. Sie waren dort mit einer relativ dichten Wolke von interstellarem Gas zusammengestoßen. An dieser Stelle hatten die Theoretiker auch mit der größten Produktion von Höhenstrahlen gerechnet.

Die Überreste ergeben kein kleines Bild. Auch wenn der Nebel etwa 3000 Lichtjahre entfernt liegt, sieht er größer aus als der Mond von der Erde aus gesehen. Paula Chadwick von der Universität Durham drückte den Jubel der Mannschaft über dieses frühe Ergebnis des HESS-Observatoriums so aus:

»Dieses Bild stellt einen wirklich großen Schritt in der Gammastrahlen-Astronomie dar. Der Supernova-Überrest ist ein faszinierendes Objekt. Wenn man Augen für Gammastrahlen hätte und sich auf der Süd-Halbkugel befände, könnte man jede Nacht einen großen, hell schimmernden Ring am Himmel sehen.«[9]

Wenn man auch noch die Höhenstrahlen sehen könnte, statt sie sich nur vorzustellen, so schössen sie aus dem schimmernden Gasring nach allen Richtungen hervor und schlängelten sich entsprechend der bestehenden Magnetfelder durch die Galaxie. Doch da RXJ1713.7-3946 kaum tausend Jahre alt ist, hat seine Karriere als Quelle für Höhenstrahlen erst begonnen.

## Supernova

Obwohl »nova« wörtlich »neuer« Stern bedeutet, handelt es sich bei einer Supernova um einen bereits bestehenden Stern, der allerdings plötzlich viel heller und deswegen für die Himmelsbeobachter auffälliger wird. Bei einer Supernova ist die Leuchtkraftsteigerung extrem und kündigt die baldige Vernichtung des Sterns in einem kataklysmischen Ereignis an. Von den verschiedenen Supernova-Arten produzieren vor allem die Typen II und Ib, bei denen sich ein weit größerer Stern als die Sonne selbst zerstört, die kosmischen Strahlen.

Tief im Inneren der Sonne erzeugt ein nuklearer Schmelzofen die Energie, die durch Verschmelzen von Wasserstoff zu Helium das Leben auf der Erde erhält. Wenn der größte Teil des Wasserstoffs im Kern verbraucht ist, wird das Helium zu Kohlenstoff und Sauerstoff fusionieren. Nur so weit kann es ein Stern von der Größe der Sonne bringen. Nachdem er seine äußere Hülle wie einen schönen Schleier, planetarischer Nebel genannt, abgeworfen hat, wird der Kern zu einem weißen, zwergenhaften Stern. Er ist dann klein, tot und kühlt langsam ab.

In größeren Sternen geht der nukleare Fusionsprozess von Elementen weiter. Die Verdichtung des Kerns durch die intensive Gravitation erhöht die Temperatur genügend, um Kohlenstoff und Sauerstoff zu noch schwereren Elementen zu verschmelzen. Schließlich fusioniert Silizium noch zu Eisen, aber damit erreicht die Energieproduktion aus nuklearer Fusion ihre Grenze. Wenn er selbst keine Hitze mehr erzeugt, kann der Eisenkern dem Druck der Gravitation nicht mehr widerstehen; er bricht ein und zerstört den Stern. Dabei wird plötzlich eine riesige Menge an Energie frei. Sie sprengt die äußersten Schichten des Sterns nach außen weg. Ganze Armeen von geisterhaften Partikeln, Neutrinos genannt, versprühen den größten Teil des Sternenmaterials in den umliegenden Weltraum. Währenddessen erzeugen nukleare Reaktionen mithilfe der freigesetzten Energie chemische Elemente, die schwerer als Eisen sind – bis hin zu Gold, Uran und sogar darüber hinaus.

Ein paar Wochen lang leuchtet die Supernova so hell wie eine Milliarde Sonnen. Der tote Kern, der dann übrig bleibt, ist kein weißer Zwerg, sondern ein weit dichteres Objekt, ein Neutronenstern. Der Himmel ist mit Neutronensternen übersät, von denen jeder vom Tod eines massereichen Vorgängers kündet. Als diese Neutronensterne noch jung waren, machten sie oft dadurch auf sich aufmerksam, dass sie pulsierende Strahlensignale aussandten. Daher nannte man sie Pulsare. Der wohl bekannteste Überrest einer Supernova ist der Crab-Nebel, der noch immer seinen Pulsar inmitten der Staubwolke versteckt hält. In vielen anderen Fällen bekommt der Pulsar einen Seitenstoß, sodass er von den Trümmern wie von einem Ort des Verbrechens entschwindet.

Die atomisierte Materie der Sternenexplosion breitet sich mit mehr als einem Dreißigstel der Lichtgeschwindigkeit oder mit 10 000 Kilometern pro Sekunde frei in den Weltraum aus. Dadurch besitzt sie eine enorme Bewegungsenergie, von der schließlich etwa ein Fünftel in Höhenstrahlung umgewandelt wird. Diese bewegt sich nahezu mit Lichtgeschwindigkeit. Dennoch geschieht dies nicht schnell.

Die Produktion der Höhenstrahlen beginnt erst dann wirklich, wenn die zerstreute atomare Materie so ausgedünnt ist wie das Gas im interstellaren Raum und wenn sie auf den Widerstand dieses Gases trifft. Das Material des in die Luft gesprengten Sterns wird abgebremst und vermischt sich mit den interstellaren Atomen. Dabei bilden sich immer stärkere Stoßwellen und in Verbindung damit stärkere Magnetfelder.

Hier, im sich ausbreitenden Staub, entsteht nun die Höhenstrahlung. Ein deutscher und ein Schweizer Astronom, Walter Baade und Fritz Zwicky, vermuteten 1934 als Erste, dass Supernovae die Quellen für die kosmische Strahlung seien. Fünfzehn Jahre später wies der in Italien geborene Physiker Enrico Fermi an der Universität von Chicago darauf hin, dass ein geladenes Teilchen im kosmischen Raum an Energie zunehmen könnte, wenn es von einem bewegten Magnetfeld abprallt. Stellen Sie sich das so vor, als ob ein langsamer Gummiball, den ein unvorsichtiges Kind geworfen hat, mit hoher Geschwindigkeit von der Windschutzscheibe eines vorüberfahrenden Autos zurückprallt.

Andere Theoretiker erkannten bald, dass die Stoßwellen in den Überresten einer Supernova besonders gute Beschleuniger sind, weil die unregelmäßigen Magnetfelder vor und hinter der Schockwelle wie ein Spiegel wirken. Die geladenen Teilchen, die zu Höhenstrahlen werden, prallen zwischen den Fronten der Stoßwellen mehrfach vor und zurück und gewinnen dadurch jedes Mal mehr Energie. Die magnetischen Spiegel schließen die Teilchen ein, während sie sie weiter beschleunigen. Wenn sie schließlich aus dem Supernova-Staub entweichen, entspricht die jeweilige Energie der einzelnen Teilchen der Höhenstrahlung derjenigen von Teilchen aus Teilchenbeschleunigern auf der Erde. Tatsächlich sind manche noch einige Hundert Mal energiereicher als Teilchen aus den stärksten Beschleunigern; doch dies ist relativ selten.

Da Wasserstoff das am weitesten verbreitete Element im Universum ist, bestehen die meisten kosmischen Strahlen aus dem Protonkern des Wasserstoffatoms. Auch andere Elemente wie Helium,

Kohlenstoff und Sauerstoff sind vorhanden, und zwar etwa im selben Verhältnis, in dem sie in der Galaxie vorkommen, obwohl ein Übermaß an Eisen darauf hindeutet, dass sie aus einer Supernova stammen. Wenn man auf solche Nuancen nicht achtet, sind Höhenstrahlen schlicht gewöhnliche Materieteilchen mit sehr hoher Geschwindigkeit. Die trägsten Protonen unter ihnen bewegen sich ungefähr mit 90-prozentiger Lichtgeschwindigkeit. Ihre schnelleren Kollegen können sich der Geschwindigkeitsgrenze annähern, ohne sie wirklich ganz zu erreichen. Stattdessen zeigt sich ihre Bewegungsenergie in zusätzlicher Masse.

Am Wiener Institut für Astronomie hat Ernst Dorfi herausgearbeitet, wie die zeitlichen Abläufe der Ereignisse in einer Supernova-Staubwolke von der Gewalt ihrer Explosion und der Dichte der Gase in ihrer Umgebung abhängen. In einem typischen Fall beginnt sich nach seinen Berechnungen die Expansion ungefähr 200 Jahre nach der Explosion zu verlangsamen. Die Hälfte der Bewegungsenergie führt etwa 2000 Jahre lang zur Erhitzung der Gase in der Supernova-Staubwolke. Zu dieser Zeit beginnt die Produktion von Höhenstrahlen in nennenswertem Umfang. Doch erreicht sie ihren Höhepunkt nicht eher als 100 000 Jahre nach der Explosion und hält dann weitere 100 000 Jahre an.

Nach ungefähr einer Million Jahre hat der Supernova-Überrest den größten Teil seiner Energie abgegeben und verliert damit seine Identität. Nun erinnert nur noch ein wandernder Neutronenstern an den einst strahlenden, blauen, massereichen Stern. Inzwischen ist eine Menge anderer Sterne explodiert. Tausende von Supernova-Staubwolken sind damit beschäftigt, chemische Elemente zu verteilen und die Milchstraße mit galaktischer Höhenstrahlung zu besprühen.

Das Etikett »galaktisch« unterscheidet sie von anderen energiereichen Partikeln, von denen man gelegentlich hört. Kosmische Strahlen mit ultrahoher Energie sind selten und entstehen wahrscheinlich in anderen Galaxien. Höhenstrahlen aus der Sonne, oft Sonnenprotonen genannt, sind relativ kraftlos und stammen aus

Explosionen auf der Sonne. Sie sind für Astronauten und Raumfahrzeuge gefährlich, haben aber selten eine erkennbare Wirkung am Erdboden. Anomale kosmische Strahlen sind ebenfalls kraftlos. Sie stammen aus Stoßwellen im Magnetfeld der Sonne und sind nur für die Weltraumwissenschaft von Interesse.

Wenn hier von Höhenstrahlen die Rede ist, meinen wir die gewöhnlichen, die aus der Galaxis stammen. Sie kommen aus dem Weltraum als primäre Höhenstrahlen an und erzeugen in der Luft der Erdatmosphäre Aufprallprodukte, die sekundären Höhenstrahlen. Diese sekundären Höhenstrahlen durchdringen unseren Schädel etwa zweimal pro Sekunde, auch während Sie diese Zeilen lesen.

## Bedeutung der Höhenstrahlen

Lange Zeit hielten die meisten Astronomen Höhenstrahlen für das seltsame, aber unwichtige Nebenprodukt eines Sternentodes. Ende des 20. Jahrhunderts ergab sich eine ganz neue Sicht. Im Jahr 2001 schrieb Katia Ferrière vom Observatorium Midi-Pyrénées in Toulouse ein Manifest zu dieser Frage. Ihre Eingangssätze hoben die Höhenstrahlen auf den ihnen angemessenen Platz im System der Astronomie:

> »Die Sterne unserer Galaxie sind in ein äußerst dünnes Medium, das sogenannte ›interstellare Medium‹ (ISM) eingebettet. Es besteht aus normaler Materie, relativistischen geladenen Teilchen namens Höhenstrahlen und aus Magnetfeldern. Diese drei grundlegenden Strukturelemente weisen einen vergleichbaren Druck auf und werden von elektromagnetischen Kräften eng zusammengehalten.«[10]

Wenn die Höhenstrahlen ihren Ursprung in den Staubwolken der Supernova verlassen, könnte man erwarten, dass sie, da sie sich mit annähernder Lichtgeschwindigkeit bewegen, bald auch unsere

Milchstraße verlassen und ins weite Universum entweichen. Diejenigen mit der meisten Energie tendieren auch schnell dazu. Doch viele Teilchen der Höhenstrahlung bewegen sich über Millionen Jahre in der Galaxie hin und her, wie Fische in einem breiten, aber sehr seichten See.

Die flache Scheibe heller Sterne, die wir am Himmel als Milchstraße erkennen, wird von beiden Seiten durch die Schwerkraft zusammengepresst. Die Kraftlinien eines abgeflachten, sich ausbreitenden Magnetfelds schlängeln sich durch die Scheibe. Verglichen mit dem Magnetismus der Erde ist dieses Magnetfeld sehr schwach, doch es wirkt über viele Tausend Lichtjahre hinweg und zwingt die wandernden Partikel der kosmischen Strahlung, seinen Feldlinien innerhalb der Scheibe zu folgen. Die Kraft des Magnetfelds und die Anzahl der begleitenden Höhenstrahlen sind je nach Ort in der Galaxie unterschiedlich. Da die Sonne und die Erde ständig in der Galaxie unterwegs sind, ändert sich jeweils die Anzahl der auftreffenden Höhenstrahlen.

Flüchtige Höhenstrahlen lenkt das Magnetfeld fast vollständig wieder zurück in die Galaxie. Wie sie schließlich doch in den intergalaktischen Raum hinaus gelangen, ist ungewiss. Dass es ihnen gelingt, ist für die Bewohner unseres Planeten ein Glück, denn sonst könnte es allmählich zu einer größeren Anhäufung an Höhenstrahlen kommen, als das Leben ertragen kann. Wie sich herausgestellt hat, beträgt das Durchschnittsalter der Höhenstrahlen zwischen 10 und 20 Millionen Jahre. Ihr Bestand hat sich seit der Entstehung unseres Planeten Hunderte Male erneuert. Auch die Anzahl der kosmischen Strahlen in der Galaxie ist nicht immer die gleiche geblieben. Die Geburtenrate explosiver Sterne hat sich geändert und hohe Geburtenzahlen solcher Sterne haben mit den extremen klimatischen Ereignissen in der Geschichte der Erde zu tun.

Höhenstrahlen hat es aber immer in ausreichendem Maße gegeben, um eine wirksame Zutat zu sein im Gebräu der Galaxie, aus dem stets neue Sterne und Planeten entstehen.

Allein aufgrund ihrer Anzahl und Wucht üben die Höhenstrahlen Druck auf das Gas aus, das im Raum zwischen den Sternen herrscht. Sie tragen dazu bei, dass das Magnetfeld der Galaxie die Schwerkraft überwindet, die das interstellare Gas zur Mitte der galaktischen Scheibe drängt und es ohne den Einfluss der kosmischen Strahlung so flach bügeln würde wie die Ringe des Saturn.

Das interstellare Gas, das Magnetfeld und die Höhenstrahlen stehen miteinander in einer losen Verbindung, die sie durch die Gravitation angreifbar macht. Die Schwerkraft kann das Magnetfeld jeweils lokal umformen und die Höhenstrahlen umlenken. Dadurch vermag sie etwa die Hälfte der interstellaren Gase zu relativ dichten Wolken zusammenzudrängen. Ohne die Wirkung der Gravität zu schmälern, stellt der Widerstand der Höhenstrahlen und des Magnetismus sicher, dass die Konzentration der Gase gering, aber dicht genug für die eventuelle Entstehung neuer Sterne ist.

Dunkle Inseln in der Milchstraße verdecken die Sicht auf die dahinterliegenden Sterne. Es sind Staubwolken, in denen das interstellare Gas kalte, eisige und teerartige Körner angehäuft hat. Solche Wolken gehen mit neuen Sternen und den dazugehörigen Planeten schwanger. Doch zuvor muss chemisch viel geschehen, und wieder spielen die Höhenstrahlen eine wichtige Rolle.

In den offenen, durchsichtigen Bereichen der Galaxie sorgt die UV-Strahlung der Sterne für chemische Reaktionen. Elemente, die von untergehenden Sternen oder von Supernova-Explosionen ausgestreut werden, liefern zusätzlich zu dem ursprünglich im Kosmos vorhandenen Wasserstoff und Helium weitere Materie. Sie verbindet sich zu verschiedenen Materialien von Wasser bis zu fußballförmigen Kohlenstoffmolekülen, die »Buckyballs« genannt werden. Doch die UV-Strahlung neigt dazu, viele der Moleküle ebenso schnell zu zerstören, wie sie entstanden sind.

Nur innerhalb der Staubwolken, in denen Schleier aus Steinen, Eis und Teer die molekularen Verbindungen vor den UV-Strahlen schützen, kann sich die Chemie kreativ voll entfalten und ihre Produkte können überdauern. Denn nun übernehmen die kosmischen Strahlen von den UV-Strahlen die Rolle als Chefchemiker der

Staubwolken. Sie schlagen aus Wasserstoff- und Heliumatomen Elektronen ab, die dann aktiv werden – wenn man es so nennen kann, denn diese Prozesse dauern Zehntausende von Jahren. Aktivierter Wasserstoff reagiert nun mit Kohlenstoff und Sauerstoffatomen, um eines der wichtigsten Agenzien der kosmischen Chemie, das Kohlenmonoxid, zu bilden.

So beteiligen sich die Höhenstrahlen an der Entstehung von Sonne und Erde und machen unseren Planeten vom Weltraum aus mit Wasser und Kohlenstoffkomponenten fruchtbar. Weit davon entfernt, nur triviale Nebenprodukte oder Beigaben im Lebenszyklus der Sterne zu sein, gestalten kosmische Strahlen diese Ereignisse wesentlich mit.

Von Victor Hess' Entdeckung der Höhenstrahlen bis zu Katia Ferrières Manifest brauchten Astronomen neunzig Jahre, um diese Zusammenhänge allmählich zu erkennen und um einzusehen, dass kosmische Strahlen sogar dazu beitragen, Galaxien zu formen. Wir sollten vielleicht mit jenen Geowissenschaftlern Nachsicht haben, die noch immer glauben, dass der dritte Planet eines so gewöhnlichen Sterns wie der Sonne viel zu großartig sei, um nachdrücklich von unwichtigen winzigen Teilchen aus dem Weltraum beeinflusst zu werden.

## Wie uns unser Mutterstern schützt

Die ausschwärmenden Höhenstrahlen treffen auf die Außenbereiche des Sonnensystems mit einem Schlag, der addiert etwa zweimal so stark ist wie das gesamte Licht der Sterne, das man von der Erde aus sehen kann. Doch wir haben wieder einmal Glück. Die Planeten finden wie Kinder unter dem Mantel der Sonne Schutz, innerhalb ihres riesigen Magnetfelds, das etwa die Hälfte der Höhenstrahlen zu den Sternen, von denen sie kommen, zurückwirft.

Wie der Mutterstern uns schützt, ergibt sich aus der Entdeckung und Erforschung des Sonnenwinds. Dieser Wind besteht aus einem

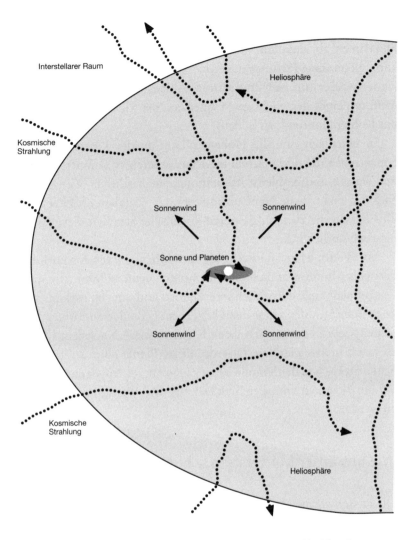

*Abb. 4: Das Imperium der Sonne reicht weit über die Planeten hinaus in eine riesige Blase, Heliosphäre genannt, die pausenlos vom Sonnenwind aufgebläht wird. Ihr unregelmäßiges Magnetfeld wirft viele der kosmischen Strahlen aus der Galaxie wieder zurück. Wenn der Schutzschild der Sonne schwächer wird, erreichen mehr Höhenstrahlen die Erde.*

ununterbrochenen Strom geladener Teilchen aus der Sonne und stellt eine materielle Verbindung zum Erdumfeld dar. Die Vorstellung, die Sonne sei nur ein entfernter Lichtball am Himmel, ist vollkommen überholt. Wir leben tief innerhalb ihrer weitreichenden Atmosphäre, die von ihrem Magnetfeld zusammengehalten wird. Ein junger Physiker aus Chicago, Eugene Parker, sagte 1958 den Sonnenwind mit bemerkenswerter Klarheit und im Detail voraus. Die anerkannten Experten begegneten seiner Idee damals – wie er sich heute erinnert – voller Verachtung:

> »Sie sagten zu mir: ›Parker, wenn Sie irgendetwas von dem Thema verstünden, würden Sie so etwas unmöglich vorschlagen. Wir wissen seit Jahrzehnten, dass der interplanetarische Raum ein absolutes Vakuum ist, das nur gelegentlich von Strahlen energiereicher, von der Sonne ausgeworfener Teilchen durchdrungen wird.‹«[11]

Doch innerhalb von vier Jahren hatten Raumfahrzeuge die Existenz des Sonnenwinds bestätigt und Parkers ketzerische Beschreibungen belegt. Seit den 1960er Jahren war der Sonnenwind das ständige Thema der Raumfahrtforschung. Höhepunkt war die gemeinsame »Ulysses«-Mission der USA und Europas. Sie begann 1990 und ist bisher zweimal auf einer großen Umlaufbahn über die Pole der Sonne geflogen – eine zuvor niemals erreichte Leistung. Ulysses änderte einige Annahmen über den Sonnenwind, während sie andere bestätigte.

Die Menge der Protonen überwiegt, weil die Sonne hauptsächlich aus Wasserstoff besteht. Es gibt im Sonnenwind auch positiv und ebenso viele negativ geladene Atome vieler anderer Elemente, um das Gas elektrisch neutral zu halten. Der Sonnenwind führt das Magnetfeld der Sonne mit sich, sodass der interplanetarische Raum mit bewegtem Magnetismus angefüllt ist und dadurch die kosmischen Strahlen abwehren kann.

Der Wind bläst mit ungefähr 350 oder 750 Kilometer pro Sekunde, je nachdem von welcher Region auf der Sonne er herrührt.

Doch auch dieser schnelle Windstrom ist viel langsamer als die Höhenstrahlung. Teilchen des Sonnenwinds kreuzen die Umlaufbahn der Erde einige Tage, nachdem sie die Atmosphäre der Sonne verlassen haben. Danach setzen sie ihre Reise weg von der Sonne für ein oder zwei Jahre fort und blähen dabei eine riesige Blase in den interstellaren Raum, die Heliosphäre.

Schließlich wird der sich ausbreitende Sonnenwind so diffus, dass ihm das interstellare Gas erfolgreich widerstehen kann. Er kommt zum Stillstand, wenn er fünfmal so weit entfernt ist von der Sonne wie Neptun, der äußerste der großen Planeten. Diese Grenze des Sonnenimperiums ist so weit entfernt, dass Licht oder ein ungebremstes Teilchen der Höhenstrahlung ungefähr zwanzig Stunden braucht, um von dort hereinzukommen. Im Vergleich dazu braucht das Sonnenlicht acht Minuten, um von der Sonne die Erde zu erreichen.

Die Größe des Heliosphäre hängt davon ab, wie stark der Sonnenwind in den vorangegangenen Jahren geblasen hat. Wenige dunkle Sonnenflecke auf dem strahlenden Gesicht der Sonne sind ein Anzeichen dafür, dass sie sich in einem relativ ruhigen Zustand befindet. In solchen Zeiten nimmt die Dichte des Sonnenwinds ab. Doch wenn seine Durchschnittsgeschwindigkeit zunimmt, schiebt sein Druck die äußere Grenze der Heliosphäre etwas weiter hinaus.

In Zeiträumen von Millionen von Jahren trifft das Sonnensystem auf interstellare Gaswolken, die hundertmal dichter sind als die in unserer gegenwärtigen Position unter den Sternen. Dadurch vergrößert sich der Druck und presst die Heliosphäre so sehr zusammen, dass sie schließlich nicht einmal mehr in der Lage ist, sich bis an die äußeren Planeten aufzublähen. Als die Sonne dagegen noch sehr jung war, war der Sonnenwind weit stärker als heute und trieb die Heliosphäre viel weiter hinaus.

Die Sonne dreht sich alle vier Wochen einmal um ihre Achse. Das hat zur Folge, dass der Magnetismus, den der Sonnenwind aus der Sonne zieht, die Heliosphäre mit beweglichen, spiralförmigen Kraftlinien erfüllt. Nahe der Erde neigen sich diese Kraftlinien westlich in einem Winkel von 30 bis 45 Grad aus der Richtung der Sonne. Die Hauptarbeit in der Abwendung und – in manchen Fällen – der Reflexion der Höhenstrahlen leisten aber nicht diese regulären Feldlinien, sondern heftige, klein dimensionierte Unregelmäßigkeiten des Magnetfelds. Sie zerstreuen die kosmischen Strahlen und nehmen sie zum Teil mit dem Sonnenwind mit.

Die Kollision schneller und langsamer Sonnenwindböen aus den verschiedenen Regionen der Sonne ist eine Ursache für Stoßwellen, die diese Unregelmäßigkeiten erzeugen. Andere ergeben sich durch magnetische Explosionen in der Sonnenatmosphäre. Sie schleudern gewaltige Gasausbrüche (»Protuberanzen« genannt) heraus, die zu starken und plötzlichen Böen des Sonnenwinds werden. In den Jahren stärkerer Sonnenstürme aus Regionen mit heftiger magnetischer Aktivität, die sich durch zahlreichere Sonnenflecken ankündigen, sind die Stoßwellen häufiger und stärker.

John Simpson aus Chicago, die »Graue Eminenz« der Ulysses-Mission zu den Sonnenpolen, gebrauchte gerne folgendes Bild, um zu beschreiben, was mit den Höhenstrahlen geschieht, wenn sie versuchen, in das Innere unseres Sonnensystems vorzudringen:

> »Stellen Sie sich vor, Sie lassen Tennisbälle auf einer aufwärtsfahrenden Rolltreppe hinunterrollen. Einige von ihnen werden an den Stufen zurückprallen. Nun erhöhen Sie die Geschwindigkeit der Rolltreppe, um eine größere Sonnenaktivität zu simulieren. Jetzt werden viel mehr Tennisbälle zu Ihnen zurückkommen und weniger werden an der Rolltreppe unten ankommen.«[12]

Nur etwa die Hälfte der kosmischen Strahlen dringt im Sonnensystem bis dahin vor, wo die Erde um die Sonne kreist. Viele Partikel, die verloren gehen, wenn die Sonne am aktivsten ist, sind solche mit relativ geringer Energie. Sie werden auch vom eigenen Magnetfeld der Erde abgestoßen. Trotzdem zählte die Bodenstation, die Simpson in Climax, im Bundesstaat Colorado errichtet hat, im letzten halben Jahrhundert zahlreiche Höhenstrahlen mit mäßiger

Energie, im Durchschnitt von Monat zu Monat etwa 25 bis 30 Prozent weniger als in Zeiten mit vielen Sonnenflecken. Es gibt normalerweise eine Verzögerung von einem bis zwei Jahren zwischen dem Maximum an Sonnenflecken und dem Minimum an Höhenstrahlen. Dies liegt an der Zeit, die die Stoßwellen brauchen, um durch die Heliosphäre nach außen zu gelangen.

## Verteidigung gegen Höhenstrahlen

Ein oder zwei Tage nachdem sich die kosmischen Strahlen im Zickzack durch alle magnetischen Stoßwellen, die ihnen der Sonnenwind in den Weg gestellt hat, hindurchgearbeitet haben, erreichen einige Höhenstrahlen schließlich die Erde. Das vorletzte Hindernis auf ihrem Weg ist der erdeigene magnetische Schutzschild. Ein Dynamo im flüssigen Eisenkern unseres Planeten erzeugt weitgehend das Magnetfeld der Erde, das eine eigene Blase innerhalb des Sonnenwinds füllt. Sie wird Magnetosphäre der Erde genannt. Böen des Sonnenwinds verformen die Magnetosphäre und lösen Magnetstürme aus. Sie sind es, die Kompassnadeln ausschlagen und Polarlichter am Polarhimmeln aufglühen lassen.

Schon 1868 beobachteten Wissenschaftler in Greenwich und Melbourne die Schwankungen des Magnetismus auf beiden Seiten der Erde. Ihre Aufzeichnungen, die »aa-Index« genannt werden, werden bis heute in den Observatorien für Erdmagnetismus in Hartland in England und Canberra in Australien fortgeschrieben. Ganz nebenbei maßen diese Pioniere damit auch die Stärke des Sonnenwinds und lieferten wunderbare Aufzeichnungen über die Verbindung zwischen Erde und Sonne, die bis in die Viktorianische Zeit zurückreichen. Es hat darüber jedoch viel Verwirrung gegeben, die dazu führte, dass der Rolle des Erdmagnetismus beim Schutz der Erde gegen die Höhenstrahlen übertriebene Bedeutung zukam.

Wenn ein großer Masseausstoß der Sonne an der Erde vorbeikommt, wirkt dies wie ein magnetischer Schirm. Die Anzahl der kosmischen Strahlen kann dabei in weniger als einem Tag um rund 20 Prozent zurückgehen und dann mehrere Wochen benötigen, um wieder ihren Normalzustand zu erreichen. Der Entdecker dieses Rückgangs, Scott Forbush von der Carnegie-Stiftung in Washington DC, war der Ansicht, Stürme im Magnetfeld der Erde seien dafür verantwortlich. Tatsächlich sind diese jedoch nur zeitgleiche Nebenerscheinungen der entsprechenden Sonnenereignisse. Raumsonden, die andere Teile des Sonnensystems untersuchen, melden von Zeit zu Zeit Forbush-Effekte und bestätigen so, dass es sich um Ergebnisse einzelner Stoßwellen in der Heliosphäre handelt.

Wenn einzelne Teilchen auf das Magnetfeld der Erde treffen, folgen sie unberechenbaren Bahnen, so als bewegten sie sich in einem Flipperautomaten. Die Filterwirkung führt trotzdem zu recht einfachen Ergebnissen. Energiereiche Teilchen können die Erde überall erreichen, auch wenn sie dazu über Südostasien mehr Energie benötigen als über Brasilien und dem Südatlantik, weil das Magnetfeld der Erde entsprechend geneigt ist. Höhenstrahlen mit geringerer Energie werden von der Äquatorzone völlig ferngehalten, weil das Magnetfeld hier parallel zur Erdoberfläche verläuft. Den Teilchen mit der geringsten Energie wird entweder der Zugang verwehrt oder sie sind gezwungen, in der Nähe der Magnetpole niederzugehen: An den Polen treffen die Magnetfeldlinien steil auf und nehmen die kosmischen Strahlen mit nach unten.

Die primären Höhenstrahlen, die aus dem strahlenden Weltraum eintreffen, erleben, wenn sie auf die Erdatmosphäre aufschlagen, ein plötzliches, dumpfes Ende. Sie könnten ebenso gut in eine massive Burgmauer krachen. Den Bewohnern der Erde erscheint die Luft in 2500 Meter Höhe bereits recht dünn, doch sie ist bei Weitem dichter als alles, was den Teilchen bisher auf ihrem viele Millionen Jahre dauernden Flug durch die Galaxie begegnet ist – sonst hätten sie nicht so lange überlebt.

Der Planet Mars ist ein Musterbeispiel für die Bedeutung der Luft als hinterste Verteidigungslinie gegen Höhenstrahlen. Die um vieles geringere Mars-Atmosphäre bietet nicht mehr Schutz gegen

Höhenstrahlen als die Lufthülle der Erde in 20 000 Meter Höhe. Daher sind Astronauten auf der Marsoberfläche in nur einem Tag einer schädlicheren Höhenstrahlung ausgesetzt als die meisten Erdbewohner in einem Jahr. Die Raumfahrtbehörden sind daran gewöhnt, die Elektronik der Raumfahrzeuge gegen Schäden durch kosmische Strahlung zu wappnen. Ein NASA-Team, das 2005 über Gesundheitsrisiken auf dem Mars berichtete, wurde bei diesem Thema ein wenig kleinlaut:

> »Die wichtigsten Erfolgsbeispiele sind die Rover-Mars-Explorationsfahrzeuge, die länger als ein Jahr auf der Marsoberfläche operiert haben ... Die Wirkung der Strahlung auf elektronische Geräte wird heute weit besser verstanden und ist vermeidbarer als ihre Wirkung auf lebende Organismen.«[13]

Der Aufprall auf die Lufthülle der Erde stoppt alle primären, sehr schnellen Protonen und Kerne schwererer Atome, lang bevor sie den Erdboden erreichen. Die Schwärme sekundärer Höhenstrahlen, die sie ersetzen, bestehen aus schnellen Teilchen, die sich aus atomaren und nuklearen Wechselwirkungen ergeben haben. Diese treffen wiederum auf ihresgleichen. Das führt dazu, dass energiereiche Primärteilchen Millionen- oder gar Milliardenschauer von Sekundärteilchen erzeugen können. Physikern macht es Spaß, die komplizierten Folgen von Ereignissen nachzuvollziehen, an denen verschiedene Arten subatomarer Teilchen und Gammastrahlen beteiligt sind. Doch erreichen nur wenige dieser Produkte die untersten Schichten der Atmosphäre.

Wenn man mit Testinstrumenten die Fähigkeit der Teilchen prüft, aus Molekülen Elektronen herauszuschlagen, stellt man fest, dass die Intensität der kosmischen Strahlung nach dem ersten Aufprall wegen der Vielzahl von sekundär erzeugten Teilchen zunimmt. Sie wird etwa 15 000 Meter über dem Erdboden am stärksten. Dort ist die Intensität der Höhenstrahlen etwa doppelt so groß wie kurz vor ihrem ersten Auftreffen auf die Atmosphäre. Die

Blockade der Luft ist danach so wirksam, dass die Intensität auf Meereshöhe auf ein Zwanzigstel ihres Spitzenwerts abnimmt. Vom Erdboden in einem Heißluftballon aufsteigend erkannte Victor Hess, dass die Höhenstrahlen vom Himmel kommen, weil ihre Intensität zunahm, je höher er aufstieg.

Weibliche Raumfahrzeugbesatzungen werden, wenn sie schwanger sind, oft am Boden gehalten, um ihre Kinder vor möglichen interstellaren Schäden zu schützen. Reiseflugzeuge verkehren in der Regel in 10 000 Meter Höhe, das ist doppelt so hoch, wie Victor Hess in seinem Ballon aufsteigen konnte. Flugzeuge, die auf Routen über den Polen verkehren, sind den Höhenstrahlen besonders stark ausgesetzt, da diese vom Magnetfeld schräg auf die Erde hinuntergelenkt werden.

Auch Menschen, die in großen Höhen leben, sind einer stärkeren kosmischen Strahlung ausgesetzt. Mit 3600 m über dem Meer ist La Paz in Bolivien die höchstgelegene Großstadt der Welt. Dort herrscht eine um über zwölf Mal intensivere Höhenstrahlung als in der nahe gelegenen Stadt Lima in Peru, die nur 150 Meter über NN liegt. Etwa 8 Millionen Menschen leben auf den Hochebenen der Anden, und die Inkas und ihre Vorgänger gediehen dort jahrtausendelang sehr wohl, bis die Europäer kamen. Daher kann ein hohes Strahlungsniveau nicht allzu tödlich sein.

Im Durchschnitt ist die medizinisch relevante Höhenstrahlung weltweit kaum größer als die natürliche Radioaktivität in der Nahrung und im Wasser. Sie beläuft sich auf nur 16 Prozent der gesamten natürlichen Radioaktivität, der die Menschen ausgesetzt sind. Zusammen mit der natürlichen Radioaktivität und den Auswirkungen von Körperwärme und -chemie tragen kosmische Strahlen zu genetischen Veränderungen bei, die Geburtsanomalien und Krebs verursachen können. Doch sie ermöglichen auch die Evolution neuer Spezies. Wie Sie noch sehen werden, mag die indirekte Wirkung der Höhenstrahlen durch Klimaschwankungen für die Evolution noch bedeutsamer gewesen sein.

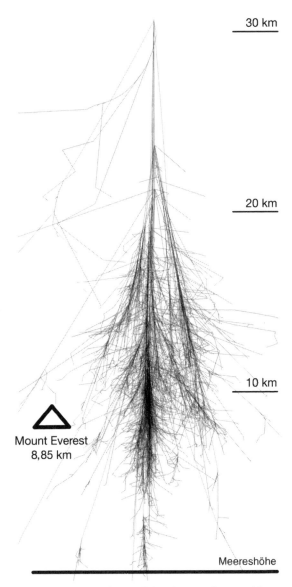

*Abb. 5: Wenn ein energiereiches Teilchen kosmischer Strahlung auf die Erdatmosphäre trifft, erzeugt es einen Schauer subatomarer Teilchen sehr unterschiedlicher Art. Nahezu alle Teilchen werden durch unsere Lufthülle abgebremst und nur einige wenige erreichen die untersten Schichten (nach den CORSIKA-Berechnungen von Fabian Schmidt, Universität Leeds).*

## Myonen und Elektronen

Das subatomare Gemetzel in der oberen Lufthülle erzeugt eine besondere Art geladener Teilchen, die in großer Zahl und mit nur geringem Energieverlust die Erdoberfläche erreichen. Sie werden Myonen genannt und wurden erstaunlicherweise von den Physikern erst 1937 wahrgenommen. Damals drückte Isadore Rabi von der Columbia-Universität in New York seine Bestürzung darüber mit der Frage aus: »Wer hat das bestellt?«[14]

Kein Atomtheoretiker hatte bis dahin vermutet, dass das Elektron, das leichteste der geladenen Teilchen, einen größeren Bruder haben könnte. Doch genau dies ist das Myon. Es gleicht dem Elektron in jeder Hinsicht außer in seiner Masse und Instabilität. Das Myon ist 200-mal schwerer als das Elektron. Es entsteht beim Zerfall eines Pions, eines Teilchens der Kernkraft, das während des ersten Auftreffens auf die Luft in großen Mengen entsteht. Das Myon selbst überlebt nur zwei Millionstel Sekunde, dann wirft es zwei gespenstische Neutrinos ab und wird zu einem gewöhnlichen Elektron.

Wollte man ein subatomares Teilchen erfinden, um eine Botschaft der Sterne durch die Barriere der Erdatmosphäre zu schmuggeln, böte sich kein besseres als ein Myon an. Normale Elektronen können dies nicht leisten, auch wenn sie in den primären wie in den sekundären Höhenstrahlen enthalten sind. Sie sind zu leicht, können abgelenkt und außerdem zu normalen chemischen Reaktionen mit den Molekülen der Luft verleitet werden. Andererseits reagieren auch die viel schwereren Protonen und ihre neutralen Geschwister, die Neutronen, bereitwillig mit Atomkernen in den Molekülen. Sie geben rasch Energie ab und beteiligen sich an Kernreaktionen. Von 1500 Protonen und Neutronen der kosmischen Strahlung in 15 000 Meter Höhe gelangt nur eines bis zum Meeresspiegel hinab.

Zur Unterwanderung braucht man ein Teilchen mit geringer Reaktionsneigung, das leicht genug ist, um von der verfügbaren

Energie in Massen hergestellt zu werden, und das außerdem über genügend Schwung verfügt, um an all den Luftmolekülen, die wie Hexen nach ihm greifen, vorbeizukommen. Das Myon hat alle diese Eigenschaften. Es gehört neben Kohlenstoffatom, Wasserstoff- und Wassermolekül zu einer auserlesenen Gruppe von Produkten des physischen Universums, die sich außergewöhnlich gut dazu eignen, eine Schlüsselrolle auf einem belebten Planten zu spielen.

Um wirksam zu werden, benötigte das Myon die helfende Hand Albert Einsteins. Es ist so kurzlebig, dass es nur 600 Meter durch die Atmosphäre vorankäme. Es bliebe ohne jede Hoffnung, je den Erdboden zu erreichen, gäbe es nicht den relativistischen Trick, welcher die Zeit für Reisende in Höchstgeschwindigkeit ausdehnt. Bei nahezu Lichtgeschwindigkeit läuft die innere Uhr des Myons so langsam, dass seine nominelle Lebensdauer von zwei Millionstel Sekunden sich auf das Hundertfache oder mehr ausdehnt. Dank dieser Fügung gelangen die Myonen auf ihrer Reise bis auf die Höhe des Meeresspiegels hinunter, wo sie 98 Prozent der sekundären Höhenstrahlen ausmachen. Den Rest bilden zumeist einige Überlebende der Protonen und Neutronen.

Die Myonen finden ihren Weg ins Wasser und Gestein der Erde. Wenn Physiker nach schwer fassbaren subatomaren Teilchen suchen, müssen sie die kosmischen Strahlen meiden. Sie richten ihre Versuche in tiefen Gruben oder Tunnels ein. Selbst dort zeigen sich noch einige beständige Myonen als Hintergrundgeräusch in den Messinstrumenten.

Für Svensmark sind Myonen die Höhenstrahlen mit der größten Klimawirkung. Dies deshalb, weil sie bis in die untersten Schichten der Atmosphäre gelangen. Dort können sie die Bildung tief gehender Wolken beeinflussen, die zur Abkühlung führen. Um auf die Behauptung zu reagieren, Höhenstrahlen könnten nicht für Klimaschwankungen verantwortlich sein, richtete Svensmark seine Aufmerksamkeit auf die Entstehung der Myonen.

## Die CORSIKA-Berechnungen

Das Argument von Jürg Beer, mit dem wir das vorherige Kapitel beendet hatten, lautete: Einige große Schwankungen der einfallenden Höhenstrahlung, die an den Produktionsraten von Kohlenstoff-14- und Beryllium-10-Atomen erkennbar waren, gingen nicht mit deutlichen Klimaänderungen einher. Beers schlagkräftigstes Beispiel war das Laschamp-Ereignis vor 40 000 Jahren, als das Magnetfeld der Erde fast verschwunden und die nachweisbare Menge an Strahlung in die Höhe geschnellt war.

Dieses Rätsel ermutigte Svensmarks Kritiker. Einige Jahre lang lieferte es den Hauptwiderspruch zum Kern der Geschichte von den Höhenstrahlen und dem Klima. Doch dann kam Svensmark eine Vermutung, wie das Rätsel zu lösen sei.

Er nahm an, dass jene Höhenstrahlen, die den Kohlenstoff-14, das Beryllium-10 und andere Spuren ihres Eintreffens zurückließen, sich in einem wichtigen Punkt von den Höhenstrahlen unterscheiden, die bis in die untersten Schichten der Atmosphäre vordringen. Das könnte erklären, warum die berichteten Schwankungen der kosmischen Strahlung sich nicht notwendigerweise in den Änderungen der unteren Wolkendecke widerspiegeln – der Wolken, die an den Klimaschwankungen durch Höhenstrahlen am stärksten beteiligt sind.

Die Idee war zu abwegig, um wie eine besonders gute Verteidigung zu klingen. Außerdem war Svensmark zu sehr mit Laborversuchen beschäftigt, die er nicht unterbrechen konnte, um an der Bestätigung seiner Idee zu arbeiten. Bis 2006 war er nicht in der Lage, sich seiner Theorie zu widmen. Dann gewann er seinen Sohn Jacob, einen Physikstudenten, als unbezahlten Assistenten.

Dem Familienprojekt kam eine Renaissance in der Forschung über die kosmische Strahlung zugute. Ausgelöst wurde sie durch die Untersuchung von Teilchen, die mit ultrahoher Energie aus der Galaxie oder von weiter her eintrafen und enorme Schauer subatomarer Teilchen erzeugten, die durch die Atmosphäre regneten.

2005 feierte das multinationale Pierre-Auger-Observatorium in Westargentinien die ersten Ergebnisse von Detektoren, die über 3000 Quadratkilometer verteilt waren. Zu den kleineren Observatorien für stärkere Teilchenschauer aus der Luft gehört in Deutschland ein Zusammenschluss von 252 Beobachtungspunkten mit Namen »KASCADE« als Abkürzung für Karlsruhe Shower Core and Array Detectors. 1989 machte das Forschungszentrum Karlsruhe ein Computerprogramm zugänglich, mit dem sich das Verhalten von Höhenstrahlen in der Atmosphäre nachvollziehen ließ. Dieter Heck hat es seither immer weiter verbessert. Das Programm hat sein eigenes Akronym CORSIKA, was für Cosmic Ray Simulation for KASCADE steht. Es berechnet die komplexen Änderungen und Reaktionen subatomarer Teilchen nach dem ersten Auftreffen der Höhenstrahlen auf die Erdatmosphäre. Dabei müssen die zunehmende Dichte der Luft, durch die die Teilchen hinuntergelangen, ebenso in Betracht gezogen werden wie der Einfluss des Magnetfelds der Erde.

Kenntnisse über Dutzende unterschiedliche Arten subatomarer Teilchen, die Physiker in über 100 Jahren zusammengetragen hatten, wurden in das Programm eingearbeitet. Beim Verhalten der Teilchen spielen vielfältige Veränderungsmöglichkeiten eine große Rolle – zum Beispiel, ob sie zerschlagen werden oder mit anderen Teilchen interagieren. Daher probiert CORSIKA viele Möglichkeiten aus und benutzt dazu Zufallszahlen, die der Computer vorgibt. Aus naheliegenden Gründen nennen Statistiker dies »Monte-Carlo-Methode«.

Weil CORSIKA berechnen soll, welche Teilchen schließlich bei den Detektoren am Erdboden eintreffen, war das Programm unmittelbar mit meteorologischen Fragen verknüpft. Auch Svensmark wollte etwas über die relativ geringe Zahl geladener Teilchen wissen, die bis in die untersten Schichten der Atmosphäre überlebten und deren wichtigste die Myonen sind. Um die notwendige Lebensdauer zu erreichen, müssen die Myonen von sehr energiereichen Höhenstrahlen erzeugt werden, die auf die Erdatmosphäre auftreffen. Solche Primärteilchen treffen relativ selten ein, doch ihre große Wirkmasse macht dies wieder wett. Denn ihre hohe Energie kann die normale Masse eines Protons (Wasserstoffkerns) infolge der Relativität verhundertfachen. Die Energie der Primärteilchen reicht aus, riesige Schauer sekundärer Teilchen einschließlich einer großen Anzahl von energiereichen Myonen zu erzeugen. So konnte CORSIKA Svensmark die Antwort auf die Frage geben, wie Knappheit und Produktivität einander ausgleichen.

CORSIKA ist ein großes und unhandliches Programm. Um es zu installieren und laufen zu lassen, benötigte Henrik Svenmark die Hilfe von Jacob Svensmark. Während Vater und Sohn die Wirkung der Höhenstrahlen unterschiedlicher Energie erforschten, verbrachten sie im Mai 2006 ihre gesamte Freizeit mit wiederholten Läufen des Programms, von denen jeder Stunden bis Tage in Anspruch nahm. Die Ergebnisse waren überwältigend.

Ihre Berechnungen konzentrierten sich auf die Aktivität kosmischer Strahlen in den untersten 2000 Metern der Atmosphäre. Denn dort kommt es zur klimatisch wichtigen Bildung niedriger Wolkenschichten. Erstaunlicherweise wurden 60 Prozent aller hierfür wichtigen Myonen von Höhenstrahlen aus der Galaxie erzeugt, die mit so hoher Energie einschlugen, dass der magnetische Schild der Sonne keinen Schutz gegen sie bot. Sie haben nichts mit den klimatischen Schwankungen über die Jahrhunderte aufgrund von Änderungen im Sonnenverhalten zu tun. Der Einschlag energiereicher kosmischer Strahlen verändert sich in Jahrmillionen, während die Erde mit der Sonne durch die sich ändernde Szenerie der Galaxie wandert. In den folgenden Kapiteln werden wir sehen, welch große Folgen sich daraus für das Klima auf der Erde ergeben.

Die übrigen 40 Prozent der Höhenstrahlen, die Ereignisse in der unteren Luftschicht beeinflussen, werden vom Magnetfeld der Sonne kontrolliert. Das ist ziemlich viel, um die Schwankungen zwischen warmen und kalten Zeiträumen zu erklären. Doch das Magnetfeld der Erde hat eine viel schwächere Wirkung. Berechnungen zufolge stammen nur drei Prozent der Myonen, die für die

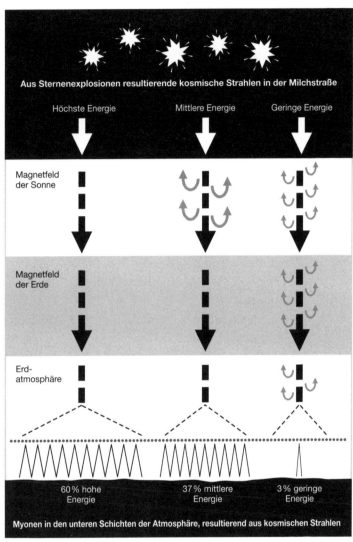

*Abb. 6: Die Myonen, die wichtigsten Teilchen der Höhenstrahlung, die zur Wolkenbildung in den unteren Schichten der Atmosphäre beitragen, stammen hauptsächlich von Teilchen, die mit sehr hoher Energie von anderen Sternen eintreffen. Die magnetischen Schutzschilde der Sonne und der Erde haben wenig Einfluss auf sie. Das Magnetfeld der Sonne beeinflusst den Zustrom einer beträchtlichen Minderheit von Myonen, aber nur wenige gehorchen den Schwankungen des Magnetfelds der Erde.*

Wolkenbildung in niedriger Höhe verantwortlich sind, von Teilchen, die mit so geringer Energie eintreffen, dass Änderungen des Magnetfelds der Erde sie beeinflussen können. Andererseits werden die meisten Spuren wie Beryllium-10 in großer Höhe von Teilchen der Höhenstrahlung mit mäßiger Energie erzeugt. Diese reagieren auf Schwankungen des Magnetfelds der Sonne. In vielen Fällen werden auch sie stark vom Magnetfeld der Erde beeinflusst. Verringert sich das Magnetfeld der Erde drastisch, wie beim Laschamp-Ereignis, dann steigt die Anzahl der Beryllium-10- und Chlor-36-Atome wie in den Messwerten Beers und seiner Mannschaft um über 50 Prozent. Doch die klimaverändernden Myonen würden dennoch nicht um mehr als drei Prozent zunehmen, auch wenn das Magnetfeld gänzlich verschwände. Svensmarks Vermutung über die unterschiedlichen Arten der Höhenstrahlen hat sich in einem genau bestimmbaren Rahmen bestätigt.

Obwohl Svensmark glaubt, dass die Ergebnisse von CORSIKA das wichtigste Argument, das Jürg Beer gegen die Wolkenhypothese vorgebracht hat, ausräumen, bedarf die Frage, was mit den Höhenstrahlen und dem Klima während des Laschamp-Ereignisses geschehen ist, weiterer Untersuchungen. Die Erwärmung, die laut Beer mit einem scharfen Anstieg der verräterischen Spurenatome zusammengefallen ist, könnte bedeuten, dass gleichzeitig das Magnetfeld der Sonne stärker geworden ist. Es hat demnach die weit hinabreichenden Höhenstrahlen abgewehrt und damit die Bewölkung vermindert. Zur gleichen Zeit könnte der Erdmagnetismus abgeschwächt gewesen sein und hätte so eine vermehrte Produktion von Kohlenstoff-14 und Beryllium-10 zugelassen.

Das ist nicht unmöglich. Bei der allgemeinen Untersuchung der Eiskern-Klimadaten zeigte sich die entsprechende Erwärmung als eines jener Dansgaard-Oeschger-Ereignisse, die während der letzten Eiszeit immer wieder die Temperaturen dramatisch haben ansteigen lassen und zweifellos das Ergebnis stärkerer Sonnenaktivität waren. Aber eine aktive Sonne hätte auch einen großen Teil der Höhenstrahlen geringerer Energie abgewehrt. Ohne diesen Effekt hätte die Zunahme der Spurenatome zu der Zeit, als das Magnetfeld der Erde während des Laschamp-Ereignisses verschwunden war, durchaus noch größer sein können.

Archäologen, die ihre Funde aus der Mitte der Eiszeit mithilfe der Kohlenstoffanalyse datiert hatten, mussten den Effekt der gestiegenen Produktion von Kohlenstoff-14 während der Abschwächung des Magnetfelds einbeziehen. Denn dieser Effekt führte zu Fehleinschätzungen der Daten von bis zu 5000 Jahren. Im Jahr 2004 veröffentlichte ein Team unter Führung von Konrad Hughen vom Woods Hole Ozeanografischen Institut in Massachusetts verbesserte Kohlenstoff-14-Daten, die es aus dem Meeresboden vor Venezuela gewonnen hatte.

Sie befanden, dass der Höhepunkt der Kohlenstoff-14-Produktion während des Laschamp-Ereignisses vor ungefähr 40 500 Jahren relativ kurz aufgetreten war. In der Folge ließ diese Produktion fast ununterbrochen bis in die Zeit vor 37 000 Jahren stark nach. Damit sind wir in der Zeit, in der nach Beers Daten die Erwärmungsspitze auftrat. Damit ging wiederum ein Abfallen der Beryllium-10- und Chlor-36-Produktion einher. Vielleicht wird sich die verbliebene Differenz zwischen Höhenstrahlen und Klima noch auflösen, wenn genauere Daten vorliegen.

Doch das Laschamp-Ereignis bringt uns in unserer Geschichte weiter. Beers Einwand war wissenschaftlich der überzeugendste, seit Svensmark 1996 zum ersten Mal die These aufgestellt hatte, Höhenstrahlen beeinflussten unmittelbar das Klima. Sich dieser Herausforderung gleich zu Beginn des Buches zu stellen schien uns richtig, um gut unterrichtete Leser nicht davon abzuhalten, der Theorie Svensmarks weiter zu folgen. Doch nun ist es höchste Zeit, sich wieder den anderen Hauptakteuren in unserem kosmischen Drama zuzuwenden: den Wolken.

# 3 Wie Höhenstrahlen die Erde kühlen

*Gewöhnliche Wolken verwirren die moderne Klimawissenschaft. Satelliten zeigen, dass sich die Anzahl der Wolken mit der kosmischen Strahlung ändert. Besonders betroffen sind die tief hängenden Wolken, welche die Erde abkühlen. Wolken zeigen ihre Macht, indem sie die Antarktis erwärmen. Diese Entdeckungen lassen eine dramatische globale Erwärmung weniger wahrscheinlich erscheinen.*

Wolken *sind* weitgehend das Wetter. Dies stellt sich gelegentlichen Beobachtern ebenso wie Meteorologen dar. Wolken bewirken, dass sich über unseren Köpfen und am Horizont immer wieder Sonnenschein oder Eintrübung, Ruhe oder Stürme, Regen oder Schnee abwechseln. Selten tritt genau die gleiche Wetterszenerie zweimal auf. In ihrer beunruhigendsten Form spucken Wolken Blitze aus, peitschen Tornados an oder türmen sich zu den schwarzen Wolkenwänden der Hurrikane auf.

Wer Wolken beschreiben, kategorisieren, analysieren und interpretieren will, wird rasch von ihren Launen verwirrt. Um Wahnsinn vorzutäuschen, benutzte Shakespeares Hamlet ein Wolkenbild und sagte, es sähe aus wie ein Kamel, wie ein Wal und schließlich wie ein Wiesel. Jahrhunderte später ärgern Wolken immer noch die Meteorologen, die das morgige Wetter und langfristige Klimaänderungen in Supercomputern berechnen sollen.

Netzpunkte mit 100 Kilometer Abstand überziehen die Erde, doch einzelne Wolken fallen durch seine Maschen wie kleine Fische durch ein weitmaschiges Fischernetz. Wer Computermodelle erstellt, muss sich stattdessen auf Theorien über das durchschnittliche Wolkenverhalten verlassen. Die Versuche, Klimaveränderungen Region für Region vorauszusagen, führen je nachdem, wie die Modelle mit den Wolken umgehen, zu widersprüchlichen Ergebnissen. Im Jahr 2004 äußerte Kevin Trenberth, ein führender Computerspezialist in den USA, sehr ehrlich:

»Klimamodelle erfassen die Wolken nicht richtig. Wolken sind wohl das größte Problem, das wir mit unseren Klimamodellen haben, um Voraussagen über die globale Erwärmung zu treffen.«[15]

Wie unzureichend Computermodelle arbeiten, wurde im folgenden Jahr deutlicher. Institute in Frankreich, Deutschland, Großbritannien und in den USA verglichen die Ergebnisse von zehn Atmosphäremodellen aus den Jahren 1983 bis 2002 mit den Satellitenbeobachtungen der tatsächlichen Wolkenerscheinung. Einige Modelle unterschätzten die Wolkenmenge in mittleren und tiefen Lagen gewaltig. Der Bericht von Minghua Zhang und Kollegen von der Stony-Brook-Universität gestand die Misserfolge ein:

»Für einzelne Wolkentypen können die Abweichungen der saisonalen Spitzenwerte zwischen Modellen und Satellitenmessungen einige Hundert Prozent betragen.«[16]

Dem Ersuchen der Klimawissenschaftler nach besseren Wolkendaten entsprach man mit einem Satellitenpaar, das im April 2006 auf eine dreijährige Mission in eine Umlaufbahn gebracht wurde. Der amerikanische Satellit Calipso und der Cloud-Sat der NASA arbeiten im Verbund und blicken im Abstand von fünfzehn Minuten auf dieselben Wolken hinab. Der eine benutzt dazu Laserstrahlen, der andere Radar im Millimeterbereich. Sie können die verschiedenen Schichten innerhalb dicker Wolkendecken unterscheiden, die Größe ihrer Tröpfchen messen und diejenigen ausmachen, die bereits als Regen fallen. All dies und noch mehr wird überhaupt zum ersten Mal festgehalten. Graeme Stephens von der Colorado-State-Universität fasste vor dem Start der Satelliten das Ausmaß der bisherigen Unkenntnis mit der Bemerkung zusammen:

»Die neuen Informationen von Cloud-Sat werden Grundfragen beantworten, wie Wolken Regen und Schnee erzeugen, wie Regen und Schnee weltweit verteilt sind und wie Wolken das Erdklima beeinflussen.«[17]

Er machte dieses Geständnis zu einem Zeitpunkt, als man mithilfe von Supercomputern gewaltige Anstrengungen für neue Klimamodelle unternahm und das Klima auf 100 Jahre im Voraus berechnen wollte. Trotz der voneinander abweichenden Modellergebnisse verkünden einige Wissenschaftler wegen der Kohlendioxid-Emissionen eine bevorstehende Klima-Katastrophe. Die Menschheit müsse, so sagen sie, entweder die Industrieproduktionen drosseln oder die Konsequenzen hinnehmen. Einige wissenschaftliche Akademien und führende Wissenschaftsjournale behaupteten, die Wissenschaft der Klimaänderung sei geklärt. Forscher mit einem besseren Verständnis für die Rolle der Wolken bei der Klimaänderung wurden oft ausgelacht.

Jeder, der warme tropische Nächte kennt, hat den Treibhauseffekt von Wasserdampf und anderen Gasen in der Luft schon einmal erlebt. Die Erdoberfläche strahlt Wärme in Form unsichtbarer Infrarot-Strahlen ins All ab. Infolgedessen kann es in der Wüste nach Einsetzen der Dunkelheit empfindlich kalt werden. Doch in den feuchten Tropen fangen Wassermoleküle die nach oben abgestrahlte Wärme ab und werfen sie zur Erdoberfläche zurück. Daher kann man dort nachts seinen Rum in Hemdsärmeln schlürfen.

Das ist der natürliche Treibhauseffekt. Er verdankt seine Existenz hauptsächlich dem Wasserdampf und ist dafür verantwortlich, die Erdoberfläche lebensfreundlich warm zu halten. Kohlendioxid arbeitet auf ähnliche Weise. Daraus ergab sich die Sorge um die Zunahme des Gases in der Luft. Umstritten ist allerdings, wie groß die Wärmewirkung sein wird, falls Kohlendioxid weiter zunimmt. Die schlimmsten Vorhersagen werden fragwürdig, wenn man die tatsächliche Rolle der Wolken berücksichtigt.

Man bilde sich aber nicht ein, fleißige Wolkenberechnungen aufgrund besserer Satellitendaten und weitere Milliarden Dollar könnten eines Tages dazu beitragen, die Computermodelle in engere Übereinstimmung miteinander und mit der Realität zu bringen. Die Fehler reichen viel tiefer als in irgendwelche technischen Details der Programme. Die Computermodellierer glauben, Wolken seien am

Klimawandel, der angeblich vom steigenden Kohlendioxidgehalt der Luft bestimmt wird, nur passiv beteiligt.

Dieses Kapitel erklärt, dass die Wolken für das Klima verantwortlich sind. Sie verändern sich entsprechend der Intensität der Höhenstrahlen aufgrund der stärkeren oder schwächeren magnetischen Abschirmung durch die Sonne. Dabei spielt alles andere, was sonst noch auf der Erde geschieht, kaum eine Rolle. Die Wolkenarten, die am meisten an der Klimaänderung beteiligt sind, lassen sich identifizieren. Und eine Bestätigung, dass tatsächlich die Wolken die treibende Kraft sind, liefern seltsame Vorgänge am Südpol.

## Die Wolkenbilanz

Tagsüber im Sommer ist die kühlende Wirkung der Wolken offensichtlich. Wie grau sie auch von unten aussehen – sobald wir uns im Flugzeug oder auf einem Berggipfel über sie erheben, glänzen sie weiß. Sie spiegeln mehr als die Hälfte des einfallenden Sonnenlichts, das sonst den Erdboden erwärmen würde, zurück ins All. Außerdem wird ein Teil der Sonnenstrahlung von den Wolken absorbiert.

Aus Erfahrung wissen wir, dass bewölkte Nächte meist weniger kühl sind als sternenklare, die im Winter oft sehr frostig sind. Die Wolken üben von sich aus einen Treibhauseffekt aus, indem sie die von der Erdoberfläche entweichende Wärme abfangen. Obwohl sie auch selbst Infrarotwellen ins All abstrahlen, ist die Wolkenoberfläche kälter als der Erdboden und weniger Wärme geht verloren.

Das Plus und Minus der Erwärmungs- und Abkühlungseffekte der Wolken über der gesamten Erde sorgt für eine wirklich komplizierte Bilanz aus eingehendem, sichtbarem Licht und abgestrahlten Infrarotwellen. Diese Bilanz beruhte weitgehend auf Vermutungen, bis in den Jahren 1984 und 1986 besondere Instrumente auf drei amerikanischen Satelliten in den Raum geschickt wurden, um weltweit das eingehende Sonnenlicht und die abgestrahlten

Infrarotwellen zu messen. Anfang der 1990er Jahre lagen klare Ergebnisse des Earth Radiation Budget Experiment (Experiment zur Erdstrahlungsbilanz) der NASA vor. Kurz gesagt, kühlen Wolken stark ab. Ausnahmen bilden nur dünne Wolken, die eher zur Erwärmung beitragen. Die hohen, faserigen Zirruswolken sind mit ihren Temperaturen um −40 °C so kalt, dass sie viel weniger Wärme ins All abgeben, als sie von der Abstrahlung der Erde zurückhalten. Die wirksamsten Kühler sind dicke Wolken in mittlerer Höhe. Doch sie bedecken nur zu etwa sieben Prozent die Erdoberfläche.

Etwa viermal so viel bedecken tief hängende Wolken die Erdoberfläche. Sie besorgen 60 Prozent der gesamten Abkühlung. Ebenso wie sie den Sonnenschein abhalten, strahlt ihre relativ warme Wolkenoberseite wirksam Wärmeenergie in All zurück. Am stärksten kühlen die tief hängenden, breiten und flachen Stratokumulus-Wolkendecken. Sie breiten sich jeweils über 20 Prozent der Erdoberfläche aus und treten hauptsächlich über den Ozeanen auf, wo sie den Passagieren auf interkontinentalen Flügen eine langweilige Aussicht bieten.

Insgesamt mindern Wolken die Wärmewirkung des auf der Erde ankommenden Sonnenscheins um acht Prozent. Blieben alle anderen Parameter gleich, würde die Entfernung dieses riesigen Sonnenschirms die mittlere Temperatur des Planeten um etwa 10 °C anheben. Umgekehrt bedeutete die Zunahme der unteren Wolkendecke um nur wenige Prozent eine merkliche Abkühlung der Erde.

Bei stärkerer Bewölkung sehen Astronauten in Weltraum die Erde heller glänzen. Astronomen am Erdboden können dieses Phänomen ebenfalls beobachten, wenn sie in den Mond blicken, in dem sich ein geisterhafter Erdenschein spiegelt. Dieser Schein beleuchtet die nicht direkt vom Sonnenlicht bestrahlen Teile der Mondoberfläche. Je glänzender die Erde, desto kühler ist sie, einfach deshalb, weil sie mehr von den sonst erwärmenden Sonnenstrahlen zurückspiegelt.

Die durchschnittliche Wolkendecke ändert sich von Jahr zu Jahr. Eifrige Wetterbeobachter haben jahrhundertelang lokale Veränderungen aufgezeichnet. Doch die weltweite Wolkenbeobachtung wurde erst mit Wettersatelliten möglich. Sie haben die Meteorologie revolutioniert, indem sie das vollständige Drama des globalen Wetters erkennen lassen, das sich unter ihren Weltraumkameras entfaltet. Seit 1966 dienen diese Satelliten den Meteorologen in immer besserer Qualität und mit größerer Flächenabdeckung. Fernsehzuschauer lernten, bewegte Satellitenbilder von Regenwolken oder Hurrikanen auf ihrem Weg zu verstehen.

Seit 1983 trägt das »Internationale Projekt Wolkenklimatologie« die Daten der zivilen Wettersatelliten aller Länder zusammen. Unter Leitung von William Rossow legt das Goddard-Institut der NASA in New York monatlich Tabellen über die durchschnittliche Wolkenbedeckung der Erde nach Planquadraten von je 250 km vor. Die Tabellen geben wunderschön die sich ändernden Jahreszeiten und die Monsune, die Südasien in eine riesigen Wolkendecke einhüllen, wider. Während der »El Nino« genannten klimatischen Zwischenspiele zeichnen die Satelliten über dem tropischen Pazifik und Südamerika große Veränderungen in der Wolkenverteilung auf. Sie enthüllten auch einen Zusammenhang zwischen der globalen Bewölkung und den Rhythmen der Sonne.

## Das fehlende Glied zwischen Sonne und Klima

An Weihnachten 1995 war das dänische Meteorologische Institut im Norden von Kopenhagen bis auf das Büro für Wettervorhersagen fast gänzlich verwaist. Nur ein Licht brannte in all den Fluren. Dort war Svensmark so sehr in seine Idee von den Wolken vertieft, dass er über die Feiertage sogar seine Frau und die jungen Söhne vernachlässigte. Bis zu diesem Zeitpunkt hatte er noch nichts von William Rossows Sammlung der Satellitendaten zu den Wolken gehört. Doch als er an jenem Weihnachten im Internet darauf gestoßen war, halfen sie ihm, einen bisher noch unbekannten Aspekt zu entdecken, wie die Sonne das Klima der Erde beeinflusst.

Svensmark sollte zu Neujahr in eine andere Abteilung des Instituts versetzt werden. Er sollte sich Eigil Friis-Christensen anschließen, der für die sonnen-terrestrische Physik zuständig war und seit Langem ein besonderes Interesse an Magnetstürmen, Polarlichtern und ihrem scheinbaren Zusammenhang mit den Vereisungsschwankungen des Meeres um Grönland hatte. Zusammen mit Knud Lassen, einem anderen Grönland-Forscher, der gleichzeitig sein früherer Chef war, hatte Friis-Christensen einen seltsamen Zusammenhang zwischen der Zunahme der Temperaturen auf der Nord-Halbkugel während des 20. Jahrhunderts und der Beschleunigung der Sonnenfleckenzyklen bemerkt.

Als sie 1991 dieses Ergebnis veröffentlichten, sah sich Friis-Christensen plötzlich in die Rolle gedrängt, die Beteiligung der Sonne am Klimawandel zu verteidigen. Über diese Beteiligung hatte man schon über 200 Jahre lang nachgedacht, seit der Astronom William Herschel in England festgestellt hatte, dass der Weizenpreis immer dann anstieg, wenn es nur wenige Sonnenflecken gab. Doch in den 90er-Jahren des vergangenen Jahrhunderts waren viele Klimawissenschaftler zu dem Schluss gekommen, die Sonne spiele dabei keine große Rolle. Messungen der Intensitätsschwankungen des Sonnenlichts durch Raumsonden legten nahe, dass diese nur für einen recht geringen Einfluss auf das Klima ausreichten.

Ohne dass Friis-Christensen davon wusste, begann sein neuer Rekrut in seiner Freizeit der Vermutung nachzugehen, ob nicht ein anderer Effekt der Sonnenschwankungen weit wirksamer sein könnte. Svensmark meinte, die Menge der Höhenstrahlen, welche die Sonne in das Sonnensystem hineinlässt, könnte dazu beitragen, die Bewölkung der Erde zu steuern: Mehr Höhenstrahlen – mehr Wolken. Russische Wissenschaftler hatten mit der entgegengesetzten Vermutung geliebäugelt, dass nämlich Höhenstrahlen die Bewölkung verringerten. Beide Seiten konnten den Zusammenhang zwischen Sternen und Wolken zunächst nicht so recht beweisen.

Sobald Svensmark einige Daten aus dem Internet bekommen hatte, sah er, dass die Änderung der Bewölkung von Jahr zu Jahr den Schwankungen der Intensität der kosmischen Strahlung zu folgen schien. Mitte Dezember zeigte er Friis-Christensen einige seiner ersten Ergebnisse. Dieser versicherte ihm, dass der Gedanke, Höhenstrahlen verstärkten die Bewölkung, neu war und durchaus vernünftig zu sein schien.

In der Tat war es genau der Mechanismus, der den Einfluss der Sonne auf Klimaschwankungen verstärken konnte und nach dem Friis-Christensen jahrelang gesucht hatte. Wenn Svensmark im Januar den Arbeitsplatz wechselte, wollten sie gemeinsam daran forschen. Es wäre kein Freizeit-Hobby mehr, sondern eine bezahlte Ganztagsarbeit – zeitlich gesehen sogar mehr als das.

Durch seinen künftigen Chef ermutigt ließ Svensmark seinen Weihnachts-Urlaub ausfallen und suchte nach besseren Daten über die Bewölkung. Bisher hatte er mit den Daten der Wettersatelliten der US-Luftwaffe und der Mehrzweck-Raumsonde Nimbus der NASA gearbeitet. Schließlich stieß er beim Surfen im Internet auf das Internationale Satellitenprojekt Wolken-Klimatologie und auf Rossows sehr detaillierte Daten für den Zeitraum von Mitte 1983 bis Ende 1990. Damit kamen die Untersuchungen rasch voran.

Die Verwendung von Wettersatelliten unterschiedlicher Art aus verschiedenen Ländern und die Schwierigkeiten, zwischen Wolken und vereisten kalten Gebirgsoberflächen zu unterscheiden, sorgten für Fehler und Ungenauigkeiten in den Satellitendaten. Svensmark entschloss sich daher, nur die monatlichen Wolkenaufzeichnungen über den Ozeanen zu verwenden, die von amerikanischen, europäischen und japanischen geostationären, hoch über dem Äquator kreisenden Satelliten stammen. Unter den verschiedenen verfügbaren Quellen der Daten über die Höhenstrahlung wählte er die monatlichen Durchschnittszahlen der Neutronenzählung der John-Simpsons-Station in Climax, Colorado, aus.

Die Übereinstimmung war erstaunlich. Zwischen 1984 und 1987 wurde die Sonne allmählich weniger stürmisch und immer mehr kosmische Strahlen erreichten die Erde. Die Bewölkung über den Ozeanen nahm fortschreitend um beinahe drei Prozent zu.

Dann nahmen die Höhenstrahlen bis 1990 wieder ab und die Bewölkung verringerte sich ebenfalls um 4 Prozent. Die Ergebnisse deuteten an, dass Schwankungen in der Wolkendecke aufgrund von Höhenstrahlen eine viel größere Auswirkung auf die Temperatur der Erde haben konnten als die geringen Intensitätsschwankungen des von der Sonne kommenden Lichts.

Die Wolken gehorchten strikt den Höhenstrahlen. Gemessen an den Normen der Klimawissenschaft war die Korrelation außerordentlich gut und Svensmark und Friis-Christensen waren erstaunt darüber, dass bisher noch niemand diesen offensichtlichen Zusammenhang bemerkt hatte. Aus Furcht, andere Wissenschaftler könnten ihnen bei der Veröffentlichung ihrer Entdeckung zuvorkommen, beeilten sie sich, ihren Aufsatz fertigzustellen. Ende Februar 1996 schickten sie den Text an die Zeitschrift *Science* in Washington DC.

Statt der schnellen Veröffentlichung, auf die sie gehofft hatten, kamen Nachfragen zurück. Nachdem sie diese in kurzen Ergänzungen abgehandelt hatten, folgte die Ablehnung. Das Papier sei zu lang für *Science*. Friis-Christensen wandte sich danach an den Redakteur von *Journal of Atmospheric and Solar-Terrestrial Physics* (*Zeitschrift für Atmosphärische und solar-terrestrische Physik*) und hoffte auf eine rasche Abwicklung. Das Papier wurde dort zwar verlegt, aber erst im darauffolgenden Jahr.

Inzwischen hatten die Organisatoren eines Treffens von Raumfahrtwissenschaftlern, das im Sommer in Birmingham in England stattfinden sollte, in aller Unschuld Friis-Christensen zu einem kurzen Vortrag über die Sonneneinwirkungen auf das Klima eingeladen. Mit Svensmarks Zustimmung entschied er sich, wie auch immer die Antwort der zweiten Zeitschrift ausfiele, bei seinem Vortrag den Zusammenhang zwischen Höhenstrahlen und Klima zusammenfassend darzustellen. So kam es, dass der erste gedruckte Bericht eine knappe Presseerklärung der britischen Königlichen Astronomischen Gesellschaft war, die in Birmingham die Medien kontaktiert hatte.

Die Überschrift der Mitteilung lautete »Das fehlende Glied zwischen Sonne und Klima«. Zusammen mit Friis-Christensens Vortrag und entsprechenden Interviews provozierte die Pressemitteilung für kurze Zeit ein aufgeregtes Interesse, das aber nur in Dänemark länger anhielt. Typisch verhielt sich die *London Times*, die ihren kurzen Bericht im Innenteil hinter der Schlagzeile versteckte: »Explodierende Sterne verursachen die Erderwärmung?« Mit dem Fragezeichen distanzierte sich die Zeitung von der Geschichte.

Auf der Birminghamer Tagung beobachtete Calder die Reaktionen mit beruflicher Sorge. Er hatte zufällig erfahren, was Svensmark und Friis-Christensen vorhatten, denn er schrieb mit ihrer Hilfe an einem Buch über Sonne und Klimawandel. Er befürchtete, der Inhalt seines Buches könne bereits veraltet sein, wenn andere Wissenschaftsjournalisten von der Entdeckung des Zusammenhangs zwischen Höhenstrahlen und Bewölkung erfuhren. Doch brauchte er sich darüber keine Sorgen zu machen. Außerhalb Dänemarks hatte Calder das Thema praktisch für sich alleine, bis im April 1997 sein Buch *Die launische Sonne widerlegt Klimatheorien* erschienen war, und selbst noch Jahre danach. Es war eine Nachricht, die niemand hören wollte.

Svensmark, das wusste er, kämpfte um die Akzeptanz seiner Entdeckung, doch er sah nicht voraus, dass daraus ein über zehnjähriger Krieg würde.

Svensmark musste die Welt wissenschaftlich herausfordern und aus einem Gewirr von sich ständig ändernden Angaben über Höhenstrahlen, Sonnenwind und Bewölkung der Erde genau die Details ausfindig machen, die seine Darstellung bestätigten. Der Krieg verlief an zwei Fronten, weil seine Ideen entweder allgemein angegriffen oder von der Wissenschaftlergemeinde schlicht übergangen wurden.

# Aggressiver Widerstand gegen Svensmark

Jeder Wissenschaftler mit einer originellen Idee erwartet starke Kritik seitens seiner Kollegen und Konkurrenten, die zu beweisen versuchen, dass seine Daten oder seine Theorie falsch sind. So funktioniert Wissenschaft. Dadurch werden Fehler ausgesondert, bis nur gut begründete Schlussfolgerungen übrig bleiben. Eine Idee, auf die die Opposition geschlossen wie in einem Chor reagiert, ist üblicherweise falsch. Andererseits gibt es viele Beispiele von echten Entdeckungen, die zunächst auf starken Widerstand oder einen falschen Konsens stießen, der sich sehr lange halten konnte. Das Verfahren ist unbequem, weil Wissenschaftler leidenschaftliche Menschen und keine logischen Roboter sind. Gewöhnlich wird die Debatte mit etwas Anstand geführt, doch die Klimawissenschaft hatte ihre Gelassenheit verloren.

Die neue Stimmung wurde im IPCC (Intergovernmental Panel on Climate Change) sichtbar, das seit 1990 Warnungen über eine drohende Überhitzung des Planeten ausstieß. Die Voraussagen ordneten die bescheidene Zunahme der globalen Durchschnittstemperaturen im 20. Jahrhundert der zunehmenden Menge an Kohlendioxid in der Luft zu. Jeder Vorschlag, andere natürliche Faktoren wie die Sonnenaktivität könnten weitergehend dafür verantwortlich sein, war unerwünscht.

Die dänische Delegation des IPCC schlug 1992 bescheiden vor, den Einfluss der Sonne auf das Klima in die Liste der Themen aufzunehmen, die noch weiter untersucht werden sollten. Der Vorschlag wurde umgehend abgelehnt. Als 1996 eine dänische Zeitung den damaligen Vorsitzenden des IPCC, Bert Bolin, einlud, sich zu Svensmarks Ergebnissen über die kosmische Strahlung und Wolken, wie sie Friis-Christensen bei dem Treffen in Birmingham vorgetragen hatte, zu äußern, wurde er bissig: »Ich halte den Schritt dieses Gespanns für wissenschaftlich äußerst naiv und unverantwortlich.«[18]

Das waren ungewöhnlich scharfe Worte eines Professors für

Meteorologie aus Stockholm über den Bericht eines Professors für Physik aus Kopenhagen. Innerhalb des dänischen Meteorologischen Instituts begegnete man Svensmark auch auf persönlicher Ebene mit Ablehnung. Der Widerstand war manchmal sogar aggressiv, selbst in der Kantine. Einige Kollegen wollten ihm, der ihre Hypothese, das vom Menschen erzeugte Kohlendioxid sei für den Klimawandel hauptverantwortlich, nicht teilte, nicht mehr die Hand schütteln.

Man verabredete, später in Elsinore, auf dem Jahrestreffen der Wissenschaftler aus Skandinavien, mit Svensmark hart ins Gericht zu gehen. Die Organisatoren luden Svensmark ein, nach einem feuchtfröhlichen Abendessen einen Vortrag über Höhenstrahlen und Wolken zu halten, damit ihn jeder angreifen könne – was auch mit Begeisterung geschah.

Hinter dem Gespött verbarg sich eine substanzielle Frage: War Svensmark nicht verrückt, wenn er glaubte, kosmische Strahlen wirkten auf die Wolkenbildung ein? Eine herausragende Position im Publikum nahm Markku Kulmala von der Universität Helsinki ein. Der Vorsitzende der Internationalen Kommission für Wolken und Niederschlag hatte dem Ganzen schweigend zugehört, bis ihn jemand ansprach, er möge erklären, warum Svensmarks Idee falsch sei. Kulmalas knappe Bemerkung versetzte alle in Erstaunen: »Sie könnte auch richtig sein.«[19]

Unzufrieden mit der Antwort warf der Fragesteller ein, Svensmarks Forschung sei »gefährlich«. Auch dies war wieder ein seltsamer Ausdruck zur Charakterisierung einer theoretischen Studie, die weder Gifte oder Geschosse noch Sprengstoff betraf. Sollten Svensmarks Ideen beweisen, dass die üblichen Annahmen über die globale Erwärmung und ihre Ursachen falsch waren, konnte dies nur wissenschaftlichen Dogmen und der öffentlichen Politik »gefährlich« werden.

Die Staatliche Forschungsfinanzierung Dänemarks hielt sich zurück, Svensmarks abweichende Forschung zu fördern. Unterstützung kam stattdessen von der Carlsberg-Stiftung, die seit dem

19. Jahrhundert gern Gewinne aus dem Bierverkauf in aufregende, wissenschaftliche Forschungen unterschiedlichster Art fließen lässt. Sie setzte sich über das Schreiben eines höhergestellten Wissenschaftlers der Regierung an den Direktor der Stiftung hinweg, das drängte, die Unterstützung für Svensmark einzustellen. Selbst als Svensmark für seine Entdeckungen in Dänemark Preise gewann, den jährlichen Knud-Hojgaard- und den Energy-E2-Forschungspreis, nahmen Teile der Presse daran Anstoß.

Dank der Finanzierung durch Carlsberg konnten sich ein neues Paar Augen an Svensmarks Beweisjagd beteiligen: Nigel Marsh aus Großbritannien hatte kurz zuvor an der Universität Kopenhagen über die Untersuchung früherer Klimaveränderungen aufgrund von Eisbohrkernen aus dem Grönlandeis promoviert. Er wurde Svensmarks wichtigster Mitarbeiter. Beide zusammen machten sich daran, die Wirkung der Höhenstrahlen auf die Wolkenbildung genauer zu bestimmen. Sie fanden dazu auch einen freundlicheren Arbeitsplatz.

## Wie Wolken und Höhenstrahlen zusammenhängen

Als Chef einer Abteilung des Dänischen Meteorologischen Instituts war Eigil Friis-Christensen wissenschaftlicher Projektleiter für Dänemarks ersten Satelliten Orsted. Dieser war darauf ausgelegt, das Magnetfeld der Erde zu beobachten. Friis-Christensen stellte eine Mannschaft von über 60 Forschungsgruppen aus sechzehn Ländern zusammen. Daher hatte er wenig Zeit, in Zusammenarbeit mit Svensmark weiter die Beziehung zu den kosmischen Strahlen zu untersuchen, obwohl er noch Vorträge über dieses Thema hielt.

Ende 1997 wurde Friis-Christensen Direktor des Dänischen Instituts für Weltraumforschung, das später in »Dänisches Nationales Weltraumzentrum« umbenannt wurde. Die Regierung wollte den Bereich des Instituts ausweiten und fügte dem bereits bestehenden Aufgabengebiet kosmischer Astronomie die Erforschung des Sonnensystems hinzu. Zu den neuen Aufgaben gehörte die Erforschung der Sonne und ihrer Wirkung auf den erdnahen Weltraum, die Magnetfelder und das Klima. 1998 lud Friis-Christensen Svensmark und Nigel Marsh ein, sich dem Stab des Raumfahrtinstituts anzuschließen.

Das International Satellite Cloud Climatology Project (Internationales Satelliten-Projekt Wolken-Klimatologie) veröffentlichte eine neue Datenreihe zur Bewölkung im Zeitraum von Juli 1983 bis September 1994. In ihrem neuen Labor untersuchten Marsh und Svensmark die Daten in jeder erdenklichen Hinsicht nach der Höhe der Wolken und ihren jeweiligen Positionen auf dem Globus. Sie verglichen die Schwankungen der Wolkendecke Monat für Monat in jeder Gegend und in drei unterschiedlichen Höhenschichten mit den Ergebnissen der Höhenstrahlungsmessung von Climax, Colorado, die auf Änderungen im Verhalten der Sonne reagierten. Die Arbeit war zeitaufwendig und oft lästig, aber im Jahr 2000 konnten sie über ein klares Ergebnis berichten: »Überraschend zeigt sich der Einfluss der Sonnenschwankungen am deutlichsten in den untersten Wolkenschichten.«[20]

Mit anderen Worten: Jene Wolken, die nicht höher als 3000 Meter über dem Boden dahinziehen, also dort, wo die kosmischen Strahlen am schwächsten sind, regieren auf die Zu- oder Abnahme der Sonnenaktivität am stärksten. Wie Sie sich erinnern, hatte das Experiment der NASA zum Strahlungshaushalt der Erde (NASA's Earth Radiation Budget Experiment) bereits ergeben, dass tief hängende Wolken zu 60 Prozent für die Abkühlung der Erde verantwortlich sind. Ihre Identifikation als Hauptursache war deswegen ein wichtiger Meilenstein bei der Suche nach der Beziehung zwischen Höhenstrahlung und Klima. Eine Rolle spielt die Intensität der energiereichsten Höhenstrahlen, weil nur sie in der Lage sind, die untersten Atmosphäreschichten zu erreichen.

Ein statistischer Test ergab einen Zusammenhang zwischen der Wolkenbildung in den unteren Schichten und der Höhenstrahlen im Jahresdurchschnitt von 92 der möglichen 100 Prozent. Das war

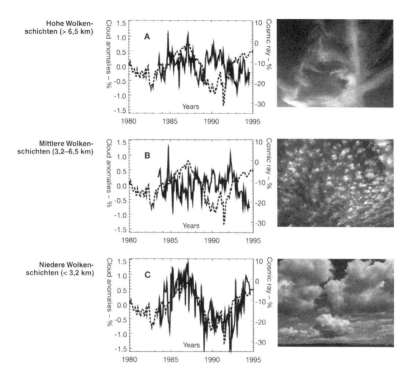

*Abb 7: Globale Schwankungen der Wolkendecke in unterschiedlichen Höhenschichten der Atmosphäre (durchgehende Linie) im Vergleich zu den Intensitätsschwankungen der kosmischen Strahlen der Messstation Climax (gestrichelte Linie). Während es in den höheren Schichten keine Übereinstimmung gibt, herrscht eine enge Übereinstimmung zwischen Höhenstrahlen und Wolkendecke in den niedrigen Atmosphäreschichten. (Diagramme von N. Marsh und H. Svensmark)*

nach den Normen der Klimaforschung eine sehr hohe Übereinstimmung. Wider alle Erwartung scheinen sich die Wolken in den mittleren und hohen Schichten gegenüber Strahlungsschwankungen indifferent zu verhalten.

Die einfachste Erklärung ist, dass es in den oberen Schichten immer viele Höhenstrahlen gibt, die Schwankungen aber in den unteren Schichten, wo Höhenstrahlen seltener sind, mehr auffallen, gerade so wie sich ein Regenschauer in einer Wüste viel einschneidender auswirkt als im Regenwald. Zudem bestehen die höheren Wolken aus Eis-Kristallen und nicht aus Wassertröpfchen und entstehen möglicherweise aufgrund eines anderen Mechanismus.

Die stärkste Verbindung zwischen unterer Wolkendecke und kosmischen Strahlen zeigt sich in weiten Gebieten des Pazifischen und Indischen Ozeans und im Nordatlantik zwischen Grönland und Skandinavien. Ein noch deutlicheres geografisches Muster trat hervor, als Marsh und Svensmark die Temperaturen der Wolkenoberfläche in ihre Analyse einbezogen: Bei der Messung der Oberflächentemperatur der Wolken trat in den Tropen ein Bereich (etwa 30% der Erdoberfläche) rings um die Erde hervor, in dem das Verhalten der Wolken besonders deutlich dem der Höhenstrahlen entsprach. Wenn mehr Höhenstrahlung auftritt, wird die Oberfläche der unteren Wolkenschicht wärmer, reflektiert mehr Wärme ins All zurück und verstärkt dadurch die Abkühlung.

Warum sollte die Wolkenoberfläche derart auf den Einfluss der Sterne reagieren? Der wahrscheinlichste Grund nach Marsh und Svensmark ist, dass mehr Kondensationskeime in der Luft entstehen, an denen sich Wassertröpfchen bilden können. Die Wolken werden nebeliger mit kleineren, aber mehr Tröpfchen und einer geringeren Gesamtmenge an kondensiertem Wasser. Dadurch werden sie für Wärme von der Erdoberfläche durchlässiger. Inzwischen zeigen Satellitenbeobachtungen, dass mindestens zwei Drittel der Wolken über den Ozeanen zu dieser seltsamen Kategorie gehören.

Wolkenstreifen, die sich hinter Schiffen auf See bilden, deuten ebenfalls auf einen solchen Effekt hin. Dies wurde von einem Forschungsflugzeug der Universität Washington bestätigt. Es flog 1987 durch Wolken, die durch die Fahrt zweier Schiffe gebildet worden waren. Der Satellit sieht hinter den Schiffen weiße Streifen, gerade so wie Kondensstreifen hinter Flugzeugen. Tatsächlich liegen sie viel tiefer und sind nur als stärker glänzende Streifen in bereits vorhandenen Wolken zu erkennen, wenn die Abgase aus den Schiffskaminen die Luft mit Kondensationskeimen füttern.

Die durch kosmische Strahlen angeregte natürliche Erzeugung von Kondensationskeimen könnte weltweit die Oberseite der tief hängenden Wolken zusätzlich erwärmen. Kollegen mit Sympathie für das Höhenstrahlenszenario meinten, absinkende Luftpakete trügen die Kondensationskeime aus höheren Schichten in die niedrigen Wolkenschichten hinab. Doch dem stimmten die beiden Kopenhagener nicht zu. Sie vermuteten, dass die Keime in den untersten Schichten der Atmosphäre erzeugt und von den relativ wenigen Höhenstrahlen beeinflusst werden, die bis nach unten vordringen. Das nächste Kapitel beschreibt, wie Svensmark bei der Planung eines Laborversuchs auf diese Hypothese setzte.

## Steigende Sonnenaktivität

Nähme die Bewölkung zum Beispiel alle elf Jahre im Rhythmus der magnetischen Aktivität der Sonne, die den Zustrom der Höhenstrahlung regelt, ab und zu, so gliche sich ihre Wirkung aus und sie hätte langfristig keinen Einfluss auf das Klima. Doch die durchschnittliche Intensität der kosmischen Strahlung hat in den vergangenen 100 Jahren deutlich abgenommen. Dem entspräche eine Verringerung der Wolkendecke und die Erwärmung der Erde.

Temperaturaufzeichnungen zeigen, dass sich die Erde während des 20. Jahrhunderts allmählich um etwa 0,6 °C erwärmt hat. Ungefähr die Hälfte der Erwärmung erfolgte vor 1945, als die Sonne aktiver wurde und die Höhenstrahlung abnahm. Dies spiegelt sich in den Produktionsraten verräterischer Atome in der Atmosphäre wider. In der Zeit zwischen den 1960er- und frühen 1970er-Jahren kam es zwischenzeitlich zu einer Periode deutlicher Abkühlung, die sehr gut mit einer vorübergehenden Schwächung der magnetischen Aktivität der Sonne und einer Zunahme an kosmischer Strahlung übereinstimmte. Nach 1975 stieg die Sonnenaktivität wieder weiter an und die Höhenstrahlen nahmen entsprechend ab. Auch die Erwärmung der Erde setzte wieder ein. Das war die Zeit, in der die wachsende Besorgnis des IPCC über Kohlendioxid ihren ersten Höhepunkt erreichte.

Systematische Messungen des Zustroms an Höhenstrahlen reichen nur bis zum Jahr 1937 zurück. Doch gibt es andere Methoden, um zu erkennen, was die Höhenstrahlen zuvor getan haben. Daraus lässt sich ihre Wirkung während des gesamten 20. Jahrhunderts erschließen. 1999 machten Mike Lockwood und sein Team am Rutherford-Appleton-Laboratorium in Oxford eine bemerkenswerte Entdeckung: Die Intensität des Magnetfelds der Sonne im interplanetarischen Raum hatte sich während des 20. Jahrhunderts mehr als verdoppelt. Dies lässt auf Veränderungen schließen, die im Einklang mit den Temperaturschwankungen stehen.

Lockwood erklärte, dass seine Berechnung durch eine Entdeckung der amerikanisch-europäischen Raumsonde Ulysses möglich wurde, wonach sich das Sonnenfeld nach allen Richtungen gleich stark ausgebreitet hatte. »Niemand hatte das erwartete, doch bedeutet es, dass wir die historischen Daten von nur einer Stelle, nämlich der Erde, benutzen können, um daraus überraschende Änderungen im gesamten Sonnensystem abzuleiten.«[21]

Daten über die Geschichte der Magnetstürme der Sonne zeichnet auf der Erde der aa-Index auf, der somit umgekehrt auch mit der jeweils herrschenden Stärke des Sonnenfeldes verbunden ist. Raumsonden hatten seit 1964 eine Intensivierung seiner Feldstärke um 40 Prozent gemessen, doch Lockwood konnte eine noch größere Zunahme seit Anfang des Jahrhunderts ermitteln, sodass sie sich insgesamt auf 131 Prozent belief. Das heißt, die Magnetfeldstärke der Sonne war im Jahr 1995 um 2,3 Mal größer als im Jahr 1901.

Während der jüngsten Zunahme des Magnetfelds wies ein Detektor bei Huancayo, Peru, eine entsprechende Verminderung jener energiereichen Höhenstrahlen nach, die bis in die untersten Wolkenschichten vordringen können. Daraus konnten Svensmark und Nigel Marsh berechnen, dass die Verringerung der relevanten Höhenstrahlen seit Anfang des Jahrhunderts etwa 11 Prozent betragen hat. Als sie dieses Ergebnis auf die Wolkeneinwirkung übertrugen, kamen sie zu dem Schluss, dass die tief hängende Bewölkung während der gesteigerten Sonnenaktivität um ca. 8,6 Prozent abgenommen hatte.»Eine grobe Schätzung für den Jahrhunderttrend der Strahlungswirkung der unteren Wolkenschichten ergibt eine Erwärmung um 1,4 Watt pro Quadratmeter.«[22]

Diese Zahlenangabe war eine Provokation, denn das IPCC benutzte dieselben 1,4 Watt pro Quadratmeter für den vermuteten globalen Erwärmungseffekt der gesamten Kohlendioxidmenge, die durch menschliche Aktivität seit Beginn der Industriellen Revolution in die Atmosphäre eingebracht wurde. Daher hielt die heftige Kritik an den Kopenhagener Ergebnissen weiter an. Eine Überlegung dabei war, dass die Schwankungen der von Svensmark erforschten Wolkendecke nichts mit der Höhenstrahlung zu tun hatte, sondern nur die Reaktion auf Vulkanausbrüche oder El-Nino-Ereignisse darstellte. Die fehlende zeitliche Übereinstimmung zwischen den Vulkanausbrüchen und den Änderungen in der Wolkendecke verwarf diese Möglichkeit, doch die Übereinstimmung mit den El-Nino-Ereignissen von 1987 und 1991 war zunächst recht hoch und wurde erst durch weitere Analysen ausgeschlossen.

Andere Kritiker bezogen sich auf Daten, die das Internationale Satelliten-Projekt Wolken-Klimatologie bereits als unzuverlässig verworfen hatte. Einige waren der Meinung, Schwankungen in der kosmischen Strahlung wirkten sich am ehesten auf die obersten Wolkenschichten aus, da diese einer stärkeren Höhenstrahlung ausgesetzt waren. Als Jón Egill Kristjánsson und Jörn Kristiansen von der Universität Oslo den Zusammenhang zwischen Wolken und Höhenstrahlen noch einmal untersuchten, gelangten sie ironischerweise zu dem Schluss, dass sich eine passende Übereinstimmung nur mit den tief hängenden Wolken ergab. Daher verwarfen sie die gesamte These. Mit einer anderen Einstellung hätten sie vielleicht als Erste bekannt geben können, dass nur die niedrig hängenden Wolken von Schwankungen der Höhenstrahlung betroffen sind.

Noch als Nigel Marsh und Svensmark im Jahr 2000 ihre Erkenntnisse mitteilten, die sie auf der Basis von Wolkendaten über einen längeren Zeitraum gewonnen hatten, ignorierten einige Kritiker dies und suchten weiterhin in dem ursprünglichen Aufsatz von Svensmark und Eigil Friis-Christensen nach Fehlern. Auch wenn sie einer nach dem anderen durch Beweise widerlegt werden konnten – die ununterbrochen aufeinanderfolgenden Papiere wissenschaftlicher Gegner dienten nur einem einzigen Zweck: Jeder, der die Beziehung zwischen Höhenstrahlen und Klima nicht ernst nehmen wollte, musste lediglich anführen, es läge eine Fülle von Einwänden vor. Im Jahr 2001 lehnte das IPCC noch immer ab: »Der Beweis für die Auswirkungen der kosmischen Strahlen auf die Bewölkung ist noch nicht erbracht«[23], hieß es dort lapidar.

## Die Antarktis geht eigene Wege

Zu dieser Zeit fiel Experten auf, dass die Temperaturtrends in der Antarktis wiederholt nicht mit den sonst auftretenden Temperaturänderungen übereinstimmten. Details dieses eigenwilligen Verhaltens unterstützen stark die Annahme, dass Wolken die Hauptbetreiber des Klimas sind. Svensmark begann bereits 1996/97, als er noch am Dänischen Meteorologischen Institut tätig war, nach einer Bestätigung dafür zu suchen.

Satellitendaten des NASA-Experiments zum Strahlungshaushalt der Erde (Earth Radiation Budget Experiment) zeigten, dass Wolken in der Antarktis eine wärmende Wirkung ausüben, während sie auf der Erde ansonsten im Allgemeinen eher kühlend wirken. Svensmark hatte zu dieser Zeit bereits die Beziehung zwischen Höhenstrahlen und Bewölkung herausgefunden: Wenn wenige Wolken über der Erde insgesamt für die allgemeine Erwärmung während des 20. Jahrhunderts verantwortlich sein konnten, sollten weniger Wolken über der Antarktis eine Abkühlung bewirken. Doch zuverlässige Oberflächentemperaturen von dem südlichen Kontinent waren schwer zu bekommen. Als er versuchte, die Auswirkungen der Wolkendecke zu berechnen, konnte Svensmark nicht genau einschätzen, zu welchem Grad, meteorologisch gesprochen, die Antarktis von der übrigen Erde isoliert ist. Da er keine deutliche Wirkung angeben konnte, legte er das Problem beiseite.

Sturmkarusselle schützen die Antarktis vor dem Wetter in der übrigen Welt. Das hatte Svensmark übersehen. Heftige Westwinde machen im Südlichen Ozean den Seeleuten schwer zu schaffen. Sie treiben die umherstreifenden Albatrosse auf ihren üblichen Flügen rings um den Kontinent und bringen sie zu ihren Brutstätten zurück. Sie treiben auch die Meeresströmung um die Antarktis an, den nährstoffreichen Lebensraum der Wale. Während die Meeresströmung alle Ozeane der Erde auf ihrer Südseite miteinander verbindet, trennt sie die Antarktis von allen tropischen Strömungen wie Golfstrom und Kuroshio, welche die nördlichen Landmassen erwärmen.

Einen ähnlichen Wirbel gibt es über der Antarktis auch in der Stratosphäre. Astronomen hatten 1999 ein Teleskop an einem Ballon – Bumerang genannt – hinaufgeschickt. Sie wollten herausfinden, wie die Welt nach dem Urknall entstanden ist. Nach einer Rundreise von 8000 km landete das Fernrohr, ganz seinem Namen entsprechend, etwa 50 km von seinem Ausgangspunkt in der Nähe des Berges Erebus. Der antarktische Polarwirbel ist mächtiger und beständiger als seine Entsprechung um den Nordpol.

Während das arktische Klima dazu neigt, dem der übrigen Erde zu folgen, geht die Antarktis ihre eigenen Wege. Nachdem Svensmark zunächst falsch an das Problem herangegangen war, häuften sich bald Beweise, dass sich die Antarktis tatsächlich so verhielt, wie zu erwarten, wenn die niedrigen Wolken für das Klima verantwortlich sind. Die Beweise lieferten Forscherteams, die am anderen Ende der Erde in die Eisschicht gebohrt hatten.

1999 verglichen Dorthe Dahl-Jensen vom Niels-Bohr-Institut in Kopenhagen und Kollegen die Eistemperaturen in der GRIP-Bohrung in Grönland mit jenen der Law-Dome-Bohrung in der Antarktis. Vom Eis begraben und isoliert blieben Wärmeinseln lange erhalten, oft über Tausende von Jahren. Wenn man kurz nach einer Bohrung das freigelegte Eis in unterschiedlichen Tiefen des Bohrlochs mit einem Thermometer untersucht, kann man unmittelbar die Temperatur jener Zeit messen, zu der sich die jeweilige Schicht gebildet hat. Als Dahl-Jensen die so im Norden und Süden gemessenen Temperaturen der vergangenen 6000 Jahre miteinander verglich, wurde der Wechsel offenkundig. »Die Antarktis neigt zur Erwärmung, wenn es in Grönland ›kalt‹ wird, und zur Abkühlung, wenn Grönland sich erwärmt.«[24] Ihre Ergebnisse wurden in einer glaziologischen Zeitschrift veröffentlicht. Svensmark hatte zwar von den Ergebnissen aus Grönland gehört, nahm aber die gegenteiligen Ergebnisse aus der Antarktis nicht wahr, bis ihn der Ehemann von Dahl-Jensen, Jörgen Peder Steffesen, einige Jahre später darauf aufmerksam machte. Svensmark bemerkte dazu, er habe so etwas erwartet: »Jörgen Peder schien für mein ›Eureka‹ nicht empfänglich zu sein. Ich dachte weiter über die Antarktische Frage nach, doch kamen mir andere Verpflichtungen dazwischen.«[25]

Die Ergebnisse von Dahl-Jensen zeigten, dass Grönland während der Kleinen Eiszeit der letzten Jahrhunderte deutlich kälter, die Antarktis aber relativ warm war. Am Siple Dome, einem anderen Standort für Bohrungen in der Antarktis, stießen Richard Alley und seine Kollegen von der Penn-State-Universität auf seltene, deutlich unterschiedliche Eisschichten. Dort war an warmen Sommertagen das Eis, als es noch die Oberfläche gebildet hatte, sogar geschmolzen. Änderungen in der Häufigkeit solcher Schmelzeereignisse deuteten auf Klimaschwankungen hin. Im Jahr 2000 bot Alleys Studentin, Sarah Das, dafür eine überzeugende Erklärung an:

> »Zu Eisschmelzen kam es am häufigsten vor 300 und 450 Jahren, und zwar in bis zu 8 Prozent jener Jahre. In dieser Zeit erlebte die Antarktis höchstwahrscheinlich höhere Sommertemperaturen. Dieser Zeitraum überschneidet sich mit der Kälteperiode auf der nördlichen Halbkugel, die oft Kleine Eiszeit genannt wird.«[26]

Sarah Das und Richard Alley verfolgten bei ihren Untersuchungen die Eisschmelzschichten in den Bohrlöchern über zehn Jahrtausende zurück. Ein Zeitraum vor ungefähr 7000 Jahren überraschte sie, als es am Siple Dome über 2000 Jahre lang überhaupt keine Eisschmelze gegeben hatte. Während damals besonders kalte Bedingungen in der Antarktis herrschten, war es in Grönland ungewöhnlich warm. Das gleich alte Eis vom Bohrloch GISP2 wies genau in dieser Zeit die häufigsten sommerlichen Schmelzerscheinungen der vergangenen 10 000 Jahre auf.

Andere Wissenschaftler stießen, als sie noch weiter in der Zeit zurückgingen, auf ähnliche Gegensätze zwischen Grönland und der Antarktis. Hierfür suchten konventionell denkende Klimawissenschaftler typischerweise Erklärungen in den Änderungen der Ozeanströmung.

2001 drückte Nicholas Shackleton aus Cambridge seine Verwunderung über die Gegensätze so aus: »Arbeitet hier eine ›polare Wippe‹, welche die überschüssige Wärme von einer Halbkugel zur anderen schwenkt? Was verursacht diese enormen Schwankungen?«[27]

Für Svensmark gab es kein Paradoxon. Denn genau das hatte er zu finden gehofft. Als er 2005 endlich Zeit hatte, der Angelegenheit mehr Aufmerksamkeit zu schenken, lehnte er das Bild von der »polaren Wippe« als irreführend ab. Denn es sah eine Symmetrie zwischen der nördlichen und der südlichen Halbkugel mit einer Drehachse am Äquator vor.

Tatsächlich ist das globale Klima sehr ungleich zwischen der isolierten Antarktis und dem Rest der Erde, in dem Winde und Meeresströmungen für gemeinsame Klimatrends sorgen, aufgeteilt. Australien und Ozeanien, Südafrika und Südamerika sowie die Ozeane zwischen ihnen haben hinsichtlich der Klimaänderungen mehr mit Eurasien und Nordamerika gemein als mit der nahe gelegenen Antarktis. Der Drehbolzen der Wippe wäre bei 60 Grad südlicher Breite zu suchen.

Eine treffendere Bezeichnung für die Abweichung wäre ›Antarktische Klimaanomalie‹. Während andere von zeitlichen Verzögerungen zwischen den widersprüchlichen Klimaänderungen sprachen, die zu erwarten wären, wenn die Anpassung durch Ozeanströmungen daran beteiligt wäre, erkannte Svensmark, dass sie nahezu gleichzeitig verliefen. An der Antwort auf die Frage, was die unterschiedlichen klimatischen Reaktionen auf der Antarktis und der übrigen Erde in Zeitdifferenzen von nur wenigen Jahren bewirkt, wird noch gearbeitet.

Die Temperatur-Aufzeichnungen seit 1900 deuten im Allgemeinen auf eine Erwärmung sowohl weltweit wie auch in der Antarktis hin. Doch sind die einzelnen Schritte auf diesem Weg nicht die gleichen. Große Kälteeinbrüche in der Antarktis begleiteten in den 1920er- und 1940er-Jahren weltweite Erwärmungsschübe. Umgekehrt erwärmte sich die Antarktis in den 1950er- und 1960er-Jahren deutlich, während die übrige Erde vorübergehend eine Abkühlung erlebte. Während es auf dem Rest der Erde nach 1970 wieder freundlicher wurde, sanken die Temperaturen in der Antarktis. An einer der wichtigsten Forschungsstationen, an der Halley-Bucht, sanken die Temperaturen sogar sehr deutlich.

*Abb. 8: In Bezug auf das Klima ging die Antarktis im 20. Jahrhundert eigene Wege, wie die Kurve der über 12 Jahre gemittelten Temperatur (kleines Bild oben, untere Kurve) zeigt. Immer wenn sich die Nord-Halbkugel erwärmt (obere Kurve), tendiert die Antarktis dazu, sich abzukühlen und umgekehrt. Die Grafiken für 1986 und 2006 (untere Kurve) zeigen, dass die Vereisung der Meeresfläche im Norden abnahm, sich aber im Süden ausweitete. Dieses entgegengesetzte Verhalten ist vorhersagbar, wenn kosmische Strahlen und Wolken die Klimaänderung verursachen. (Die Kurven über die Temperaturänderungen an der Oberfläche stammen von NASA GISS; die Eiskarten von der US-Nationalen Schnee- und Eis-Datenzentrale.)*

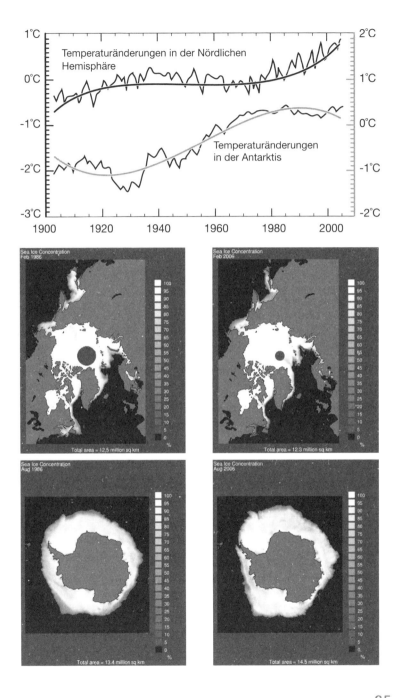

## Pinguine wissen, was kommt

Wie ist die antarktische Klimaanomalie zu erklären? Welcher der für den Klimawandel verantwortlichen Kandidaten kann sie erklären? Offensichtlich nicht das Kohlendioxid, da es sich fast gleichförmig über die Erde ausbreitet, auch bis an den Südpol. Klimavorhersagen aufgrund der Zunahme von Kohlendioxid lassen eine gleichzeitige und deutliche Erwärmung in den Polarregionen beider Halbkugeln erwarten; die ist aber nicht eingetreten. Eine jüngst wieder aufgetretene Verringerung des Ozons in hohen Lagen über der Antarktis, das sogenannte Ozonloch, hätte dazu beitragen sollen, dass die Oberflächentemperaturen dort sinken, weil auch Ozon als Treibhausgas agiert. Doch wenn die Zunahme des Ozonlochs, wie man glaubt, auf die jüngste Freisetzung von künstlichen Fluorkohlenwasserstoffen zurückginge, hätte das nichts mit der in historische und prähistorische Zeiten zurückreichenden antarktischen Klimaanomalie zu tun.

Die Intensität des in der Antarktis auftreffenden Sonnenlichts schwankt im Laufe von über Tausenden von Jahren aus astronomischen Gründen, da die Umlaufbahn der Erde um die Sonne und ihre Stellung im Raum sich in diesen Zeiträumen ändert. Zurzeit steht die Erde während des südlichen Sommers der Sonne am nächsten, doch vor 10 000 Jahren hatte der nördliche Sommer diesen Vorteil und die Antarktis bekam nur einen schwächeren Sommersonnenschein. Das könnte erklären, weshalb die Bohrloch-Temperaturen von Dahl-Jensen für die Steinzeit vor 6000 Jahren in Grönland relativ hohe Werte und für die Antarktis entsprechend kältere Werte anzeigten. Aber die astronomischen Änderungen (der sogenannte Milankovitch-Effekt) erfolgen viel zu langsam, um das rasche Umschalten der nördlichen und südlichen Temperaturtrends zu erklären. Das gilt vor allem auch für die Temperaturaufzeichnungen in den Bohrlöchern der jüngeren Zeit und für die in den letzten hundert Jahren an der Oberfläche gemessenen Temperaturen.

Die Bewölkung ist die einzige treibende Kraft, die die antarktische Klimaanomalie ohne weitere Prozesse voraussagen kann. Wenn die Bewölkung abnimmt, wird sich die Erde erwärmen und die Antarktis sich abkühlen. Nimmt die Bewölkung zu, wird es in der Antarktis wärmer, während es auf der übrigen Erde abkühlt. Das ist genau der Gegensatz, der festgestellt wurde. Doch warum wirken sich die Wolken auf dem Südkontinent so anders aus?

Die Schneefelder der Antarktis bilden die weißeste Oberfläche des Planeten. Sie sind heller als der arktische Schnee und sogar noch weißer als die Wolkenoberseite. Dadurch absorbieren die Wolken mehr Sonnenenergie als die Erdoberfläche ohne Wolken; außerdem strahlen die Wolken dort noch Wärme zum Erdboden hinunter. Bodenbeobachtungsstationen in der Antarktis haben diese Wirkung der Wolken bestätigt, die zunächst von Satelliten festgestellt wurde. Das berichteten Michael Pavolonis von der Universität Wisconsin in Madison und Jeffrey Key vom Nationalen Umwelt-, Satelliten-, Daten- und Informationsdienst der USA im Jahr 2003: »Es wurden Wolken entdeckt, die in jedem Monat des Jahres eine wärmende Wirkung auf die Oberfläche des antarktischen Kontinents ausüben.«[28]

Auch über dem grönländischen Eisschild waren seit vielen Jahren Erwärmungen der Oberfläche durch Wolken bekannt und sind auch gemessen worden. Wiederholte Satellitenmessungen zeigten, dass eine Verminderung der Wolkendecke sich vor Ort kühlend auswirken kann. Als die antarktische Klimaanomalie entdeckt wurde, weil sich der grönländische und der antarktische Eisschild gegensätzlich entwickelten, schien das Auftreten dieses Effekts auch im Norden auf den ersten Blick die Bewölkung als Antriebskraft des Klimawandels auszuschließen. Doch ist der grönländische Eisschild viel kleiner und seine Oberfläche glänzt weniger weiß als der der Antarktis. Auch koppeln Winde und Ozeanströme das Klima Grönlands an das nordatlantische Klima und das der gesamten Erde. Dadurch setzt es sich weitgehend über die örtliche Wirkung der Erwärmung durch Wolken hinweg.

Svensmark berechnete die Änderungen der Oberflächentemperaturen für unterschiedliche Breiten, die sich jeweils aus der geringen Zu- oder Abnahme der Wolken ergeben. Er bezog sich dazu auf die Satellitendaten des Earth Radiation Budget Experiment. Wenn die Bewölkung um 4 Prozent zunimmt, sollten die Temperaturen am Äquator ungefähr um 1 °C fallen und an der Antarktis ungefähr um 0,5 °C steigen. Bei einer 4-prozentigen Abnahme der Bewölkung bleiben die Ziffern die gleichen, wechseln aber das Vorzeichen; auf der Antarktis wird es also um ungefähr 0,5 °C kälter. Diese Zahlen können schon mit geringfügigeren Änderungen der Bewölkung die antarktische Klimaanomalie im 20. Jahrhundert erklären.

Eine Frage bleibt offen: Wenn sich der langfristige Erwärmungstrend auf der Erde aus dem Schrumpfen der Wolkendecke ergibt, warum war dann die Antarktis um das Jahr 2000 wärmer als um 1900? Svensmarks Antwort lautet, dass der Südkontinent trotz seiner Isolation an der allgemeinen Erwärmung aufgrund der natürlichen Zunahme des Wasserdampfs in der Atmosphäre teilhaben konnte.

Wenn sich die globale Atmosphäre aufwärmt, verdampft mehr Wasser. Da Wasserdampf das wichtigste Treibhausgas ist, das etwas von der Wärme an der Erdoberfläche zurückhält, die sonst ins All entweiche, hat er die allgemeine Erwärmung aufgrund der geringeren Bewölkung im 20. Jahrhundert verstärkt. Zusätzlicher Wasserdampf sei, so Svensmark, auch in die Luftschichten über der Antarktis gelangt, und seine Wärmewirkung überlagere schließlich die Abkühlung aufgrund der geringeren Bewölkung. Die antarktische Klimaanomalie bleibt auch innerhalb der Kurve der ansteigenden Temperatur in dem einander entgegengesetzten Auf und Ab erhalten.

Mit dieser 2006 abgeschlossenen Analyse wollte Svensmarks die Rolle der Wolken als wichtigster Faktor der Klimaänderung bestätigen. In den Computermodellen der Klimavorhersagen spielen die Wolken grundsätzlich eine passive Rolle; sie bilden sich oder verschwinden auf Befehl anderer Kräfte. Die Wolken sind jedoch tatsächlich die eigentlichen Faktoren, wie Svensmark zeigte, weil es sich aus den entgegengesetzten Erwärmungen und Abkühlungen auf dem Südkontinent so ergibt: »Wenn Änderungen der Bewölkung das Klima der Erde bestimmen, dann ist die antarktische Klimaanomalie die Ausnahme, welche die Regel bestätigt.«[29]

Trotz der Versorgungsprobleme der britischen Antarktis-Station Halley im Jahr 2002, als die Vereisung des Meeres zum ersten Mal seit 44 Jahren die Zufahrt des Versorgungsschiffes versperrte, weigerten sich konventionell denkende Klimawissenschaftler, über die anomale Abkühlung der Antarktis auch nur zu reden. Sie berufen sich dazu auf die geringe Anzahl entsprechender Temperaturmessungen. Aber wandernde Meeresvögel konkurrieren in der Trendeinschätzung mit uns Menschen und sie weisen darauf hin, dass die antarktische Klimaanomalie nach wie vor besteht.

Wenn Zugvögel im Frühjahr früher eintreffen, wird dies oft als Beweis für die jüngste Klimaerwärmung in den nördlichen Ländern gewertet. Christophe Barbraud und Henri Weimerskirch vom Centre d'Etudes Biologiques de Chizé in Villiers-en-Bois in Frankreich werteten 55 Jahre zurückreichende Aufzeichnungen über Adélie-Pinguine, Kap-Sturmschwalben und andere Vogelarten, die im Osten der Antarktis brüten, aus. Dabei stellten sie fest, dass die Jahreszeit der Meeresvereisung länger geworden ist. Die antarktischen Vögel suchten im Frühling ihre Nistplätze im Durchschnitt neun Tage später auf als in den 1950er-Jahren. Doch diese Beobachtung passte nicht zum herrschenden Klimadogma. Barbraud schlug daher als Erklärung vor, die globale Erwärmung habe dazu geführt, dass sich die Vögel aufgrund von Schwierigkeiten bei der Futtersuche auf See verspäteten.

## »Einfach ist am besten!«

Ein Problem der Klimaforschung besteht darin, dass das System, das die Ereignisse an der Erdoberfläche bestimmt, so kompliziert ist. Dadurch eröffnet es den Theoretikern unendlich viele Spielmöglichkeiten. Sie können Eis, Wasser, Luft und Moleküle wie Schachfiguren verschieben, um dadurch zu erklären, was sie wollen. Dies war auch hinsichtlich der antarktischen Klimaanomalie der Fall, als man weiter in der Zeit zurückging. Obwohl sie in den vergangenen 10 000 Jahren klar zu erkennen ist, tritt sie in den drastischeren Klimaänderungen der Eiszeiten zwischen den sehr kalten Heinrich-Events und den viel wärmeren Dansgaard-Oeschger-Episoden (wie in Kapitel 1 behandelt) noch deutlicher hervor.

Die jenen Ereignissen zugeordneten Temperaturänderungen beziehen sich auf die Nord-Halbkugel. In der Antarktis verhielten sie sich anders. Die Eisbohrkerne vom Standort GISP2 auf dem grönländischen Eisschild und von Byrd in der Antarktis lieferten die besten Vergleiche. Um sicherzugehen, dass sie Eisschichten gleichen Alters miteinander verglichen, orientierten sich die Forscher an dem Auf und Ab der Methangas-Konzentrationen in der Luft, die in den Eisbläschen eingeschlossen war. Übereinstimmende Kurvenverläufe der Methankonzentrationen an den beiden Enden der Erde stellten sicher, dass es sich um Eis gleichen Alters handelte. Die Eisdecke gibt ihre früheren Temperaturen durch die Anzahl der schweren Sauerstoffatome preis. Im Jahr 2001 waren Thomas Blunier von der Universität Princeton und Edward Brook von der Universität Washington in der Lage, Auskunft zu geben über die größeren Erwärmungs- und Abkühlungsereignisse der vergangenen 90 000 Jahre:

> »In diesem Zeitraum gingen der 1500 bis 3000 Jahre dauernden Erwärmung Grönlands sieben größere Erwärmungen von je tausendjähriger Dauer in der Antarktis voraus. Im Allgemeinen steigen die Temperaturen in der Antarktis allmählich an, während die grönländi-

schen Temperaturen zurückgehen oder gleichbleiben. Das Ende der Erwärmung in der Antarktis fiel offensichtlich mit dem Beginn einer raschen Erwärmung in Grönland zusammen.«[30]

Einige Experten erklärten dies so: Die Ozeanströme im Atlantik hätten sich neu organisiert, um Wärme südwärts über den Äquator anstatt wie üblich nach Norden zu leiten. Doch die antarktische Klimaanomalie tritt heute in Zeiträumen von etwa zehn Jahren auf. Dies ist viel zu kurz für eine so schwammige Erklärung. Jedenfalls ist die ganze Ozeangeschichte höchst kompliziert und ausschließlich spekulativ.

Studenten lernen als Grundsatz guter Wissenschaft, Ockhams Skalpell einzusetzen, wenn sie Hypothesen aufstellen. Es handelt sich um ein ökonomisches Prinzip, das der mittelalterliche Gelehrte William von Ockham aufgestellt hat. Auf Lateinisch lautet es: *Entia non sunt multiplicanda praeter necessitatem.* Die NASA hat es ins amerikanische Englisch als »KISS« oder »Keep it simple, stupid!« übersetzt. Auf Deutsch lautet es: »Einfach ist am besten!« Mit anderen Worten: Halte dich immer an die einfachste Hypothese oder den einfachsten Mechanismus, bis sie versagen, und greife auf keine zusätzlichen Annahmen oder Ausmalungen zurück, außer wenn dies unumgänglich wird.

Für seine Behauptung, dass die Temperaturschwankungen der Eiszeit seiner Theorie von den Wolken als Betreiber des Klimawandels folgen, benutzte Svensmark dreimal Ockhams Skalpell.

Zunächst entfernte er jene komplexen Mechanismen, die nur erfunden worden waren, um die antarktische Klimaanomalie zu erklären. Svensmark zeigt, dass die ungewöhnliche Wärmewirkung von Wolken über dem Eisschild der Antarktis diese so einfach wie möglich erklärt.

Nach dem zweiten Schnitt blieben nur die Schwankungen der Höhenstrahlen aufgrund der teils starken, teils schwachen Sonnenaktivität als einfachste Erklärung für die Änderungen der Bewölkung übrig.

Drittens musste man, da die Sonne seit der Eiszeit offensichtlich an den gegenläufigen Erwärmungs- und Abkühlungsereignissen beteiligt war, auch für die Ereignisse während der Eiszeit keine weiteren Erklärungen erfinden.

Auf Ockhams Skalpell werden wir im Verlauf des Buches noch zurückkommen, wenn ein und derselbe Mechanismus zwischen kosmischen Strahlen und Wolken ausreicht, um Klimaänderungen über Millionen und sogar Milliarden von Jahren hinweg zu erklären. Wem dies eine allzu simple Verwendung einer einfachen Hypothese erscheint, dem mag eine andere amerikanische Redensart zur Antwort dienen: »Reparier nicht, was nicht kaputt ist.«

## Höhenstrahlen oder Kohlendioxid?

Die Erwärmung der Erde während des 20. Jahrhunderts wird zurzeit doppelt erklärt: durch Veränderungen der Sonnenaktivität und durch die vom Menschen erzeugten Treibhausgase, die sich in der Atmosphäre ansammeln. Jede dieser Hypothesen kann nach Angaben ihrer Anhänger die Zunahme der Temperatur um etwa 0,6 °C zwischen 1900 und 2000 allein erklären. Beide Seiten können selbstverständlich nicht Recht haben, sonst hätte die Erwärmung doppelt so groß sein müssen.

Um des lieben Friedens willen böte sich folgende verlockende Annahme an: Vielleicht ist die Hälfte der Erwärmung auf die Sonne und die andere Hälfte auf das Kohlendioxid zurückzuführen. Doch das geht nicht. Seriöse Wissenschaft muss nicht fair sein oder die Gemüter beruhigen, sondern darauf abzielen, richtig und in sich stimmig zu sein. Die Treibhausgas-Enthusiasten müssen den größten Teil der Erwärmung im 20. Jahrhundert für sich beanspruchen, um ihre doppelte Hypothese aufrechtzuerhalten, dass nämlich Kohlendioxid der Hauptgrund für den Klimawandel sei und die Erde nun einer Klimakatastrophe entgegengehe. Nur die Hälfte reicht dafür nicht aus.

Auch für Svensmarks These genügte nicht die Hälfte der Erwärmung im 20. Jahrhundert. Wie ich in späteren Kapiteln zeigen werde, haben Schwankungen der kosmischen Strahlung in der Vergangenheit zweifelsohne weit dramatischere Klimaänderungen ausgelöst als alles, was seit 1900 eingetreten ist. Wenn der Verdoppelung des solaren Magnetfelds bei entsprechender Abschwächung der Höhenstrahlung nicht der Löwenanteil an der Erwärmung des 20. Jahrhunderts zukommt, dürfte sie auch in früheren Zeiten kaum größere Temperaturschwankungen erklären können.

Die am längsten zurückreichenden systematischen Aufzeichnungen über die Intensität kosmischer Strahlen wurden 1998 zugänglich gemacht. Harjit Ahluwalia von der Universität New Mexico entdeckte die alten Daten der tief gelegenen Messstationen wieder, die der Pionier für Höhenstrahlen, Scott Forbush, in Cheltenham in Maryland und in Fredericksburg in Virginia eingerichtet hatte. Sie reichen bis ins Jahr 1937 zurück. In Verbindung mit Ergebnissen einer ähnlich ausgerüsteten Station in Yakutsk in Sibirien reicht die Datenreihe bis 1994.

Anhand der Daten Ahluwalias verglich Svensmark die Schwankungen der Höhenstrahlen mit den Temperaturschwankungen auf der Nord-Halbkugel. Über die Jahrzehnte gingen geringere Höhenstrahlen mit weniger Wolken und höheren Temperaturen einher. Sie senkten sich erwartungsgemäß zwischen 1960 und 1975 und stiegen dann in den wärmeren frühen 1990er-Jahren wieder an.

Einige Wissenschaftler behaupten, die Wärmewirkung des Kohlendioxids habe sich deutlich gezeigt, als sich die magnetische Aktivität der Sonne mit der Anzahl kosmischer Strahlen seit 1980 abgeschwächt habe. Sie blieb im Großen und Ganzen bis 2006, als diese Zeilen geschrieben wurden, gleich stark. Doch stiegen die Temperaturen inzwischen weiter an. Das schließe, so hieß es, jeden weiteren Beitrag der Sonneneinwirkung, und damit auch der Schwankungen der Höhenstrahlen, auf den Klimawandel aus.

Die Sache mit der Sonne und den jüngsten Temperaturschwankungen ist aber nicht so unkompliziert. Auch wenn die Steigerung der Sonnenaktivität während des 20. Jahrhunderts tatsächlich um 1980 endete, ließ die Sonnenaktivität in den folgenden 25 Jahren nicht merklich nach. Die Anzahl der Höhenstrahlen änderte sich wie erwartet mit jedem Sonnenzyklus. Den gleichen Änderungsrhythmus kann man im Grunde in jeder Temperaturkurve als gleich laufende Schwankung entdecken, wenn man die entsprechenden Kurven übereinanderlegt. Dieser Beweis für den fortgesetzten Einfluss der Sonne auf die Klimaänderung ergibt sich besonders aus den Temperaturen an der Oberfläche, in den obersten Wasserschichten der Ozeane und in höheren Luftschichten oberhalb der Erdoberfläche, die mit Ballonen und Satelliten gemessen werden.

Der Temperaturanstieg nach 1980 verlief am Boden der Landmasse der Nord-Halbkugel am steilsten. Anderswo fiel der Trend sehr gering aus oder fand gar nicht statt, als sei klar, dass sich der Beitrag der Sonne verringert hatte. Dies war zum Beispiel der Fall beim Oberflächenwasser der Ozeane bis zu einer Tiefe von 50 Metern, das wesentlich mehr Wärme aufnimmt als die Luft. Die Ergebnisse im Wasser zeigen, dass die Temperaturen nur entsprechend der Zu- und Abnahme der Höhenstrahlung stiegen oder fielen, als hätte die globale Erwärmung aufgehört.

Ein Rätsel für Klimawissenschaftler ist nun, zu erklären, weshalb sich die Landoberflächen nördlich des Äquators schneller erwärmt zu haben scheinen als die übrigen Land- und Meeresflächen oder die Luft. Wenn die Aufzeichnungen der Meteorologen zuverlässig sind, müssen auf der Nord-Halbkugel über Land Prozesse der Klimaänderung ablaufen, die es anderswo nicht gibt. Zur Erklärung dafür gibt es einige Gründe, wie die Luftverschmutzung und Änderungen in der Landnutzung, welche die Ozeane im Wesentlichen unverändert lassen.

Ein anderes Rätsel stellt aber eine noch größere Herausforderung dar: Warum zeigen sich Auswirkungen eines gestiegenen Kohlendioxid-Gehalts und anderer vom Menschen verursachter Treibhausgase in weiten Gebieten der Erde so viel weniger, als man erwartet hatte? Zum Beispiel konnten sie nicht die Wirkung der Wolken in der Antarktis aufheben. Dort hat sich die Meereisfläche zwischen 1978 und 2005 um acht Prozent in einer Region ausgedehnt, für die eine rasche Erwärmung als Folge der vom Menschen erzeugten Treibhausgase erwartet worden war.

Das Ausmaß der Temperaturenschwankungen unterhalb der Ozeanoberfläche erscheint durch die Erklärung des Zusammenhangs von Höhenstrahlen und Wolken völlig logisch. Doch der Zunahmetrend, der sich im vergangenen halben Jahrhundert den Treibhausgasen zurechnen lässt, fällt viel kleiner als erwartet aus, falls ihre Wirkung richtig berechnet worden ist. Erinnern wir uns an die Aussage des Vaters der modernen Klimaforschung, Hubert Lamb, von der Klimaforschungseinheit in Norwich:

> »Alles in allem deutet die Wirkung der Kohlendioxidzunahme auf das Klima mit großer Sicherheit in Richtung Erwärmung. Sie ist aber wahrscheinlich viel kleiner als die allgemein angenommenen Schätzungen.«[31]

Bis in die späten 1980er-Jahre galten Sonnenschwankungen weithin als der wahrscheinlichste Grund für die Klimaschwankungen über die Jahrhunderte. Hätte man damals Erkenntnisse über die Höhenstrahlen gehabt, wären sich die Experten über die Wirkung der Sonne viel sicherer gewesen. Die Anhänger der vom Menschen verursachten Treibhaushypothese hätten es schwerer gehabt, ihre Vorstellung zu propagieren, geschweige denn eine drohende Klimakatastrophe glaubhaft zu machen. Jetzt, da die Sonne ihre Vorrangstellung wieder zurückgewonnen hat, fällt die Beweislast zurück an die Kohlendioxid-Enthusiasten. Sie müssen zeigen, welchen Anteil an der gegenwärtigen Klimaänderung sie für den von ihnen favorisierten Mechanismus retten können.

Im Sinne eines Déjà-vu muss sich die $CO_2$-Treibhaushypothese in der Schlange der Hypothesen mit anderen Verursachern des Klimawandels wieder hinten anstellen. Dazu gehören Schwankungen in der Häufigkeit größerer Vulkanausbrüche und der El-Nino-Ereignisse, Änderungen der Luftbelastung durch Staub und Abgase, Schwankungen bei Ozon, Methan und anderen Treibhausgasen, veränderte Landnutzung und sogar das dunklere Blattgrün der Landvegetation infolge der höheren Kohlendioxid-Düngung.

Durch Satellitenmessungen, wie Wolken auf die Temperatur der Erde einwirken, konnten Nigel Marsh und Henrik Svensmark aus der verminderten Höhenstrahlung und der zunehmenden Bewölkung zwischen den Jahren 1900 und 2000 eine Zunahme der Erwärmung um ca 0,6 °C errechnen. Dieselben Satellitendaten bestätigen auch den Einfluss der Wolken hinsichtlich der antarktischen Klimaanomalie. Im Gegensatz dazu erschweren beträchtliche Unklarheiten die Feststellung, welchen Einfluss das Kohlendioxid infolge des Treibhauseffekts tatsächlich ausübt.

Unterschiedliche Berechnungen weichen um den Faktor Zehn voneinander ab und ergeben bei einer Verdopplung des Kohlendioxid-Gehalts der Luft alle möglichen Werte zwischen 0,5 bis 5 °C. In der Realität können sich die Anhänger der Treibhauseffekt-These nur auf die tatsächlich beobachtete Erwärmung stützen. Es besteht aber wenig Hoffnung, nachweisen zu können, dass Kohlendioxid mehr als irgendeine der anderen erwähnten Ursachen für die Erwärmung verantwortlich ist. Sie haben nichts in der Hand, was den Satelliten- und Oberflächenbeobachtungen in der Antarktis entspräche, und diese unterstützen die Wolkentheorie.

Als man Svensmark bat, sich über den Beitrag des Kohlendioxids zur jüngsten Erwärmung zu äußern, blieb er ganz gelassen. Eine vernünftige Antwort verlangt Svensmarks Meinung nach keine politische Debatte, bei der jede Seite versucht, auf Kosten der anderen Punkte zu machen, sondern eine genaue, wissenschaftliche Berechnung der Auswirkungen des zusätzlichen Kohlendioxids. Damit wäre es möglich, die $CO_2$-Auswirkung wenigstens teilweise mit beobachteten Klimaänderungen in Übereinstimmung zu bringen. Ein solches Ergebnis könnte, so Svensmark, zu einer guten Nachricht für den Planeten werden.

»Wenn die Anhänger der Treibhausgas-Theorie sich von den Erwärmungsdaten das sichern, was übrig bleibt, wenn der gesamte Beitrag der Sonne in Rechnung gestellt worden ist, könnte es gut sein, dass sich eine recht geringe Wirkung des Kohlendioxid ergibt. In diesem Fall dürfte die globale Erwärmung im 21. Jahrhundert viel geringer ausfallen als die drei oder vier Grad Celsius, die üblicherweise vorhergesagt werden.«[32]

Zehn Jahre nachdem Svensmark und Eigil Friis-Christensen 1996 durch den Hinweis auf die Verbindung zwischen Höhenstrahlen und Wolkendecke in Birmingham der Sonne eine große Rolle beim Klimawandel zugewiesen hatten, verspotten ihre Gegner noch immer die bloße Idee, dass kosmische Strahlen irgendetwas mit der Wolkenbildung zu tun haben. Sie behaupten, es gebe keinen physikalischen Mechanismus, der dies erklären könne. Dieser Schutzwall ist ihnen nun abhandengekommen, und zwar dank der Versuche, die in einem Kopenhagener Keller im Jahr 2005 durchgeführt worden sind. Diese konnten exakt zeigen, wie Sternenexplosionen zur luftigen Szenerie der Wolken betragen.

Aus historischer Sicht war der Versuch nur der letzte Schritt in einem langen Ringen um ein Verständnis dessen, was den Wasserdampf dazu bewegt, Wolkentröpfchen zu bilden. Das Kapitel dieser Geschichte begann im 19. Jahrhundert.

# 4 Wie Höhenstrahlen zur Wolkenbildung beitragen

*Wolken bilden sich, wenn Wasserdampf abkühlt und kondensiert. Der Wasserdampf lässt sich dabei an Kondensationskeimen nieder. Die wichtigsten Keime sind Schwefelsäuretröpfchen. Wie diese Tröpfchen entstehen, war bisher ungeklärt. Ein Experiment zeigt, wie Höhenstrahlen ihnen beim Wachsen helfen.*

In Viktorianischer Zeit war Großbritannien weltweit in der Industrialisierung und entsprechend auch in der Luftverschmutzung führend. London war im Kohlezeitalter für seine stickigen Suppenküchen im November bekannt. Claude Monet malte die eigenartigen Lichtverhältnisse und Schatten, die das durch den Nebel gefilterte Sonnenlicht bei Westminster erzeugte. In seiner Erzählung *Trostloses Haus (Bleak House)* sah Charles Dickens darin sogar eine Metapher für einen Rechtsstreit.

Rauch und schwefelige Dämpfe, die aus den Schornsteinen der Industrie und Häuser quollen, reicherten den natürlichen Herbstnebel nicht nur mit Schadstoffen und Schmutz an. Sie verstärkten und verlängerten den Nebel auch. 1875 unternahm Paul-Jean Coulier, ein französischer Apotheker, Versuche, die John Aitken, ein britischer Ingenieur, unwissentlich wiederholte und weiter ausführte. Der Ausgangspunkt des Experiments wurde kurz und bündig in dem Buch *Das wundervolle Jahrhundert* des Evolutionsforschers und Populärwissenschaftlers Alfred Russel Wallace beschrieben.

»Wenn man Heißdampf in zwei große Glasbehälter einströmen lässt, von denen der eine mit normaler Luft, der andere mit Luft, die durch Wattefilter von allen Feststoffteilchen gereinigt wurde, gefüllt ist, wird sich Ersterer sofort mit dichtem Nebel in Wolkenform füllen, während das andere Gefäß tatsächlich durchsichtig bleibt.«[33]

Das überraschte Aitken nicht. Er beobachtete, wie Materialien zwischen festem, flüssigem und gasförmigem Aggregatzustand wechselten. Sehr sauberes Wasser lässt sich kaum zu Eis frieren, auch wenn man es weit unter den Gefrierpunkt abkühlt. Und wenn eine Lösung, die Salz oder andere molekulare Bestandteile enthält, eingedampft werden soll, damit sich Kristalle bilden, gelingt das nicht ohne kleine Keime, an denen sich Kristalle bilden und wachsen können. Bei Veränderungen des Aggregatzustands – stellte Aitken fest – sind Verzögerungen die Regel und Hilfsmittel nötig.

Ein möglicher Sinn dieser Wolkenbildung in der Flasche war, die Luftverschmutzung der Stadt an der Fähigkeit der Luft zu messen, Wassertröpfchen zu bilden. Dies war Wasser auf den Mühlen der Vorkämpfer der Luftreinhaltung, obwohl ernsthafte Rauchgaskontrollen in London und anderen britischen Städten erst Mitte des 20. Jahrhunderts eingeführt wurden. Abgesehen von dieser Anwendung seiner Arbeit machte Aitken eine wichtige Entdeckung für die Wetter-Forschung:

Um die natürliche Wolkenbildung genauer nachzuahmen, ließ er Wasserdampf in ein Gefäß voll kühler Luft eindringen. Dann saugte er mit einer Pumpe etwas Luft heraus, sodass sich der Rest ausdehnte und abkühlte. Dabei verhielt sich der Inhalt wie bei einem Anstieg der Luftfeuchtigkeit in kalten Atmosphäreschichten, wenn die Temperatur unter den Taupunkt sinkt und die Luft übersättigt ist. Bei normaler Luft füllte sich das Glas sofort mit einer künstlichen Wolke. War die Luft vorher gefiltert worden, blieb es klar.

Aitken folgerte daraus, dass die Erde keine Wolken und keinen Regen erzeugen kann, wenn der Wasserdampf nicht an der Oberfläche von in der Luft treibenden Kondensationskeimen zu Tröpfchen kondensieren könnte. Man benötigt Luft, die zweifach zu 100 Prozent oder mehr mit Wasserdampf übersättigt ist, bevor sich in sauberer Luft Wassertropfen aufgrund *anderer Ursachen* bilden. In der Realität reicht dazu in der Regel schon eine Übersättigung von nur einem Prozent aus, und zwar wegen der Fülle an Schwebstoffen in geeigneter Größe, die Kondensationskeime zur Wolkenbildung genannt werden.

Ein Nebenprodukt dieser Forschung im 19. Jahrhundert war ein Instrument für Atomphysiker: die Nebelkammer. Charles Wilson, ein Physikprofessor in Cambridge, wunderte sich über die kleinen Tröpfchen, die sich bei ausreichender Übersättigung aufgrund einer plötzlichen Expansion selbst in reiner Luft bildeten. Er vermutete, dass elektrische Ladung die *Quelle* bildete, welche die Kondensation förderte. Ein Röntgenstrahl, der von den Luftmolekülen Elektronen abstreifte und so hinter sich Schwärme von geladenen Teilchen erzeugte, bestätigte seine Vermutung. Wenn Wilson Röntgenstrahlen in seine primitive Nebelkammer schoss, füllten diese die Kammer mit einem Schauer von Tröpfchen.

Später fand Wilson heraus, dass einzelne subatomare Teilchen, wenn sie durch die Nebelkammer schwirrten und eine Fährte von Ladungen hinterließen, Spuren aus Tröpfchen erzeugten. Mit dieser Entdeckung löste er eine Sensation aus. Als er seine eigens für die Teilchenjagd entworfene Nebelkammer weiter verbessert hatte, konnten Atomphysiker wie Ernest Rutherford kaum ihre Begeisterung über die schönen Fotos, die sich dadurch ergaben, unterdrücken. Nebelkammern lieferten bei vielen Untersuchungen der Höhenstrahlen im frühen 20. Jahrhundert die bildhafte Darstellung, auch noch bei der Erzeugung des ersten bekannten Antimaterieteilchens.

Wilsons lebenslange Faszination durch Wolken, die ihn zu seinen Versuchen angeregt hatten, hatte auf den Höhen seiner schottischen Heimat begonnen, wo er die Wolken kommen und gehen sah. Sogar als ihm die Arbeit an subatomaren Teilchen den Nobelpreis eingebracht hatte, blieb die Meteorologie seine erste Liebe. Auch wenn er es nicht nachweisen konnte, war sich Wilson in seinen späteren Jahren sicher, dass kosmische Strahlen für das Wetter eine Rolle spielten. Eine seiner Ideen war, dass sie sich auf Blitze auswirkten.

Svensmark kannte diesen längst vergessenen Aspekt der Arbeit

Wilsons nicht. Doch als er herausfand, dass die Bewölkung der Erde parallel zur Intensität der Höhenstrahlen schwankte, erinnerte er sich an persönliche Erfahrungen mit einer Nebelkammer an seinem Gymnasium in Elsinore. Er erinnerte sich auch an Bilder der Tröpfchenspuren, die durch Höhenstrahlen erzeugt worden waren und die er als Student gesehen hatte. Er stellte sich vor, dass die Erdatmosphäre wie eine riesige Nebelkammer arbeitete und auf zusätzliche Höhenstrahlen mit vermehrter Kondensation und entsprechender Wolkenbildung reagierte.

Das war allerdings eine zu grobe Vereinfachung, wie sich Svensmark durchaus bewusst war. Die dünnen und flüchtigen Spuren, die kosmische Strahlen hinterließen, ließen sich, auch wenn sie auf stark übersättigte Luft trafen, in nichts mit den Milliarden Tonnen an Wasserdampf vergleichen, die (täglich) in jeder Minute kondensieren und Wolken bilden. Die Höhenstrahlen mussten diesen natürlichen Vorgang auf irgendeine Weise verstärken. Vielleicht griffen sie auf einer molekularen und mikroskopischen Ebene in Prozesse ein, durch die Wolkenkondensationskeime entstehen oder die diese kondensationsfreudiger machten? Von Anfang an war sich Svensmark darüber im Klaren, dass dieses Zusammenspiel durch sorgfältige Laborversuche in der Tradition von Aitken und Wilson erforscht werden müsse.

Doch genau die Idee eines solchen Experiments rief jene Feindseligkeit hervor, die Svensmark noch zu spüren bekommen sollte. Als man ihn gebeten hatte, beim Treffen der Königlichen Meteorologischen Gesellschaft in London 1999 eine Rede zu halten, standen die Mitglieder Schlange, um ihren Gast zu kritisieren – sogar noch in der Pause. Svensmark sah sich dem gewichtigsten Anwesenden, einem Wolkenphysiker und ehemaligen Präsidenten der Gesellschaft, gegenübergestellt. Ein Aufnahmeteam hat den folgenden Dialog aufgezeichnet.

EXPRÄSIDENT: Wozu sollte man ein solches Experiment durchführen?
SVENSMARK: Nun, es gibt verschiedene Papiere, in denen erörtert wird,

woher die Kondensationskeime für die Wolken eigentlich kommen, wie sie sich bilden.
EXPRÄSIDENT: Oh, das wissen wir!
SVENSMARK: Nein, das ist nicht bekannt.
EXPRÄSIDENT: Sie sollten mit mir nicht über Wolkenphysik streiten![34]

Ein Hinweis zur Wortwahl: Gegenstände, die klein genug sind, um in der Luft zu schweben, heißen in der Technik *Aerosole*. Sie werden oft auch *Teilchen* genannt. Das kann zu Verwechslungen führen, wenn in der Angelegenheit auch subatomare Teilchen der Höhenstrahlen eine wichtige Rolle spielen. *Staub* ist ein dem Leser vertrautes Wort, doch unterstellt es festes Material, während die meisten Wolkenkondensationskeime kleinste flüssige Tröpfchen sind. Daher ziehen wir die Bezeichnung »Keime« vor.

## Frühstücksduft für Wasservögel

Paul-Jean Coulier und John Aitken hatten die Rolle der Keime bei der Wolkenbildung nachgewiesen. Seitdem hatten sich Forscher an die nahezu unendliche Aufgabe gemacht, verschiedene Arten fester und flüssiger Aerosole in der Luft zu identifizieren und zu zählen. Für Ärzte und ihre keuchenden Patienten ist die giftige Luftverschmutzung noch immer ein großes Problem. Für Klimaforscher gibt es mehr als einen Grund, sich für sie zu interessieren. Denn Aerosole, die keine Wolken bilden, können den Sonnenstrahlen Wärme entwenden. Laserstrahlen, Flugzeuge und Satelliten haben den Keime-Jägern zu einem reichhaltigen Bild verholfen.

Vom Wind mitgeführter Staub aus trockenem Erdreich, Wüsten und Stränden stellt einen großen natürlichen Eintrag dar. Ackerbau auf halbtrockenen und in von Trockenheit bedrohten Gebieten verstärkt den Eintrag. So etwas geschah in katastrophalem Ausmaß während des sogenannten Dust Bowl, einer langen Dürreperiode der 1930er-Jahre im Mittleren Westen der USA. Ähnliches ereignet sich regelmäßig in Afrika und Asien. In einer Phase der globalen Abkühlung während der 1960er-Jahre nannten einige Meteorologen, die das landwirtschaftliche Staubaufkommen verantwortlich machen wollten, dieses Phänomen einen »menschlichen Vulkan«.

Ähnliches gilt für den Ruß von Wald- und Graslandbränden. Oft handelt es sich um natürliche Entzündungen durch Blitze oder Vulkane. Doch gehört das absichtliche Abbrennen von Bäumen, Gras und Pflanzenabfällen seit prähistorischen Zeiten zur üblichen Praxis der Landbewirtschaftung. Heutzutage bildet das Abbrennen von Pflanzenmaterial und Kohle während der Trockenzeit in Südasien einen braunen Dunstschleier, der sich vom Arabischen Meer bis zum Golf von Bengalen erstreckt.

Auch kosmischer Staub von Meteoriten meldet sich zum Appell der winzigen Schwebestoffe der Luft, ebenso Pollen, die Heuschnupfen auslösen. Auch Bakterien und Pilzsporen sind darin reichlich vorhanden und gelangen bis in erstaunliche Höhen. In der Luft findet eine unendliche Reihe chemischer Reaktionen zwischen vielen unterschiedlichen Elementen und Verbindungen statt, die letztlich zu Keimen führen. Der Dunstschleier, den man an einem sonnigen Tag oft über einem Wald aufsteigen sieht, besteht aus den Kohlenwasserstoffen, die die Bäume ausschwitzen. Das Sonnenlicht wandelt sie in Smog um, wie er sich in der Stadt aus den Kohlenwasserstoffen der Autoabgase bildet.

Vulkane stoßen mineralische Asche aus, die sich rasch ablagert, dazu auch schwefelige Gase, die zu kleinsten Schwefelsäuretröpfchen und anderen chemischen Keimen werden. Ein großer Teil des von aktiven Vulkanen ausgestoßenen Schwefels gelangt bis in die Stratosphäre weit oberhalb der Ebene, auf der sich normalerweise Wolken bilden. Von dort sinkt er allmählich wieder hinab und breitet sich über der ganzen Erde aus. Der unheimlich rote Sonnenuntergang in Edvard Munchs Gemälde *Der Schrei* wurde durch die Eruption des Krakatau 1883 in Indonesien inspiriert. Sie hatte die Atmosphäre bis nach Norwegen belastet.

Ein großer Ausbruch kann die Erdoberfläche ein paar Jahre lang abkühlen, weil der Auswurf Sonnenstrahlen abfängt und dabei die Stratosphäre erwärmt. Nach dem Ausbruch des Pinatubo auf den Philippinen 1991 konnte man mittels Laserstrahlen zeigen, dass die Lichtreflexion der Stratosphäre um das Hundertfache zugenommen hatte. Sie nahm nur allmählich wieder ab und war bis 1996 noch nicht auf den Normalstand zurückgefallen. Damals sollen an die 10 Millionen Tonnen Schwefel in die Stratosphäre gelangt sein.

Die Ozeane wirken so betrachtet wie riesige, pausenlos aktive Wasservulkane. Sie bringen große Mengen Schwefel in die unteren Luftschichten ein. Der Schwefel steigt als sogenannter Dimethylsulfid-Dunst auf – das ist eine Verbindung aus zwei Kohlenstoff-, sechs Wasserstoff- und einem Schwefelatom. Der britische Chemiker James Lovelock hat in den frühen 1970er-Jahren als Erster erkannt, dass Dimethylsulfid auf dem offenen Meer weit vom Land entfernt verdunstet. Es stammt aus mikroskopisch kleinen Pflanzen, Dinoflagellaten und Prymesiophyten genannt, die als Plankton im Oberflächenwasser treiben. Wenn Kleingetier bei der Nahrungssuche die Zellen dieser Mikroben aufreißen und sie in ihre Bestandteile zerlegen, wird Dimethylsulfid frei.

Für unsere Nasen riecht das wie Ufertang oder gekochte Maiskolben. Für viele Vögel, die weit vom Land entfernt leben, zum Beispiel für Sturmschwalben, bedeutet Dimethylsulfid »Frühstück«. Wenn sie es wittern, folgen sie dem Duft zu den Stellen des Ozeans, an denen reichlich Nahrung vorhanden ist. Der Geruch verblasst tagsüber, da Sonnenstrahlen durch chemische Reaktionen in der Luft das Dimethylsulfid in kleinste Schwefelsäuretröpfchen umwandeln.

Ähnliche chemische Vorgänge sorgen für Salpetersäuretröpfchen aus Stickoxiden, die von Blitzen erzeugt oder von Mikroben im Erdreich freigesetzt werden. Eine andere Stickstoffverbindung aus vielen lebenden Quellen ist Ammoniak. Es bindet sich gerne an Schwefelsäure zu Ammoniumsulfat-Keimen.

## Wolkenkeime

Der Bestand an Keimen in der Luft wird übersichtlicher, wenn man sich auf diejenigen beschränkt, die für das Wetter ausschlaggebend sind. Vom Wind aufgewirbelter Staub wirkt sich auf das Klima aus, weil er das Sonnenlicht abhält. Doch er ist zu grob, um zur Kondensation der Wolken beizutragen. Das Gleiche gilt für Pollen – sogar für die allerfeinsten unter ihnen, die des Vergissmeinnicht.

Andererseits sind allerfeinste Teilchen bestehend aus Dünsten und Gasen in der Luft reichlich vorhanden. Oft sind sie nicht größer als ein einziges Eiweißmolekül, also ein paar Millionstel eines Millimeters. Sie sind viel zu klein, als dass sich daran Wolken bilden könnten. Wenn sie sich allerdings miteinander zu Teilchen in der Größe von 100 Nanometer (Zehntausendstel Millimeter) verklumpen, werden sie zu idealen Wolkenkondensationskeimen.

Schwefelsaure Tröpfchen sind weltweit die wichtigsten Wolkenkeime. Hauptschwefelquelle ist heute über den Kontinenten das Schwefeldioxid aus menschlicher Aktivität – besonders aus dem Verbrennen fossiler Brennstoffe. Bei dem raschen Wirtschaftswachstum in den Entwicklungsländern kann sich die Schwefelfreisetzung pro Jahr auf nahezu 100 Millionen Tonnen belaufen. Doch sie ist auf Industriegebiete beschränkt. Und selbst wenn sich die Verschmutzung in Windrichtung mehrere Tausend Kilometer ausbreitete, ließe das doch noch den größten Teil der Erde von künstlichem Schwefeldioxid unberührt.

Über den Weiten der Ozeane, die mehr als 70 Prozent der Erdoberfläche bedecken, hängt die Wolkenbildung vor allem von den aus Dimethylsulfid gebildeten Schwefelsäuretröpfchen ab. Auch wenn die gesamte natürliche Schwefelfreisetzung nur weniger als die Hälfte der künstlichen Freisetzung über Land ausmachen, erstreckte sich die Wirkung des Meeresschwefels auf das Wetter über eine viel größere Fläche. Die wichtigste natürliche Quelle für Kondensationskeime der Wolken ist jenes übel riechende Gas der unauffälligen Mikropflanzen in den weit abgelegenen Meeren.

Meersalz ist der Hauptkonkurrent des Schwefels als Lieferant für Kondensationskeime zur Wolkenbildung über Ozeanen. Natriumchloridkörner in passender Größe bilden sich in den davongetragenen feinen Schwaden der Gischt aus sturmgepeitschten Wellen, die der Wind von allem im Winter aufschäumt. Es liefert wahrscheinlich kaum mehr als 10 Prozent der notwendigen Keime, doch wetteifern sie mit der Verbreitung der Schwefelsäuretröpfchen um den verfügbaren Wasserdampf.

Wenn Aufwinde Wassertröpfchen in den kalten Bereich der Kumuluswolken hinauftragen, gefrieren sie zu Schneeflocken und Hagelkörnern. Alternativ dazu kann Wasserdampf in großen Höhen die flüssige Phase auch überspringen und unmittelbar Eiskristalle bilden, die als hohe, federartige Zirruswolken zu sehen sind. In jedem Fall spielen weitere Arten von Keimen eine Rolle, um den Eiskern zu bilden, an dem das Wasser kristallisiert.

Die Eiskerne müssen sich den herumtreibenden Wassermolekülen als Körner darbieten, die nach neuen Möglichkeiten zur Eisbildung Ausschau halten. Mikroskopische Teilchen des gewöhnlichen Tonminerals Kaolin scheinen die bevorzugten Eiskerne der Natur zu sein. Bei Versuchen, künstlich Regen zu machen, werden als Keime Materiedämpfe aus Silberjodid eingesetzt. Sie fördern die Bildung kalter Wolken aus Eiskristallen, die schnell als Wassertröpfchen herunterfallen. Ob natürlich oder künstlich entstanden, schmelzen die Schneeflocken und Hagelteilchen auf ihrem Weg nach unten.

Früher oder später werden alle Arten von Wolkenkeimen durch Regen, Hagel oder Schnee aus der Luft ausgewaschen, durch Aufwinde in den großen Gewitterwolken in die Stratosphäre geblasen oder sinken langsam, von der Schwerkraft gezogen, zur Erdoberfläche herab. Sie müssen ständig wieder aufgefüllt werden. Bessere Detektoren, die seit den 1990er-Jahren verfügbar sind und die ultrafeine Keime von gerade mal ein paar Millionstel Millimetern Größe registrieren können, ließen erkennen, wie ganze Schwärme neuer Wolkenkondensationskeime bei sogenannten Keimbildungsausbrüchen entstehen.

In einem Waldlabor bei Hyytiälä in der Nähe von Helsinki beobachten Markku Kulmala und seine Kollegen regelmäßig solche Ausbrüche. Zum Beispiel fing an einem Frühjahrsmorgen um zehn Uhr, nachdem die Menge der Keime während der Nacht ständig gefallen war, ihre Anzahl plötzlich wieder an zu steigen. Bis Mittag hatte sich ihre Anzahl nahezu verzehnfacht. Dann verringerte sich die Zahl wieder, während die Größe der einzelnen Keime noch einige Stunden lang zunahm. Bei Sonnenuntergang begann ihre Anzahl wieder abzunehmen.

Diese Art »Nachschub« stellt sicher, dass ein Liter Atmosphäreluft über dem Festland, wenn sich Wolken bilden, Millionen von Kondensationskeimen enthält. Sogar über dem offenen Meer gibt es normalerweise etwa 100 000 Keime pro Liter. Aus diesem Grund neigen Meteorologen leicht zu der These, dass immer genug Keime vorhanden seien und kein Grund zur Annahme bestehe, Höhenstrahlen sorgten für einen Unterschied.

In den späten 1990er-Jahren gaben sich Meteorologen ziemlich sicher, wenn sie für den nächsten Tag Regen oder Sonnenschein ankündigten oder das Klima für das Jahr 2100 n. Chr. Laien hatten keine Ahnung, wie fadenscheinig einige der wichtigsten Grundannahmen der Wissenschaft wirklich waren. Sogar unter den Meteorologen selbst waren sich nur einige wenige bewusst, wie wenig die Experten die entscheidende Rolle der Wolken – des eigentlichen Wettermotors – verstanden hatten.

Die Chemie der Atmosphäre blieb weiterhin rätselhaft. Wenn die Kondensationskeime selbst Tröpfchen anderer Dünste wie die der Schwefelsäure sind, wie kommen sie dann zustande? Müsste es nicht auch für sie Keime geben?

Zu begreifen, wie die für die Wolkenbildung nötige Schwefelsäure wirkt, kostete die Atmosphärenchemiker viel Kraft und Zeit. Die Theorie verlangte eine hohe Konzentration von Schwefelsäuremolekülen in Form von Dunst. Man nahm an, dass sie Wassermoleküle »anwarben« und sich damit langsam, Molekül an Molekül, ohne fremde Hilfe zu Tröpfchen verklumpten.

Diese Theorie starb einen plötzlichen Tod. Denn viel zu viele dieser Keime traten eines Tages am falschen Ort, über dem Pazifischen Ozean, auf, wo Wissenschaftler weit entfernt von der Verzerrung durch künstliche Luftverschmutzung den Lebenslauf von Wolken studieren wollten. Die Raumfahrtbehörde NASA hatte für Forschungszwecke das Flugzeug Orion der Küstenwache übernommen und mit geeigneten Instrumenten ausgestattet, um Gase, Dünste und kleine Keime zu entdecken. Es flog immer wieder zwischen den Wolken des tropischen Pazifiks umher.

Eines frühen Nachmittags im Jahr 1996 flog das Flugzeug südlich von Panama tief über den Wellen des Pazifiks. Es suchte wie ein Seevogel nach Dimethylsulfid. Ein Forscherteam von der Universität Hawaii unter Führung von Tony Clarke hatte diese Region ausgesucht, weil es hoffte, dort besonders viele Meereslebewesen anzutreffen. Die Forscher wollten die chemische Umwandlung von Dimethylsulfid in der Luft untersuchen.

Der Pilot senkte die Maschine über dem Zielgebiet auf eine Höhe von etwa 160 Meter ab, und tatsächlich meldete der Sensor Dimethylsulfid in ausreichender Menge. Ein frischer, sauberer Wind wehte vom weiten Ozean nach Westen, während das Flugzeug eine Stunde lang in niedriger Höhe über den Wellen kreuzte. Einzelne niedrige Wolkenberge mit gelegentlichen gewittrigen Schauern bestimmten weitgehend das Wetter.

Die Instrumente zeigten die erwartete Umwandlung von Dimethylsulfid in Schwefeldioxid und anschließend in einen Schwefelsäuredunst an. Dies geschah unter Einwirkung von Wasserdampf und dem UV-Licht der Sonne. Die Menge der Schwefelsäuremoleküle schwankte ziemlich, blieb aber insgesamt viel zu gering, um sich der herrschenden Theorie entsprechend zusammenballen zu können.

Eine Überraschung stellte sich nachmittags um zwei Uhr ein: Ein Detektor am Flugzeug meldete plötzlich eine große Menge ultrafeiner Keime. Innerhalb von zwei Minuten schwoll ihre Anzahl von nahezu null auf über 30 Millionen pro Liter Luft an. Währenddessen blieb die Anzahl der gemessenen freien Schwefelsäuremoleküle gering.

Dieser Ausbruch an ultrafeinen Keimen hätte bei der vorhandenen Konzentration an Schwefelsäure einfach nicht stattfinden dürfen. Die Wetterforscher waren nicht in der Lage, diese frühzeitige Keimbildung als Hauptquelle der Wolkenkondensation über dem halben Globus zu erkennen. Sie machten gute Miene zum bösen Spiel, und der vorläufige Bericht der NASA gab der unerwarteten Entdeckungen eine positive Wendung:

> »Wirklich klar ist nur, dass diese einzigartige Beobachtung eines tropischen Keimbildungsereignisses eine feste experimentelle Grundlage abgibt, um daran neue Theorien zu messen.«[35]

Auf der Suche nach einer Erklärung fragten sich Clarke und sein Team, ob das vom Meer aufsteigende Ammoniak zur Beschleunigung der Bildung ultrafeiner Keime beigetragen haben konnte. Ein etwas weit hergeholter Vorschlag lautete, die elektrische Ladung in der Luft, die womöglich von während des Fluges beobachteten Blitzen herrührte, fördere die Zusammenballung der Schwefelsäure- und Wassermoleküle.

Dass elektrisch geladene Moleküle, Atome und Elektronen in der Luft, allesamt Ionen genannt, zur Bildung der Wolkenkondensationskeime beitragen, war keine neue Idee. Sie zirkulierte bereits, seitdem man – Clarke vorwegnehmend – in den 1960er-Jahren in einigen bescheidenen Laborversuchen Beobachtungen mit ultrafeinen Keimen gemacht und diese mit vorläufigen Hypothesen begründet hatte. Ein Verfechter dieser Idee war in den 1980er-Jahren Frank Raes, ein belgischer Atmosphärenchemiker der Universität Kaliforniens in Los Angeles. Er hatte berechnet, dass Ionen tatsächlich Mikrotröpfchen von Schwefelsäure bilden konnten.

Aufgeschlossene Gelehrte hatten also schon mit Ionen als Keimbildner gerechnet und konnten dies nun nicht mehr ausschließen. Diese Erkenntnis regte aber ihre Vorstellungskraft nicht an, bis sie die Folgen der Veröffentlichung über die Entdeckung vor Panama im Jahr 1998 verdaut hatten. Dann begannen auch andere Atmosphärenchemiker zu erkennen, dass keimbildende Ionen tatsächlich die Tröpfchenbildung vorantreiben konnten. Dies brachte die kosmischen Strahlen wieder überzeugend ins Spiel: Sie kamen weit eher als Blitze in Frage, die Hauptquelle der Ionen zu sein, und zwar sowohl in den wolkenbildenden Höhen als auch nahe der Meeresoberfläche, wo die Orion geflogen war.

Fangqun Yu und Richard Turco, beide aus Los Angeles, hatten die Kondensstreifen studiert, die Flugzeuge am Himmel hinterlassen. Auch im Sog eines Flugzeugs bilden sich Kondensationskeime viel rascher, als nach der herkömmlichen Theorie zu erwarten war, nach der sich Molekül mit Molekül zusammenballen sollte. Geladene Atome und die bei der Verbrennung des Treibstoffs zweifellos entstehenden Moleküle tragen dazu bei, dass sich Keime bilden und wachsen können.

Es war für Yu und Turco im Jahr 2000 nur ein kleiner Schritt, zu erkennen, dass auch die von Höhenstrahlen geschaffenen Ionen dazu beitragen konnten, Kondensationskeime und damit Wolken zu bilden. Die elektrische Ladung unterstützt Moleküle darin, auch im Schwefelsäuredunst geringerer Konzentration zusammenzufinden, als es ohne sie möglich wäre. Ionen stabilisieren die embryonalen Keime, während sie sich zu größeren Keimen verbinden. Berechnungen erklärten die ultrafeinen Keimen südlich vor Panama.

## Das CLOUD-Experiment am CERN

Dieser rechtzeitige Einwurf der Atmosphärenchemiker kam niemandem gelegener als dem Teilchenphysiker Jasper Kirkby vom CERN-Laboratorium in Genf. Im Dezember 1997 saß Kirkby bei einem Vortrag, den Calder am CERN über Svensmarks Entdeckung des Zusammenhangs zwischen Höhenstrahlen und Bewölkung hielt, im Publikum. Seine Neugier war geweckt. Er nahm eine

Reihe von Papieren mit, als er mit seiner Familie nach Paris reiste, um bei seiner Schwägerin Weihnachten zu verbringen. Als die anderen einkaufen gingen, studierte Kirkby in aller Ruhe die veröffentlichten Papiere und kam zu der Überzeugung, dass Svensmarks Entdeckung sehr interessant sei.

Da das bloße Zusammentreffen zwischen Schwankungen der kosmischen Strahlen und der Wolkendecke noch keinen Beweis für Ursache und Wirkung darstellte, fragte sich Kirkby, wie sich dieser Zusammenhang mit einem Mechanismus, der Wolkenbildung auslösen könnte, überprüfen ließ. Auch wenn Klimawissenschaft kein Forschungsgebiet der Teilchenphysik ist – Höhenstrahlen sind es sicherlich, denn Teilchenphysiker erzeugen mit ihren Beschleunigern in großen Mengen künstliche Höhenstrahlen. Während der Feiertage fand Kirkby in Paris Zeit, eine Versuchsanordnung zu entwickeln. In einer eigens dafür entworfenen Kammer würden die atmosphärischen Bedingungen für Wolkenbildung geschaffen und der Einfluss eines CERN-Teilchenstrahls gemessen.

Für seinen etwas geheimnisvollen Zweig der Grundlagenforschung war dies eine gute Gelegenheit, sich in der Umweltforschung hervorzutun, indem er eine mögliche Ursache für den Klimawandel untersuchte. Die Physiker speisten in die Kammer kontrollierte Mengen von Wasserdampf und Spuren von Schwefeldioxid, Ammoniak und Salpetersäure ein. Sie konnten so die physikalischen und chemischen Ereignisse in einer Reihe sorgsam geplanter Versuchsläufe nachstellen und sehen, ob sich der eintreffende Teilchenstrahl auf die Produktion von Kondensationskeimen auswirkte. Kirkby konstruierte für das Experiment den Namen CLOUD (Wolke) für »cosmics leaving outdoor droplets« (Kosmische Strahlen lassen im Freien Tröpfchen zurück).

Er machte sich daran, ein Team zusammenzustellen. Innerhalb von zwei Jahren hatte er mehr als 50 Atmosphärenforscher, Sonnen-Erde-Physiker und Teilchenphysiker aus siebzehn Instituten in Europa und den USA rekrutiert. Svensmark war einer davon. Er verzweifelte daran, in Dänemark Geldmittel für einen eigenen Versuch zu bekommen, und war froh, sich Kirkbys Gruppe von Fachleuten anschließen zu können.

Mit dabei war Markku Kulmala aus Helsinki, der damals in Elsinore Svensmark im Meer seiner Kritiker den Rettungsring zugeworfen hatte. Wie einige andere aus der Gruppe war er von Svensmarks Ergebnissen noch nicht so sehr überzeugt, um anzunehmen, dass Höhenstrahlen direkt an der Wolkenbildung beteiligt waren. Damals bevorzugte er noch eine Erklärung, nach der die Ausbrüche ultrafeiner Teilchen von Reaktionen anderer Moleküle neben Schwefelsäure und Wasserdampf herrührten. Aber wie die anderen sah er darin eine Gelegenheit, die Idee der Ionen-Keime zu überprüfen, indem man Forschungen durchführte, die auf dem Gebiet der Atmosphärenchemie bisher beispiellos waren.

Kirkby fand für das Experiment CLOUD zwischen den Strahlenkanälen in einer der Experimentierhallen des Protonen-Synchrotrons in CERN eine Nische. Diese Anlage konnte eine kontrollierte Anzahl Hochgeschwindigkeitsteilchen in die einen halben Meter breite Nebelkammer schicken. Dies war der wesentliche Teil des Versuchaufbaus. Mitglieder des Teams aus Helsinki, Missouri-Rolla und aus Wien hatten reichlich Erfahrung mit Nebelkammern, und die Ingenieure von CERN hatten mit einer ähnlichen Technologie gerade eine große Blasenkammer gebaut, um Teilchenspuren verfolgen zu können.

Hochmoderne Instrumente waren um die Nebelkammer angeordnet und überwachten die Ereignisse, die der Teilchenstrahl aus dem Beschleuniger auslöste. Wenn sich in der Nebelkammer flüssige Tröpfchen bildeten, zeigte die Lichtstreuung dies an. Hochgeschwindigkeits-Fotografie mit einer 3-D-Kamera konnte eine Technologie nutzen, die erstmalig zur Beobachtung einer Sonnenfinsternis entwickelt worden war.

Die verschiedenen Arten von Atomen, Molekülen und Ionen und die Mengen, in denen sie jeweils in der Kammer vertreten sind, wurden dank verschiedener Instrumente sichtbar. Drei unterschiedliche Massenspektrometer identifizieren Teilchen anhand der genauen Messung ihres Molekulargewichts. Ein anderes Instrument beurteilt die Beweglichkeit der Ionen, die viel darüber besagt, wie sie mit der Luft und mit anderen Substanzen im Versuch interagieren.

Was fehlte, war die adäquate theoretische Unterstützung durch Atmosphärenchemiker, um die mögliche Rolle der kosmischen Strahlen über die Vermutungen von Frank Raes aus den 1980er-Jahren hinaus zu beurteilen. Das raffinierte Szenario, mit dem Fangqun Yu und Richard Turco in Los Angeles das unerwartete Auftreten der Mikrokeime südlich von Panama erklärt hatten, kam gerade zur rechten Zeit. Im April 2000 hatte das Team ein detailliertes Forschungsvorhaben zusammengestellt. Seine Schlussbemerkung entsprach Svensmarks ursprünglicher Idee:

> »Vor über 100 Jahren hatte C.T.R. Wilson die Nebelkammer erfunden, um Wetterphänomene zu untersuchen. Diese Kammer entwickelte sich zu einem der wichtigsten Instrumente der Teilchenphysik. Jetzt dreht sich das Rad der Geschichte weiter und wir greifen auf Wilsons Konzept zurück, um die Möglichkeit zu untersuchen, dass die Erdatmosphäre wie eine große Nebelkammer funktioniert, welche die Launen der Sonne wiedergibt.«[36]

Als der Vorschlag zur Beurteilung an zwei führende Atmosphärenforscher weitergereicht wurde, fiel ihre Antwort enttäuschend aus. Ein Nobel-Preisträger verspottete Svensmarks Entdeckungen und fühlte sich verpflichtet, die Aufmerksamkeit des CERN darauf zu lenken, dass es wohl für eine laufende wissenschaftlich-politische Debatte über die globale Erwärmung missbraucht werden solle. Das Team antwortete darauf öffentlich, dass es sich hierbei um kein wissenschaftliches Argument für oder gegen das Forschungsvorhaben handele. Eine privat in Umlauf gebrachte Notiz stellte die Logik des Einwands infrage:

»Wenn die Situation so unzulässig ist, wie [der Rezensent] sie bezeichnet, wäre es da nicht umso wichtiger, zu zeigen, dass Svensmarks Hypothese nicht stimmt?«[37]

Der andere Rezensent stieß sich an Formfragen im Vorschlag und stellte die Möglichkeit des Versuchs infrage, Bedingungen wie in der wirklichen Atmosphäre zu simulieren. In diesem Fall antworteten Kirkbys Wolkenfachleute sorgfältig, Punkt für Punkt auf jeden Einwand. Sie versicherten auch, dass es nicht das Ziel sei, zu beweisen, dass Wolken empfindlich auf Höhenstrahlen reagieren, sondern nur zu sehen, ob sie es überhaupt tun oder nicht.

Am bedeutendsten war ein technischer Einwand: Ein experimenteller Lauf sei zeitlich zu beschränkt, weil es viele Stunden dauern könne, bis sich embryonale Keime bilden und wachsen. Der Verlust von Tröpfchen, die sich an den Wänden der Nebelkammer niederschlugen, würde den Versuchslauf jedoch in ungefähr 24 Stunden beenden. Die Mannschaft wirkte dem Einwand dadurch entgegen, dass sie zwei Hilfstanks zu einer großen Reaktionskammer mit dem über 60-fachen Volumen der Nebelkammer zusammenschlossen und mit Teflon-Wänden versahen. Damit konnte der chemische Vorgang problemlos einige Tage oder sogar eine Woche dauern. Der CERN-Ausschuss, der den Generaldirektor über das Forschungsprogramm berät, verlangte ein klareres Bild davon, wie die experimentellen Läufe vor sich gehen sollten. Der Versuch war sogar für Atmosphärenphysiker neuartig, geschweige denn für die Gruppe der Teilchenphysiker im CERN. Weil er hoffte, dass das Experiment CLOUD vor Ende 2000 genehmigt sein würde, trieb der energische Kirkby seine Experten an, schnell einen großen Nachtrag zu seinem Forschungsvorhaben einzureichen. Dieser beschrieb die neue Reaktionskammer und behandelte ausführlich einige Vorversuche. Ein weiterer Nachtrag erklärte, dass CLOUD viele Jahre weiterer Experimente möglich mache und es daher als Zentrum einer semipermanenten Einrichtung für Atmosphäreforschung in Genf gelten könne.

Doch sollte der Schuster nicht bei seinen Leisten bleiben? Mitglieder des Ausschusses im CERN, die den Vorschlag zu beurteilen hatten, fragten sich, ob sich ein Laboratorium für Teilchenphysik überhaupt auf Atmosphärenforschung einlassen solle. So zögerten sie eine Entscheidung hinaus. Es folgten langwierige Bemühungen, Unterstützung von anderen Atmosphärenforschern zu bekommen.

Die Europäische Geophysikalische Gesellschaft, die Europäische Physikalische Gesellschaft und die Europäische Wissenschaftsstiftung veranstalteten 2001 in Genf ein Arbeitstreffen, um die Wechselwirkungen zwischen Ionen, Aerosolen und Wolken zu untersuchen und das weitere Forschungsprogramm zu erörtern. 50 Fachleute aus aller Welt nahmen daran teil. Eine Abstimmung per Handzeichen in der Frage »Spielt die Ionisation durch kosmische Strahlen im Klima eine Rolle?« ergab, dass die Meinung in genau gleich viele »Ja«- und »Weiß ich nicht«-Stimmen gespalten war. Dennoch unterstützte man das Projekt Kirkbys einstimmig.

Auch wenn das erfolgreiche Treffen die Stimmung für eine Weile hob, läutete noch im gleichen Jahr die Totenglocke für CLOUD. Im CERN lief ein sehr teueres Projekt an. Man wollte den mächtigsten Beschleuniger der Welt, den »Großen Hadron Collider«, bauen. Das beanspruchte den Haushalt des internationalen Labors bis an sein Limit. Daher beschloss der Aufsichtsrat, vorerst alle neuen Versuche einzustellen. Dies galt auch für CLOUD, das gemessen an den Maßstäben der Hochenergiephysik nicht einmal teuer war.

Unbeirrt nahm sich Kirkby vor, die Amerikaner davon zu überzeugen, einen erforderlichen Beschleuniger für das CLOUD-Experiment zur Verfügung zu stellen. Die erste Wahl war der Linear-Beschleuniger in Stanford, Kalifornien, gewesen. Dort hatte Kirkby in den 1970er-Jahren an Vorbereitungen zu den Entdeckungen von Martin Perl mitgearbeitet, der eines der fundamentalsten Teilchen des Universums, das Tau-Lepton, gefunden hatte. Perl schloss sich begeistert dem CLOUD-Team an, ebenso Fangqun Yu, der inzwischen an der New-York-State-Universität in Albany arbeitete. Wieder hatte das Forschungsvorhaben mit ziemlich feindlichen Beurteilungen zu kämpfen. Die transatlantische Werbemaßnahme führte schließlich zu nichts.

Das Projekt wurde für drei Jahre auf Eis gelegt, während sich die Wissenschaft weiterentwickeln und weitere Zustimmung finden konnte. Unterstützung für neue Versuche wurde im CERN wieder gegen Ende 2004 möglich. Vor der Sitzung des Wissenschaftsprogrammausschusses im Januar 2005 organisierte Kirkby Gespräche zwischen den wichtigsten Köpfen seiner Mannschaft mit der Managementebene. Markku Kulmala aus Helsinki stellte das Projekt so überzeugend vor, dass der Ausschuss beschloss, CERN werde seine Teilchenbeschleuniger für das CLOUD-Experiment zur Verfügung stellen. In einer Nachricht an Calder jubelte Kirkby:

> »Aufseiten von CERN ist die Sache grundsätzlich geregelt. Wenn es mit unserer [nationalen] Finanzierung klappt, haben wir bald tatsächlich das CLOUD-Experiment und können uns endlich an die physikalischen Vorgänge wagen. Es gibt noch ziemlich viele Hürden zu überwinden, aber das Härteste haben wir hinter uns.«[38]

Sieben Jahre waren vergangen, seit Kirkby zuerst die Idee des Versuchs skizziert hatte. Der förmliche Vorschlag war im CERN vor fast fünf Jahren eingereicht worden. Mit etwas Glück kann das Team hoffen, dass sein Hauptexperiment um 2010 erste Daten liefern wird.

## Der Kasten im Keller

Am Dänischen Nationalen Raumfahrtzentrum hatten Svensmark und Kollegen in der Zwischenzeit auf eigene Faust einen bescheideneren Versuch zusammengestellt und gestartet. Anstatt darauf zu warten, dass ein Beschleunigerlaboratorium sich herabließe, ihnen Teilchenstrahlen bereitzustellen, die in einer Luftprobe elektrische Ladungen freisetzten, ließen sie die natürliche Höhenstrahlung über Kopenhagen die Arbeit verrichten. Sie nannten ihr Experiment SKY – dies bedeutet auf Dänisch »Wolke« und eignet sich auch auf Englisch gut als Bezeichnung.

Wenn Myonen oder schwere Elektronen, die härtesten geladenen Teilchen in der Höhenstrahlung, auf das Dach des Gebäudes am Juliana Maries Vej auftreffen, in dem das Weltraumzentrum untergebracht ist, bemerkt man dort wenig davon. Die Teilchen durchdringen ein Stockwerk nach dem anderen; sie strömen durch Schreibtische, Computer, Kaffeetassen und Menschen. Doch bevor die Myonen in der Erdkruste verschwinden, schwirren einige von ihnen durch einen großen Kasten voll Luft, der im Keller steht. Dort tun sie Svensmarks Team den Gefallen, Elektronen aus den Stickstoff- und Sauerstoffmolekülen zu schlagen und so Ionen zu erzeugen.

SKY war im Jahr 2000 aufgrund der frustrierenden Nachrichten aus dem CERN geplant worden. Es sollte ein einfacher Weg sein, die Prozesse in der Luft aufzugreifen, die Kondensationskeime für Wolken entstehen lassen. Die neuen Berechnungen von Fangqun Yu und Richard Turco, welche die überraschenden ultrafeinen Keime in der Luft des Pazifiks erklärten, überzeugten Svensmark, dass ein relativ preiswerter Versuch solche Vorgänge auch im Labor erforschen konnte. Er könnte als ein Pilotprojekt gelten, das sich schneller als CLOUD zusammenstellen ließ.

Dies war für Svensmark ein neuer Anfang. Wie Jasper Kirkby in Genf war er Physiker und kein Atmosphärenchemiker. Zudem war er als Theoretiker nicht wie Kirkby an das geduldige Vorgehen im Leben eines Experimentators gewohnt. Schon einen Standort für den Kasten Luft zu finden kostete Zeit. Ein steriler Raum im Keller, der geeignete Ort, war von Büchern der Universitätsbibliothek belegt, die nur mit besonderer Genehmigung verlegt werden durften. Hinsichtlich der Finanzierung konnte Svensmark nur auf Glück hoffen.

Der Bau der Anlage begann vorläufig mit kleinen Zuschüssen von zwei privaten Stiftungen. Die Aussichten waren zunächst so ungewiss, dass SKY bei den Technikern die geringste Priorität hatte. Die Arbeit wurde oft unterbrochen. Der Dänische Rat für Naturwissenschaftliche Forschung, SNF, stellte SKY dann mit einem auf drei Jahre verteilten Zuschuss von 600 000 Kronen (etwa 100 000 US$) auf ein etwas sichereres Fundament. Doch die Summe reichte nicht annähernd aus, um das Experiment fertig aufzubauen und das benötigte Team zusammenzustellen. Auch die Finanzierung der Carlsberg-Stiftung lief aus, die es Svensmark ermöglicht hatte, Nigel Marsh bei sich zu behalten.

2002 sah es trübe aus. Etwa 50 000 Kronen wurden dringend benötigt, nur um das Projekt am Leben zu halten. Da erinnerte sich Svensmark, dass sich ein führender Industrieller als Vorsitzender des Ausschusses, der ihm im Jahr zuvor den Energie-E2-Forschungspreis zuerkannt hatte, sehr für seine Arbeit interessiert hatte. Nach vielen Versuchen erreichte er ihn endlich telefonisch und begann, ihm seine Notlage zu erklären. Der Industrielle schickte sofort ein Taxi, um Svensmark abzuholen, der sich unrasiert und in Sandalen in einem Raum voll von Leuten im Anzug vorfand. Was sie sagten, machte ihn sprachlos: »Wir planen, Ihnen 1 000 000 Kronen im ersten Jahr zu geben, 500 000 im nächsten und 250 000 im dritten Jahr.«[39]

Das änderte die Sachlage! Svensmark konnte nun Marsh im Team behalten und einen Experimentator vom Physikalischen Labor des Niels-Bohr-Instituts einstellen. Jens Olaf Pepke Pedersen war Fachmann auf dem Gebiet der Kollisionen zwischen schnellen Teilchen und Atomen. Er stellte das SKY-Experiment auf die Beine und brachte es zum Laufen. Die volle Durchführung des Experiments verlangte zwar noch mehr finanzielle Mittel, doch die Aussichten waren 2003 insgesamt schon viel rosiger.

Dänische Parlamentarier können die Finanzierungsbehörden der Regierung umgehen, um Unterstützung für besondere Projekte zu gewähren. Auf diesem Weg gelang es Svensmark, seinen Anteil am nationalen Budget zu bekommen. Die Förderung einer Forschung, die angeblich in die falsche Richtung wies, provozierte in den dänischen Medien die Entrüstung extremer Umweltschützer und auch einiger Wissenschaftler. Doch sicherte es dem Projekt für die nächsten vier Jahre 12 000 000 Kronen – das Zwanzigfache dessen, was der Forschungsrat dem SKY-Experiment einst zugesagt hatte.

Svensmark taufte seine Gruppe um in »Zentrum für Sonne-Klima-Forschung«. Neben Marsh und Pepke Pedersen schlossen sich dem Team Ulrik Uggerhoj, ein Atomphysiker der Universität Aarhus, und der Doktorand Martin Enghoff an. Weil die Finanzierung gesichert war, konnten sie sich nun die wichtigste Ausrüstung leisten und mit den Versuchen beginnen.

Wissenschaftshistoriker, die irgendwann auf diese kleine Geschichte zurückblicken, werden sich fragen, warum sowohl Kirkby in Genf als auch Svensmark in Kopenhagen so große Mühe hatten, die Zustimmung und Finanzierung für zwei getrennte Projekte zu bekommen, die zusammen nur ein paar Millionen US-Dollar kosteten. Die Welt gab gleichzeitig Jahr für Jahr Milliarden Dollar für Klimaforschung aus. Weiteren Stoff zum Nachdenken dürften die Behauptungen der Gegner, darunter sehr anerkannter Wissenschaftler liefern, die zu *wissen* behaupteten, dass die Ergebnisse der Versuche negativ ausfallen würden. Svensmark selbst hatte keine Ahnung, welche Überraschung nach einem langen Zeitraum von Tests, Tests und noch mehr Tests auf ihn wartete, als er kurz vor Weihnachten 2004 mit den systematischen Versuchsläufen begann.

## Der Durchbruch

Rohre, Pumpen, Nummernschalter und elektronische Lesegeräte umstellten den 2 m hohen Kasten Luft im Keller in Kopenhagen, der wie der Maschinenraum eines Schiffes aussah. Der Eindruck war nicht ganz falsch, denn nach dem Zustand der Luft im Kasten zu schließen, befand man sich mitten auf dem Pazifischen Ozean und nicht in einer europäischen Stadt. Hergestellt aus teflonbeschichtetem Mylar-Plastik und formell »Reaktionskammer« genannt, enthielt der Kasten sieben Kubikmeter normale Luft, die zuvor durch fünf unterschiedliche Filter gereinigt worden war.

Um sicherzugehen, dass den Filtern nichts Wichtiges entgangen war, konnten die Experimentatoren den Kasten mit noch reinerer Luft aus Stickstoff- und Sauerstoffflaschen im richtigen Verhältnis füllen. Für den Fall, dass Stickstoffmoleküle eine chemische Rolle bei der Keimbildung spielten, wurde manchmal auch der Stickstoff durch Argon in der künstlichen Atmosphäre ersetzt. Doch keine dieser Veränderungen der Zusammensetzung der Luft änderte etwas an den Ergebnissen. Indem man Stickstoff als eine Ursache ausschloss, beseitigte man eine ganze Klasse denkbarer Reaktionen, die positiv geladene Ionen betrafen. Stattdessen konzentrierte sich die Aufmerksamkeit auf die schnellsten negativen Ionen, die Elektronen.

Temperatur und Feuchtigkeit der Luft waren unter Kontrolle und genau bemessene Spuren von Schwefeldioxid und Ozon wurden in die Reaktionskammer zugegeben. Sieben UV-Lampen, die entweder kontinuierlich oder in Zeiträumen von zehn Minuten leuchteten, übernahmen die Rolle der Sonne beim Antrieb der chemischen Reaktionen. Ein Detektor für ultrafeine Keime sollte etwaige chemische Reaktionsprodukte nachweisen.

Erste Versuche mit UV-Bestrahlung stellten die Entstehung ultrafeiner Keime nach, wie sie über dem Pazifik natürlich auftreten. Die UV-Strahlen lösten eine rasche Bildung von Schwefelsäure aus. Obwohl weit weniger Moleküle auftraten, als es die herkömmliche brachiale Theorie zur Tröpfchenbildung vorsieht, verklumpten die Schwefelsäuremoleküle rasch.

Neu gebildete Keime zeigten sich im Detektor des SKY-Experiments nach einer Verzögerung von nur zehn Minuten oder weniger. Typischerweise erreichten sie innerhalb der folgenden Viertelstunde einen Maximalwert von ungefähr 2000 Stück pro Liter, auch wenn die Keime immer wieder über die Kammerwände vernichtet wurden. Rechnete man diesen Verlust mit ein, belief sich die Produk-

**Die Reaktionskammer**

1 Kammer
2 UV-Strahler
3 Wabenförmiger Kollimator
4 Luft-Einlass
5 Ozon-Einlass
6 SO$_2$-Einlass
7 Gas- und Aerosol-Auslass
8 Elektroden

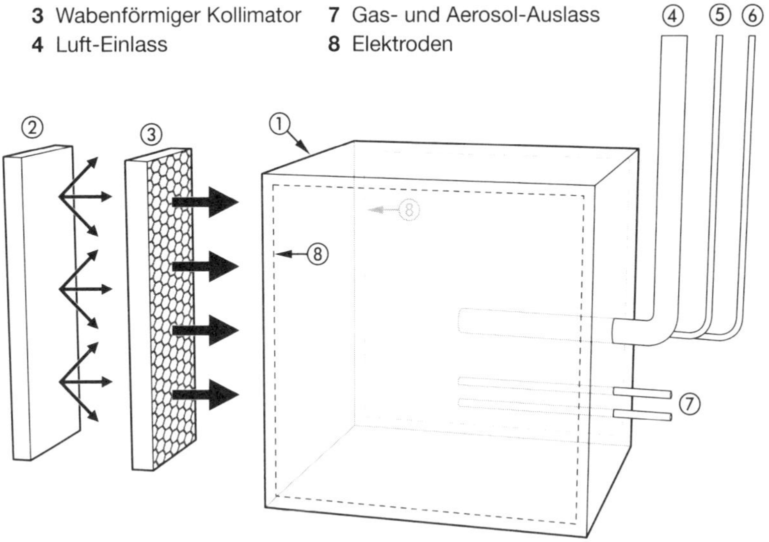

*Abb. 9: Beim SKY-Experiment am Dänischen Nationalen Raumfahrtzentrum treten die durch das Dach kommenden kosmischen Strahlen in einen Plastikkasten ein, der sieben Kubikmeter gereinigte Luft mit Spuren von Schwefeldioxid (SO$_2$) und Ozon enthält, wie man sie in nicht verschmutzter, natürlicher Umgebungsluft antrifft. Auch die Menge an Wasserdampf wird kontrolliert. UV-Lampen sorgen für Schwefelsäure, die sich mit Wassermolekülen verbindet, um große Mengen an Klumpen zu bilden. Ihre Produktion nimmt ab, wenn eine hohe Spannung zwischen den Elektroden jene Elektronen, die von den Höhenstrahlen freigesetzt werden, wegwischt; sie nimmt zu, wenn Gammastrahlen die Versorgung mit Elektronen verbessert.*

tion insgesamt auf mehrere Zehnmillionen pro Liter, was mit den Beobachtungen im Pazifik übereinstimmte.

Allgemein lief alles besser als erwartet. Doch dann begannen sich die Ereignisse von einem Durchlauf des Experiments zum nächsten zu überschlagen und machten es zu einer Hängepartie: Die Hauptrolle in dem chemischen Drama, das sich in dem Kasten voll Luft entfaltete, sollten die Höhenstrahlen spielen, die durch die Decke eindrangen und durch den Fußboden wieder verschwanden, wobei sie eine Spur geladener Teilchen hinter sich herzogen. Die Experimentatoren waren erstaunt, als sie feststellten, dass genau dies tatsächlich der Fall war.

Mit dem ursprünglichen Konzept von SKY wollte Svensmark ein einfaches Ja oder Nein auf die Frage, ob die von den Höhenstrahlen erzeugten Ionen Keime bildeten. Um darauf eine Antwort zu bekommen, veranlasste er, dass ein mächtiges elektrisches Feld eingeschaltet werden konnte, das alle geladenen Teilchen aus dem Luftkasten entfernte. Dies sollte binnen einer Sekunde geschehen. Nach der herrschenden Theorie benötigten geladene Teilchen etwa 80 Sekunden, um eine erkennbare Wirkung zu zeigen. Wenn es sich tatsächlich so verhielt, sollten sich keine Keime bilden. Svensmark erinnerte sich später, was damals passierte:

»Es geschah eines Abends im Labor, als alle am Projekt Beteiligten zugegen waren. Der Versuch wurde bei eingeschaltetem elektrischem Feld gestartet. Gerade lief der letzte Test mit durch Ionen herbeigeführter Keimbildung – jedenfalls war das der Plan. Doch nach 10 Minuten war die ganze Kammer genauso wie früher mit ultrafeinen Teilchen angefüllt. Das war ein sehr seltsamer Moment. War das das Ende der ganzen Idee?«[40]

Die erste Reaktion war, alles zu überprüfen. Wurde die Schwefelsäurekonzentration richtig gemessen? War das UV-System gut geeicht? Gab der wabenförmige Kollimator, den sie von der aeronautischen Industrie erhalten und sorgsam eingefärbt hatten, den UV-Strahlen eine gleichförmige Richtung? Jeder war nervös und gereizt, wenn etwas nicht genau den Vorgaben entsprach. Wochen vergingen mit technischen Arbeiten, bevor das Team den nächsten Versuch startete.

Aber das elektrische Feld erzeugte noch immer keine andere Wirkung. Erfolg oder Misserfolg hingen davon ab, dass man schnell eine Erklärung dafür fand. Svensmark fragte sich, ob die Elektronen – die leichten, negativ geladenen Teilchen, welche Höhenstrahlen aus gewöhnlichen Luftmolekülen herausschlugen – ihre Keimbildungsarbeit viel schneller ausführen konnten, als er oder sonst jemand sich je vorzustellen vermochte. Dies konnte der Fall sein, wenn die Elektronen von Molekül zu Molekül weitersprangen und jeweils ein embryonales Schwefelsäuretröpfchen zurückließen, während sie ein neues erzeugten – wie ein Lehrer, der eine Menge Kinder nacheinander in kleine Mannschaften einteilt.

Falls dies zutraf, konnte ein Elektron in weniger als einer Sekunde eine große Wirkung haben, bevor das elektrische Feld es wegwischte. Statt die Ionen zu entfernen, sollte das Team also vielleicht mehr davon erzeugen, um zu sehen, ob dadurch die Anzahl der Keime zunahm. Gammastrahlen konnten diese Aufgabe erfüllen. Doch die einzige Strahlungsquelle, über die das Team verfügte, machte nur einen geringen Unterschied, als man sie von außen an die Kammerwände anlegte. Als man sie jedoch durch eine Röhre unmittelbar in den Kasten hineinleitete, lösten die Gammastrahlen eine starke Keimbildung aus. Das war ermutigend.

Zufällig zeigte sich einige Tage später ein überraschender Effekt. Der Doktorand Martin Enghoff und Joseph Polny, einer der Ingenieure, bemerkten, dass der Detektor für ultrafeine Keime sofort, nachdem man die Strahlenquellen in den Kasten geschoben hatte, eine große Menge Keime anzeigte. Das geschah, noch bevor die UV-Lampen, die Schwefeldioxid in Schwefelsäuredunst umwandeln sollten, eingeschaltet waren. Offensichtlich ließ sich die chemische Ausgangsreaktion ohne die Hilfe des UV-Lichts gut einleiten.

Auch wenn die ersten Ergebnisse mit der vermehrten Ionisierung die Niedergeschlagenheit verjagten, waren sie noch zu improvisiert, um als formale Testergebnisse zu gelten. Weitere fünf Wochen vergingen mit Versuchsläufen anderer Art, während man auf eine bessere Gammastrahlenquellen aus Belgien wartete, die den Kasten gleichmäßiger durchstrahlen würde. Danach konnten speziellere Experimente mit vermehrter Ionisation beginnen.

Es zeigte sich deutlich, dass die Produktion ultrafeiner Keime umso größer war, je größer die Anzahl der geladenen Teilchen war, die in der Luft freigesetzt wurden. Um die Anzahl der Keime zu verdoppeln, musste man die Menge der Ionen vervierfachen. (Mit anderen Worten: Die Keimproduktion wuchs mit der Quadratwurzel der Ionendichte.) Dies bedeutet, jede Schwankung der Höhenstrahlung hatte die höchste Auswirkung auf die Produktion von Keimen, solange ihre Intensität insgesamt relativ schwach war.

Die Keimbildung durch Ionen war nun immerhin eine Tatsache und bedeutete, die Elektronen wirkten innerhalb eines Augenblicks, noch bevor das starke elektrische Feld sie wegwischen konnte. Das Team trug während der über sechs Monate dauernden Versuchsläufe einen in sich zusammenhängenden Satz Ergebnisse sehr unterschiedlicher Art zusammen. Die Forscher ließen die UV-Lampen einmal plötzlich oder ein anderes Mal kontinuierlich leuchten. Als Svensmark sicher war, die Ergebnisse auch theoretisch erklären zu können, wandte er sich wieder seiner früheren Idee zu, die Aktivität der Elektronen durch ein elektrisches Feld zu unterdrücken.

Er schätzte, dass die weiter springenden Elektronen etwa eine Fünftelsekunde benötigten, um Schwefelsäure-Klumpen zu bilden. Dies ließ sich durch ein noch stärkeres elektrisches Feld, das die Luft schneller reinigen konnte, überprüfen. Bisher erreichte die Feldstärke über die gesamte Kammer bis zu 10 000 Volt. Gegen Ende Juni 2005 versuchte es das Team mit 20 000 Volt. Die Höchstzahl der ultrafeinen Keimproduktion sank vielversprechend auf die Hälfte.

Am nächsten Tag schalteten die Forscher einen 50 000 Volt-Generator ein, den Ulrik Uggerhoj in Aarhus aufgetrieben hatte. Als die Spannung die 40 000-Volt-Markierung überschritten hatte, schlug ein Funke mit einem Donnerschlag durch den Kasten. Der elektromagnetische Puls zerstörte die Elektronik und einen der Durchflussmesser. Während das Team sich beeilte, das System wieder in Ordnung zu bringen, zeigte sich Svensmark recht vergnügt: Mit Funken und Explosionen sah das Ganze wie richtige Wissenschaft aus.[41]

Als sie es am dritten Tag danach noch einmal versuchten und sich auf 40 000 Volt beschränkten, trat zunächst eine kurze Pause ein – eine Zündverzögerung, wie Svensmark bemerkte. Danach geschah das Gleiche. Leider war der Schaden am System und an den Instrumenten dieses Mal größer und es dauerte drei Monate, bis er behoben war. Da man in dieser Zeit keine Versuche durchführen konnte, blieb Zeit, die Ergebnisse in einem Bericht für die Veröffentlichung in einer wissenschaftlichen Zeitschrift zusammenzutragen.

## Elektronen lassen Keime keimen

Glücklicherweise sprachen die zusammengetragenen Daten für sich. Svensmark und sein Team mussten nur auf sie hören und versuchen, sie zu verstehen. Die Erzeugung ultrafeiner Keime lief nach bisherigen Vorstellungen, selbst nach der jüngsten Theorie von Fangqun Yu und Richard Turco, viel zu schnell ab. Ein vollkommen neuer Mechanismus für die Keimbildung war nötig.

Noch während die Versuche liefen, hatte Svensmark, *nachdem* die Instrumente die ersten Keime angezeigt hatten, eine mathematische Berechnung aller Ereignisse entwickelt. Als er sie im Computer laufen ließ, konnte sie die Ergebnisse sehr gut simulieren. Ließ man dieselbe Rechnung, so wie sie war, rückwärtslaufen, lieferte sie ebenfalls ein überzeugendes Bild davon, was bei Größen kleiner als drei Millionstel eines Millimeters geschehen würde, noch *bevor* die Instrumente die Keime registrieren konnten.

Anhand der Abfolge und Geschwindigkeit der Ereignisse erkannte Svensmark, dass die Vorgänge frühzeitig einsetzten. Schwefeldioxid und Ozon werden in die Kammer eine Stunde früher eingespeist, als die durch die UV-Lampen simulierte Sonne eingeschaltet wird. In dieser Stunde müssen sich bereits Klumpen von Molekülen bilden, die viel kleiner als die ultrafeinen Keime sind und deswegen mit den vorhandenen Instrumenten nicht nachgewiesen werden können. Schwefelsäure wird also auch ohne die Hilfe der UV-Strahlen produziert – wie Martin Enghoff und Joseph Polny zufällig festgestellt hatten, als sie mit der Gammastrahlenquelle hantierten.

Elektronen sind die entscheidenden Akteure. An ein Sauerstoffmolekül gebunden, genügt ein einzelnes Elektron, um dieses für andere Wassermoleküle attraktiv zu machen. Wenn es durch Ozon aktiviert und mit Schwefeldioxid versorgt wird, wird der Wassercluster zum Produktionszentrum für Schwefelsäure, die dort entstehen und angesammelt werden kann. Damit geht die alte Vorstellung über Bord, wonach sich Schwefelsäuremoleküle erst aufgrund des UV-Lichts bilden und sich nachträglich langsam zusammenballen. Stattdessen entstehen sie in den molekularen Clustern – wenigstens in der allerersten Phase der Keimbildung.

Das heißt also: Das Elektron ist der Leim, der alles zusammenhält. Doch wenn der Cluster einige Schwefelsäuremoleküle aufgenommen hat, wird er, auch wenn er noch sehr klein ist, aus sich selbst heraus stabil. Zu diesem Zeitpunkt kann das Elektron sich lösen und ein anderes Sauerstoffmolekül finden, um einen neuen Cluster zusammenzutragen. Es handelt demnach wie ein Katalysator: Es treibt die chemischen Reaktionen an, ohne sich selbst zu verausgaben.

Der Prozess läuft sehr schnell und unter Beteiligung vieler Elektronen im SKY-Kasten ab. Die Anzahl der molekularen Cluster erreicht dort mehrere Millionen pro Liter, noch bevor die UV-Lampen eingeschaltet werden. Werden sie eingeschaltet und steht bereits reichlich Schwefelsäure zur Verfügung, sind schon Cluster vorhanden, um zuzuschnappen. Zu diesem Zeitpunkt hat jeder Cluster etwa 70 Schwefelsäuremoleküle eingesammelt und besitzt nun einen Durchmesser von 1 bis 3 Nanometern. Erst jetzt wird es als ultrafeiner Keim erkennbar.

Wenn die neue Theorie die Ereignisse in der Reaktionskammer richtig erklärt und SKY ein realitätsgetreues Abbild der Atmosphäre darstellt, muss sich der gleiche Vorgang auch in der Luft

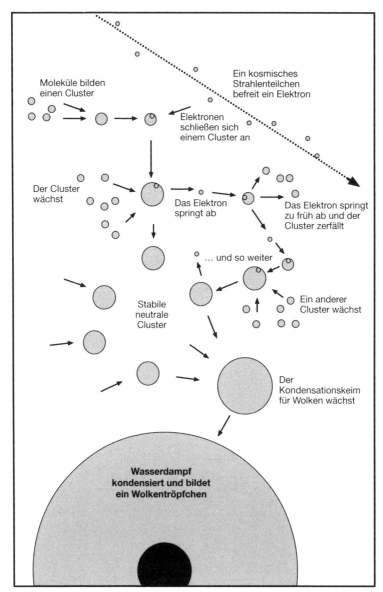

*Abb. 10: Die schnelle Aktivität kosmischer Strahlen bei der Bildung der Bausteine für Wolkenkondensationskeime, an denen sich Wassertröpfchen ansammeln, hängt von fleißigen Elektronen ab, die die Moleküle zusammenbringen.*

über unseren Köpfen abspielen. Die ultrafeinen Keime wachsen zu großen Wolkenkondensationskeimen heran und lassen unsere alltäglichen Wolken entstehen. Die Antwort auf das Rätsel: Wer sät die Samen, bildet die Keime oder treibt die Keimbildung voran, lautet: Elektronen, die durch Höhenstrahlen in der Luft freigesetzt werden.

Das Experiment kam im Sommer 2005 zum Abschluss und wurde in einem wissenschaftlichen Aufsatz beschrieben. Das Team erlebte danach eine lange Verzögerung, weil die führenden wissenschaftlichen Zeitschriften eine nach der anderen die Veröffentlichung des Berichts ablehnten. Die Gründe hatten nichts mit den technischen Verdiensten des Experiments zu tun. Besonders enttäuschend waren die Regeln, welche Zeitschriften oft gegen vorzeitige öffentliche Bekanntgabe durchsetzen; danach darf über die Versuchsergebnisse bis zum Tag der Veröffentlichung nichts nach außen dringen. So verging über ein Jahr, ohne dass die Versuchsergebnisse irgendjemandem außer einem kleinen Kollegenkreis bekannt wurden.

Schließlich nahm die berühmte Londoner Zeitschrift *Proceedings of the Royal Society* (Sitzungsberichte der Königlichen Gesellschaft) den Aufsatz mit dem Titel *Experimentelle Beweise für die Rolle von Ionen bei der Teilchenkeimbildung unter atmosphärischen Bedingungen* an. Obwohl die Veröffentlichung in der gedruckten Ausgabe der Zeitschrift nicht vor 2007 erfolgte, veröffentlichte sie den Bericht schon im Oktober 2006 online. Die Royal Society und das Nationale Dänische Weltraumzentrum gaben Pressemitteilungen heraus, denen Eigil Friis-Christensen, der Direktor des Zentrums, die folgende Bemerkung beifügte:

> »Viele Klimawissenschaftler haben die Verbindungen zwischen Höhenstrahlen, Wolken und Klima für unbewiesen erklärt. Einige sagten, es sei kein Weg denkbar, auf dem kosmische Strahlen die Wolkendecke beeinflussen könnten. Das SKY-Experiment zeigt, wie dies geschieht, und sollte nun dazu beitragen, den Einfluss kosmischer Strahlen ganz

sicher auf die Tagesordnung der internationalen Klimaforschung zu setzen.«[42]

Abgesehen von den persönlichen und technischen Schwierigkeiten zwischen 1996 und 2006 lassen sich die Entwicklungen kurz zusammenfassen: Wetter-Satelliten zeigten an, dass die Wolkendecke der Erde im Laufe der Jahre rhythmisch in Übereinstimmung mit den Veränderungen der Sonnenflecken schwankt. Genauer gesagt tut sie das im Gleichlauf mit den sich ändernden Auswirkungen des Sonnenwinds, der jene Menge kosmischer Strahlen reguliert, die von den Sternen aus die Erde erreichen. Diese Feststellung veranlasste Forscher zu atmosphärenchemischen Experimenten. Die Experimente zeigten, wie Elektronen, die von Höhenstrahlen freigesetzt wurden, katalytisch ein Zusammenballen von Schwefelsäuremolekülen, der wichtigsten Quelle für Wolkenkondensationskeime, bewirken.

Auch wenn kompliziertere Laborversuche wie die von CLOUD am CERN sowie Überprüfungen in der wirklichen Atmosphäre aus dem Flugzeug noch ausstehen, ist die Kette der Erklärung von den Sternen zu den Wolken und zum Klima inzwischen grundsätzlich geschlossen. Das SKY-Experiment hat erfolgreich Bedingungen in der unteren Atmosphäre nachgestellt, wonach Veränderungen in der Intensität der kosmischen Strahlen zu deutlichen Änderungen der Bewölkung führen. Diese Ergebnisse ermutigen jeden, der die Rolle der sich ständig ändernden Höhenstrahlung in dem sich ständig ändernden Klima unseres Planeten überprüfen will. Doch dies ist das Thema des folgenden Kapitels. Während wir unseren Glückssternen für die Wolken danken müssen, weil sie die Erde bewässern, müssen wir uns auch ihrer Macht bewusst sein, die Erde frieren zu lassen.

# 5 Wenn die Erde durch die Galaxie reist

*Das Klima ändert sich seit Millionen von Jahren in bestimmten Rhythmen. Eiszeiten treten auf, wenn die Erde die hellen Arme der Milchstraße besucht. Das Klima beeinflusst die Evolution – z. B. die Entstehung der Vögel. Die Erwärmung aufgrund von Kohlendioxid dürfte geringer sein, als behauptet wird. Jetzt liefern Klimadaten Tatsachen und Zahlen über die Galaxie.*

Es ist noch in lebhafter Erinnerung, dass die Bauern auf der Ostseeinsel Møn, 80 Kilometer südlich von Kopenhagen, auf den Feldern Heu als Opfergaben zurückließen, um ihre Ernten vor dem Pferd des »Königs der Klippen« zu schützen. Der mutmaßliche Nachkomme des altnordischen Schöpfergottes Odin, Klintekongen, so heißt es, tauchte in Gestalt eines Vogels auf, wenn er die Insel vor Angreifern schützte. Er lebte in einer Höhle von Møns Klint, der eindruckvollsten Meeresklippe Dänemarks.

Die steilen, weißen Kreidefelsen von Møns Klint erzählen Geologen eine Geschichte, die mit den Märchen der modernen Welt über den Klimawandel konkurrieren kann. Ihre Kreide entstand vor etwa 70 Millionen Jahren, als noch Tyrannosaurier und andere gewaltige Reptilien die Erde beherrschten. Damals war es so warm, dass sogar die Polarregionen eisfrei waren und Dinosaurier selbst auf der Antarktis lebten. Der Meeresspiegel lag sehr hoch. Gehäuse aus Kalzium-Karbonat, die Milliarden mikroskopisch kleinen Algen Schutz boten, häuften sich auf dem Meeresboden an, nachdem ihre Bewohner verendet waren. Im Baltikum sammelten sie sich zu einer 100 m dicken Kreideschicht an.

Das Gleiche geschah in noch größerem Ausmaß auch in anderen Teilen der Welt und gab dem geologischen Zeitalter seinen Namen – Kreidezeit. Nicht weit entfernt, in Südengland, hob sich die dicke Kreideschicht später an und wurde abgetragen, sodass dort, wo sie sich befunden hat, die weißen Klippen von Dover übrig geblieben sind. Dort ist die Kreideschicht bis heute so deutlich erhalten, wie sie sich vor vielen Millionen Jahren während der Kreidezeit auf dem Meeresboden angesammelt hat.

Die Szenerie am Møns Klint unterscheidet sich von der bei Dover. Dies löste im 19. Jahrhundert heftige Debatten aus. Der dänische Geologe Christopher Puggaard drückte seine Verwunderung über das, was er dort vorfand, in einem Bericht aus dem Jahr 1851 folgendermaßen aus:

> »Die Kreideschichten waren gedreht, gebogen und in alle Richtungen verformt, und zwar zu einem S oder Z, zu einem Halbkreis oder zu einer steigbügelartigen Form. Oder sie waren gebrochen und zerklüftet, bildeten enorme Verwerfungen und waren auf höchst außergewöhnliche Weise ineinander verschachtelt. Etwa in der Mitte des Steilhangs bei der Ortschaft Dronningestol erreichte das Durcheinander seinen Höhepunkt. Dort erhebt sich die Klippe zu ihrem höchsten Punkt ... Auch das Eintauchen der Schichten variiert beträchtlich, ändert sich ständig und wechselt an einigen Stellen abrupt von einer horizontalen Lage in eine senkrechte.«[43]

Es folgte ein ein halbes Jahrhundert dauerndes Gerangel zwischen Geologen um unterschiedliche Erklärungen für Møns Klint und die vielen anderen, weniger spektakulären Beispiele der Kreideverwerfungen im Nordwesten Europas. Einige, zu ihnen zählte auch Puggaard, sprachen von Senkungen oder Erosionen der darunterliegenden Felsen, sodass die Kreide und die jüngeren Deckschichten wie eine Zimmerdecke einbrachen. Andere machten die Bewegung des Eises für das Durcheinander der Schichten verantwortlich.

Heute ergibt sich ein viel klareres Bild: Während der jüngsten Eiszeit vor ungefähr 70 000 Jahren schob sich ein großer Gletscher westwärts über das Gebiet, das heute die Ostsee bildet. Wie ein Bulldozer schob die Gletscherfront die Kreide in zwei Dutzend Platten von je ungefähr 100 Meter Dicke zusammen. Sie stieß sie kreuz und quer vor sich her, bis das Eis nicht mehr weiter vordrang. Als

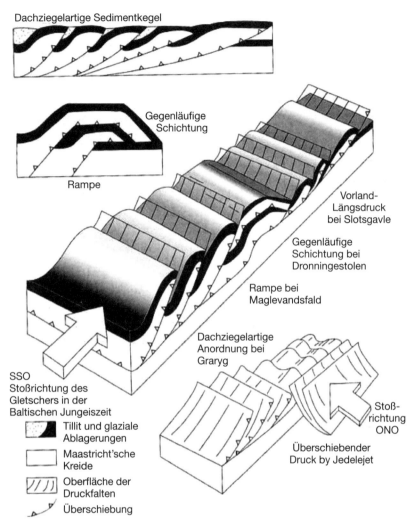

*Abb. 11: Vom Treibhaus zum Kühlhaus: Wie ein Bulldozer schob später ein Gletscher die Kreideablagerungen der Warmzeit vor sich her. Dadurch entstanden eigenartige Verschiebungen der Kreideschichten, die mit Gletscherschutt vermischt an den Klippen des Møns Klint in Dänemark zu sehen sind. (S.A.S. Pedersen, Geological Survey of Denmark and Greenland)*

das große Tauwetter einsetzte, blieb die Insel Møn als Endmoräne liegen, wo sie der Gletscher abgeladen hatte.

Somit ist Møns Klint das Ergebnis zweier entgegengesetzter Zustände auf der Erde, die wir etwas neckisch »Treibhaus« und »Kühlhaus« nennen können. In warmem Gewässer gediehen kreidebildende Organismen und ein vorwärtsdrängender Eisberg riss ihre Grabstätte auseinander. Der Übergang war drastisch, aber nicht plötzlich.

Die Temperaturen sanken vor 50 Millionen Jahren deutlich. Vor 30 Millionen Jahren bildeten sich dauerhafte Eispanzer in der Antarktis. Wirklich kalte Bedingungen setzten in der Region des Nordatlantiks vor 2,75 Millionen Jahren ein. Seitdem befand sich die Erde im Kühlhaus-Modus, stets umgeben von Gletschern und Eisschilden.

Experten versuchen, diese große Klimaänderung auf unterschiedliche Weise zu erklären: Die Kontinente wanderten wie gewöhnlich und mit den geografischen Änderungen driftete Australien von der Antarktis weg, die allein am Südpol zurückblieb. Der Zirkumpolarstrom schnitt sie vom Zufluss warmen Ozeanwassers ab und isolierte sie noch mehr. Dadurch wurde die Antarktis zur idealen Plattform eines wachsenden Eispanzers. Der Aufprall Indiens auf Asien schob den Himalaja und Tibet in die Höhe und schuf so eine Kältezone in den Tropen. Eine andere Vermutung war, die Abnahme von Kohlendioxid in der Atmosphäre könnte für die Abkühlung verantwortlich gewesen sein.

Nir Shaviv, Astrophysiker am Racah-Institut für Physik in Jerusalem, hatte eine ganz andere Erklärung für den Wechsel vom Treibhaus, das die Møn-Kreide entstehen ließ, zum Kühlhaus, das sie zerstörte. Seiner Meinung nach lag die Lösung des Rätsels in der Milchstraße, und zwar in einer sehr hellen Region namens Sagittarius-Carina-Arm. Man kann ihn am besten an einem Winterabend auf der Süd-Halbkugel sehen.

Vor ungefähr 60 Millionen Jahren gelangte die Sonne in Begleitung der Erde in diese Region, die damals wie heute von sehr hellen, kurzlebigen Sternen bevölkert war. Das Sonnensystem näherte sich dem hellen Arm der Milchstraße von der entfernten Seite – von uns aus betrachtet. Vor ungefähr 30 Millionen Jahren trat es auf der anderen Seite des Arms wieder heraus. Die Zahl explodierender Sterne war dort am größten und so herrschte dort auch die größte Intensität an von Sternen erzeugter Höhenstrahlung.

Shaviv übernahm die dänischen Entdeckungen, wonach kosmische Strahlen auf das Klima einwirken und die Erde durch die Zunahme der unteren Wolkenschicht abkühlen. Demnach fielen die globalen Temperaturen vor 60 bis 30 Millionen Jahren und Eis überzog die Antarktis. Als die Erde den Sagittarius-Carina-Arm wieder verließ, blieb die Kälte weiter bestehen. Sie wäre zurückgegangen, hätten sich unsere Wanderer durch die Galaxie nicht noch in eine Region besonders vieler heller Sterne begeben, den Orion-Arm. Dort, tief im Kühlhaus, befinden wir uns auch jetzt noch, aber zurzeit in einer relativ warmen Phase zwischen zwei Eiszeiten, also in einer Vereisungspause, wie damals, als sich die Møn-Kreide gebildet hat.

Shavivs Veröffentlichung im Jahr 2002 erklärte nicht nur den jüngsten Übergang vom Treibhaus zum Kühlhaus, sondern insgesamt auch die vier größeren Kälte-Ereignisse, seit vor etwas mehr als 500 Millionen Jahren die ersten Tiere auf dem Planeten in Erscheinung traten.

Alles was bisher in diesem Buch über Höhenstrahlen und Klima gesagt worden ist, betraf jüngste Änderungen. Diese sind für geologische und astronomische Zeiträume viel zu kurz, als dass sich in ihnen der Zufluss von Höhenstrahlen aus der Galaxie in das Sonnensystem deutlich hätte ändern können. Für geringere Schwankungen dürften Änderungen im Verhalten der Sonne in den letzten 100 000 Jahren der Hauptgrund gewesen sein. Sie haben wohl zu Schwankungen in der Intensität der kosmischen Strahlen geführt, die bis in die untersten Schichten der Erdatmosphäre vordringen konnten. Da wir uns mit Sonne und Erde über Millionen Jahre und Tausende Lichtjahre in weite Felder von Zeit und Raum begeben, treten größere und länger anhaltende Änderungen im Zufluss von Höhenstrahlen auf.

## Die Botschaft der Meteoriten

Spiralförmige Galaxien gehören zu den schönsten Objekten am Firmament, auch wenn man ein Fernrohr braucht, um sie richtig zu sehen. Diese Schwärme von vielen Milliarden Sternen sind so organisiert, dass die hellsten und blauesten unter ihnen hauptsächlich entlang der anmutig gebogenen Arme aufgereiht sind, die aus dem zentralen Ball oder Balken der meist älteren und röteren Sterne herausragen. Die Gravitation flacht eine spiraligförmige Galaxie am Rand ab, sodass sie sich – von außen gesehen – zur Mitte hin wie ein Spiegelei aufwölbt.

Weil wir selbst im flachen Bereich unserer Galaxie leben, erscheint sie uns wie ein Lichtband am Himmel. Es wurde Milchstraße genannt, lange bevor man erkannt hatte, dass es sich bei ihr um ein »Inseluniversum« handelt, das vielen anderen über den nächtlichen Himmel verstreuten Objekten ähnelt. Erst als ein holländisches Radioteleskop in den 1950er-Jahren die Verteilung von Wasserstoff darstellen konnte, waren Astronomen in der Lage, mit Gewissheit zu sagen, dass die Milchstraße eine Spiral-Galaxie ist wie Andromeda, Whirlpool und viele andere.

Die Gravitation, die zwischen den Sternen wirkt, erzeugt Wellen dichter und weniger dichter Materie. Dies führt zu dem Spiralmuster, das langsam um das Zentrum der Milchstraße kreist. Die Dichtewellen verwirbeln das interstellare Gas. Sie erzeugen relativ dichte Wolken, aus denen neue Sterne geboren werden, und verjüngen die Galaxie. Aus diesem Grund schmücken helle, blaue Sterne die Spiralarme. Sie sind zu kurzlebig, um sich weit von ihrem Entstehungsort zu entfernen, bevor sie wieder explodieren und dabei kosmische Strahlen aussenden.

Kleinere Sterne wie die Sonne leben lange genug, um mehrere

Male um das Zentrum der Galaxie zu kreisen. Sie wandern nicht mit der gleichen Geschwindigkeit wie die Spiralarme und kreuzen diese daher. Höchstwerte an Höhenstrahlung treten auf, wenn die Sonne mit ihren Planeten den Spiralarm verlässt, weil viele große Sterne an der Vorderkante des Spiralarms entstehen und diesem etwas vorauseilen, bevor sie wieder explodieren. Nir Shaviv schätzte den davon ausgehenden Klimaeffekt als sehr hoch ein:

»Von den Schwankungen des kosmischen Strahlungsflusses mit hoher Energie, der die untere Atmosphäre ionisieren kann, sind diejenigen, die aufgrund unserer Reise durch die Galaxis auftreten, zehnmal stärker als die Schwankungen aufgrund der Sonnenaktivität. Wenn die Sonne für Schwankungen in der globalen Temperatur von ungefähr 1 °C verantwortlich ist, sollte die Wirkung aufgrund der Wanderung durch den Spiralarm über 10 °C ausmachen. Das ist mehr als genug, um die Erde von einem Treibhaus, bei dem sich gemäßigte Klimata bis in die polaren Regionen erstrecken, in ein Kühlhaus mit Eiskappen an den Polen, wie es heute der Fall ist, übergehen zu lassen. In der Tat wäre zu erwarten, dass die Wirkung, die vom Spiralarm ausgeht, der dominierende Antrieb beim Klimawandel über Zeiträume von Hunderten von Millionen Jahren ist.«[44]

Vier größere Spiralarme oder Bereiche von Spiralarmen kreuzen den Weg der Sonne und der Erde auf ihrer Reise durch die Galaxie. Ihre Namen stammen von den Sternbildern, unter denen die verschiedenen Arme am auffälligsten am Nachthimmel erscheinen. Der kleinere Korridor heller Sternen, in dem wir uns zurzeit aufhalten, heißt Orion-Arm. Er ragt aus dem größeren Perseus-Arm heraus, zu dem wir uns hinbewegen, um in etwa 50 bis 100 Millionen Jahren dort einzutreffen. In ferner Zukunft wird die Erde auch wieder die Spiralarme Norma, Scutum-Crux und Sagittarius-Carina besuchen.

Auch wenn sich die Astrophysiker über die Geschwindigkeit der Sonne in ihrer galaktischen Umlaufbahn einigen konnten, bleibt die

Umdrehungsgeschwindigkeit der Druckwellen der Spiralarme noch umstritten. Schätzungen im Laufe der vergangenen 40 Jahre reichen von der halben Sonnengeschwindigkeit bis hin zu etwas mehr als der Sonnengeschwindigkeit. Um das Zusammentreffen mit den Spiralarmen mit dem Klimawandel in Verbindung zu bringen, zählt nur die relative Geschwindigkeit der Sonne zur Geschwindigkeit der Spiralarme. Von ihr hängen die Häufigkeit und der Zeitpunkt ab, zum dem die Höchst- und Tiefstwerte der Höhenstrahlen auftreten.

Können wir so weit in die Unendlichkeit von Raum und Zeit vordringen, um herauszufinden, wie die kosmische Strahlung im Umfeld der Sonne schon vor mehreren Hundert Millionen Jahren geschwankt hat? Die bemerkenswerte Antwort Shavivs lautet: Ja, das können wir. Er entdeckte den Rhythmus der Höhenstrahlen, indem er Daten über die Radioaktivität von Eisenmeteoriten aus Deutschland neu analysierte.

Wenn Asteroiden weit entfernt im Sonnensystem zusammenstoßen, können ihre freigesetzten Trümmer Eisenstücke enthalten. Diese kreisen mehrere Hundert Millionen Jahren um die Sonne, und in dieser Zeit erzeugen kosmische Strahlen in ihnen radioaktive Isotope. Gelegentlich fallen einige Trümmer als Eisenmeteoriten auf die Erde. Man versucht nun anhand der Menge der radioaktiven Kaliumatome, die der jeweilige Meteorit im Verhältnis zu den stabilen Eisenatomen enthält, herauszufinden, wie lange er im Raum umhergeirrt ist. Doch Schwankungen in der Intensität der Höhenstrahlung des Sonnensystems verfälschen die Ergebnisse.

Das scheinbare Alter der Eisenmeteoriten verkürzt sich manchmal auf unnatürliche Weise. In diesen Fällen geht die kosmische Uhr nach, weil es weniger Höhenstrahlen gibt. Um die Möglichkeit auszuschließen, dass die Verkürzung bei Meteoriten auftritt, die beim gleichen Asteroidenereignis entstanden sind, schloss Shaviv Fälle mit zu ähnlicher Charakteristik und ähnlichem Alter aus. Danach blieben ihm noch immer 50 Eisenmeteoriten, die insgesamt ein Alter von bis zu einer Milliarde Jahren repräsentierten. An

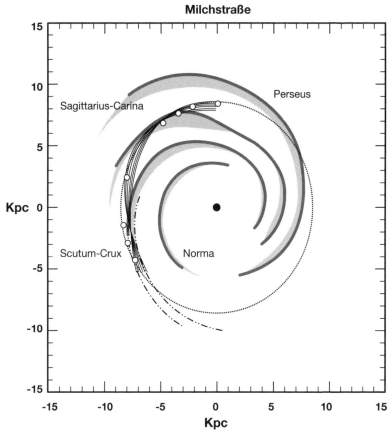

*Abb. 12: Der Weg der Sonne durch die Spiralarme der Milchstraße setzt die Erde kosmischer Strahlung unterschiedlicher Intensität und damit dem Wechsel zwischen Treibhaus- und Kühlhaus-Bedingungen aus. Klimaaufzeichnungen können dazu beitragen, die Unsicherheiten über den genauen Verlauf der Sonne und die Positionen der Spiralarme zu klären. Beides wird hier durch mehrere Striche und schraffierte Felder angezeigt. (Maßstab in Kiloparallaxensekunden »Kiloparsecs« (kpc), wobei 15 kpc 49 000 Lichtjahre bedeuten)*

ihnen konnte er ableiten, dass die Intensität der kosmischen Strahlen in einem Zyklus von 143 Millionen Jahren (plus minus 10 Millionen Jahre) auf und ab schwankt, während das Sonnensystem in dieser Zeit wiederholt Spiralarme der Galaxie durchquert.

Dieses Ergebnis stimmte sehr gut mit weit zurückreichenden Aufzeichnungen über Klimaschwankungen überein. In der zweiten Hälfte des vergangenen Jahrhunderts stellten Geologen den langsamen Wechsel zwischen Treibhaus- und Kühlhausklima fest und verfeinerten die Daten allmählich immer mehr. Als Shaviv nach einer möglichen Regelmäßigkeit in den Klimadaten suchte, entsprach ihnen ein Zyklus von 145 Millionen Jahren Dauer. Das kam der Länge des Höhenstrahlenzyklus nahe, den der Forscher aus Meteoriten erschlossen hatte. Shavivs Analyse erstreckte sich über eine Milliarde Jahre. Der erste Teil dieses Zeitraums betrifft kosmische und klimatische Erschütterungen anderer Art. Sie werden in Kapitel 7 behandelt. Zunächst wollen wir verstehen, was die Astronomie über Tiere zu sagen hat, die versteinert in vielen unterschiedlichen Formen aus der Zeit des Kambrium, das vor 542 Millionen Jahren einsetzte, erhalten sind. Die Periode danach heißt Phanerozoikum, was so viel bedeutet wie »Zeitraum, seitdem das Leben in Erscheinung getreten ist«.

## Leben in einer spiralförmigen Galaxie

Zu Beginn des Kambriums waren Sonne und Erde gerade sehr kalten Bedingungen entkommen, nachdem sie den Sagittarius-Carina-Arm der Milchstraße durchquert hatten. Raue Klimaverhältnisse können bei Tieren um des Überlebens willen evolutionäre Innovationen auslösen. Die frühen Generationen von Würmern, die sich in den Meeresgrund eingegraben hatten, entwickelten einen neuen Körperbau. Dies hatte als Erster James Valentine an der Universität von Kalifornien in Berkeley in den 1970er-Jahren nachgewiesen. Diese Würmer waren gegen jahreszeitliche und langfristige Klimaänderungen, die andere Tiere verhungern ließen, relativ immun.

Als im Kambrium eine Treibhausphase einsetzte, gab es bereits die Vorfahren aller Hauptarten des Tierreichs. Während Sonne und Erde zwischen zwei Spiralarmen der Galaxie wanderten, war die kosmische Strahlung gering und der Meeresspiegel hoch. Das Leben gedieh auf den Festlandsockeln. Unter den mannigfaltigen wirbellosen Tieren vermehrten sich kaulquappenartige Larven besonders stark. Sie begründeten jene Dynastie, die später Fische und alle anderen Wirbeltiere hervorbrachte.

Die warmen Bedingungen hielten bis in das Ordovizium an, unterbrochen von einem Besuch im Perseus-Arm der Milchstraße. Vor ungefähr 445 Millionen Jahren endete das Ordovizium mit einer harten Kühlhaus-Phase, in welcher der Meeresspiegel sank. Obwohl die Periode relativ kurz war, bildeten sich umgehend wieder Gletscher. Dies geschah laut Nir Shavivs Schema, als das Sonnensystem aus dem Perseus-Arm auftauchte und die Intensität der kosmischen Strahlung ihren Höhepunkt erreichte.

Zu den Neuerungen im Silur, der Warmzeit nach diesem mühsamen Zwischenspiel, gehörten die ersten Pflanzen und Tiere an Land. Auch Knochenfische traten nun auf. Sie bewährten sich von allen Wirbeltieren am besten. Das Treibhausklima währte bis in das nachfolgende Devon.

Unklarheiten über die Position des nächsten durchwanderten Spiralarms, des Norma-Arms, sorgten dafür, dass in Shavivs ursprünglicher Analyse die astronomischen Erwartungen und der anhand der Eisenmeteoriten ermittelte Zustrom kosmischer Strahlung nicht übereinstimmten. Eine bessere Deutung der Struktur der Spiralarme beseitigte später die Unstimmigkeiten weitgehend. Jedenfalls stimmten die Meteoritendaten über die Höhenstrahlen nun mit den geologischen Hinweisen auf eine maximale Abkühlung am Ende des Karbons vor rund 300 Millionen Jahren überein.

Diese Kühlhaus-Phase, unter den Geologen seit Langem als Permokarbon-Eiszeit bekannt, war nicht kurz. Sie umspannte das Karbon, das seinen Namen von den großen Kohleablagerungen in Sumpfwäldern erhielt. In dieser Zeit traten die ersten Reptilien auf, Tiere mit Wirbelsäule, die ausschließlich auf dem Land leben konnten. Doch während Bäume gediehen, bedeckten große Eispanzer und Gletscher die Kontinente, die damals noch im Einzugsbereich des Südpols lagen. Die Kühlhausbedingungen reichten bis in die Anfangszeit des Perm. Der spätere Perm und die gesamte nachfolgende Trias bildeten ein Treibhauszwischenspiel. Damals trat das Sonnensystem in den dunklen Bereich zwischen den Spiralarmen der Galaxie ein. Zur Katastrophe kam es am Ende des Perm vor 245 Millionen Jahren, als massenhaft Arten ausstarben, weil die Erde vermutlich mit einem gegenläufigen Kometen oder Asteroiden zusammengestoßen war. Dies leitete das vor allem für seine Dinosaurier berühmte Mesozoikum ein. Doch die Treibhausphase dauerte unvermindert an, was in diesem Fall zu einer Entkoppelung zwischen Klima und evolutionären Veränderungen führte.

Die Durchquerung des Scutum-Crux-Arms führte während des Jura und der frühen Kreidezeit wieder zu kühleren Bedingungen. Zu den damaligen Neuheiten zählten erste Blütenpflanzen und Vögel. Vor ungefähr 120 Millionen Jahren setzte das Treibhaus der späten Kreidezeit ein und brachte uns dorthin, wo wir mit unserer Geschichte begonnen haben: zur Kreide von Møns Klint.

Jeder, der sich darüber freut, dass sich die Wissenschaften nach einem Jahrhundert engstirniger Spezialisierung wieder einander annähern, stellt mit Genugtuung die Verbindung zwischen den Besuchen unseres Planeten in den Spiralarmen unserer Milchstraße und den geologischen Kaltzeiten fest:

Wanderung durch den Perseus-Arm: Ordovizium bis Silur

Norma-Arm: Karbon

Scutum-Crux-Arm: Jura bis frühe Kreidezeit

Sagittarius-Carina-Arm: Miozän

Von da ging es fast unmittelbar (in geologischen Dimensionen) weiter zum Orion-Arm und in die Epoche vom Pliozän bis zum Pleistozän.

Was während dieses letztgenannten Übergangs geschah und welche Folgen er für die Evolution hatte, wird in Kapitel 7 dargestellt. Zuvor behandeln wir ein sehr auffälliges Beispiel einer astronomischen Vorhersage, die vom Ursprung der Vögel abgeleitet und später schnell durch geologische und fossile Belege gestützt wurde.

## Federn aus kalten Zeiten

Als die ersten kleinen Dinosaurier und Säugetiere vor ungefähr 230 Millionen Jahren ihr Debüt gaben, befanden sich Sonne und Erde ungefähr dort, wo sie jetzt sind. In dieser Zeit wanderte das Sonnensystem einmal ganz um das Zentrum der Milchstraße herum. Während dieser Reise waren die Dinosaurier fast die ganze Zeit die Herren der Erde und hielten die Säugetiere nieder, auch wenn sie selbst die Tour nicht ganz geschafft haben.

Zu Beginn der Reise, während der Trias, herrschten warme Bedingungen. Hätten die Dinosaurier einen Führer durch die Galaxie gehabt, hätte er sie aufgrund der zu erwartenden Höhenstrahlen darauf hingewiesen, dass die Reise durch den Scutum-Crux-Arm bevorstand, der eine Kühlhausphase für den Jura und die Kreidezeit ankündigte. Doch Generationen von Studenten und Fans der riesigen Reptilien mussten hören, dass die Lebensbedingungen an Land während des Mesozoikums, als die Dinosaurier lebten, warm und eisfrei waren. Wenn überhaupt geologische Aufzeichnungen die Klimaberechnungen aufgrund der kosmischen Strahlen widerlegen konnten, dann war es diese Behauptung. Darüber war sich Nir Shaviv im Klaren:

»Als ich anfing, an der Idee zu arbeiten, suchte ich nach Vereisungsdaten und fand eine Zusammenfassung in einem Buch aus den 1970er-Jahren, das die Eiszeit im mittleren Mesozoikum nicht enthielt. Ich habe mir gedacht: ›Na, dann erklären die Höhenstrahlen nicht alle Klimaschwankungen.‹ Erst später fand ich andere Darstellungen der Eiszeit, in denen es hieß, dass es im mittleren Mesozoikum kälter war als in den Epochen davor und danach. Ich strahlte einen ganzen Tag über das ganze Gesicht, weil ich nun die vermisste Kühlhaus-Epoche gefunden hatte. Von dem Zeitpunkt an wusste ich, dass die Theorie richtig sein musste.«[45]

Als Nir Shaviv seine Erkenntnisse über die Spiralarme 2002 erstmals veröffentlichte, stammten die deutlichsten Anzeichen für eine Kälteperiode im mittleren Mesozoikum von dem im Eis mitgeführten Schutt auf dem Ozeangrund. Ergebnisse, die Larry Frakes von der Universität Adelaide 1988 zusammengetragen hatte, zeigten, dass schwimmende Eisberge den mitgeführten Gesteinsschutt damals in subpolaren Regionen freisetzt hatten. Doch weil Anzeichen einer Vereisung an Land gefehlt hatten, war die Kühlhausphase im mittleren Mesozoikum die Eiszeit, von der die wenigsten überzeugt waren.

Anfang des Jahres 2003, wenige Wochen nachdem Shavivs Aufsatz erschienen war, wurde in Adelaide die Entdeckung einer ersten bekannt gewordenen Vereisung an Land während der Kreidezeit angekündigt. Neville Alley und Larry Frakes berichteten von Ton, kleinen Felsstücken und Quarzkörnern, die ein Gletscher nahe der Flinders Range in West-Australien zermahlen hatte. Sie stammten aus der frühen Kreidezeit vor rund 140 Millionen Jahren. Die Dinosaurier hatten also eine klimatische Achterbahnfahrt erlebt, wie die Astronomie richtig vorausgesagt hatte.

Wer lebende Beweise für die frühere Kälteperiode vorzieht, sollte sich die Vögel anschauen. Sie sind die einzigen überlebenden Nachkommen der Dinosaurier und verdanken ihre Existenz dem Kühlhaus des mittleren Mesozoikums. Indem sie sich auf Bäume oder ins Marschland flüchteten, konnten kleine Dinosaurier den Klauen ihrer fürchterlichen Verwandten entkommen. Doch es gab einen Haken: Kleine Tiere verlieren ihre Körperwärme viel rascher als große. Den winzigen Säugetieren wuchs ein Fellschutz. Die kleinen Dinosaurier hielten sich in der kalten Periode der frühen Kreidezeit warm, indem sie ihre schuppige Haut in Daunen und Federn verwandelten.

Zur selben Zeit, als in Australien Gletscher aus der Kreidezeit entdeckt wurden, kam aus China der überzeugende Beweis für die Existenz kleiner gefiederter Dinosaurier in der frühen Kreidezeit, von denen sich einige etwas später zu Vögeln mit den modernen

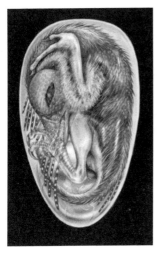

*Abb. 13: Aus dem Kühlhaus: Ein in China gefundenes, fossiles Vogelküken in seinem Ei aus der Zeit vor 121 Millionen Jahren. Deutlich zu sehen sind die Federn – hier durch Nachzeichnung verdeutlicht. Das kalte Klima infolge des Besuchs der Erde in einem der Spiralarme der Galaxie veranlasste kleine Dinosaurier, sich federartige Daunen zuzulegen, um sich warm zu halten. Als sie weitere Verwendungsmöglichkeiten für ihre Federn entdeckten, entwickelten sich einige von ihnen zu Vögeln. (Zhongda Zhang, Institut für Wirbeltier-Paläontologie und Paläoanthropologie, Peking)*

Merkmalen entwickelten. Ihre Spuren hatten sich auf dem Grund ehemaliger Seen in der Provinz Liaoning im Nordosten China erhalten. Der Mann, der die ersten fossilen Vögel in der Region fand, Zhou Zhonghe vom Institut für Wirbeltier-Paläontologie und Paläoanthropologie in Peking, war sich über die Folgen völlig im Klaren:

»Neue Entdeckungen führten zu interessanten Ergebnissen, die vermuten lassen, dass Federn nicht nur für Vögel typisch sein dürften und dass das Fliegen von Geschöpfen, die in Bäumen hausten, beim Heruntergleiten entwickelt worden sein konnte.«[46]

Wenn wir die Vögel betrachten, die unsere Gärten und den Himmel mit Leben erfüllen, können wir froh sein, dass die gefiederten Geschöpfe genügend Zeit hatten, sich als neue Wirbeltiergattung zu behaupten, bevor erschütternde Ereignisse vor 65 Millionen Jahren alle Dinosaurier, große und kleine, ausrotteten. Viele Vögel und Säugetiere überlebten das Massensterben, als in Mexiko ein Komet oder Asteroid einschlug und sich riesige Mengen vulkanischer Lava von Indien aus bis auf die andere Seite der Erde ergossen. Die Eiszeit vor ungefähr 75 Millionen Jahre hatte die kleinen Dinosaurier veranlasst, mit ihrem Federkleid zu experimentieren und herauszufinden, was sich sonst noch alles damit anstellen ließ.

Der erste Hinweis auf den Einschlag, der die Dinosaurier aussterben ließ, trat 1980 zutage. In einer Schicht roten Tons, die eine Kalksteinschicht in einer Schlucht nahe Gubbio in Italien durchzog, fand man seltene Elemente außerirdischen Ursprungs. Dies war nur eines einer ganzen Reihe solcher Ereignisse, die den Verlauf der Evolution, unabhängig von den langfristigen, globalen Klimaschwankungen, neu ausrichteten. Nach einer Zeit chaotischer Wetterereignisse infolge der Einschläge kehrte das Klima zu den jeweiligen Kühl- oder Treibhausbedingungen zurück, die geherrscht hatten, bevor der Komet oder Asteroid auf die Erde geprallt war. Bei Gubbio, wo sich die Kalksteinwände der Schlucht befanden, änderte der oberhalb der Tonschicht aufsteigende Kalkstein sich nur etwas in der Farbe gegenüber dem darunterliegenden Teil, so als wäre nicht viel geschehen.

## Neuer Zank um Kohlendioxid

Die Zeitschrift *Discover* rechnete Nir Shavivs Arbeit über den Zusammenhang von Galaxie und Klima zu den hundert wichtigsten wissenschaftlichen Entdeckungen des Jahres 2003. Die Idee war ein idealer Anlass, in unerforschtes Territorium vorzudringen, ohne jemandem auf die Zehen zu treten. Shaviv selbst dachte, bevor er sich mit dem berühmten Geologen Jan Veizer zusammentat, nicht daran, dass seine Erkenntnisse über die kosmische Strahlung Auswirkungen auf die Debatte über den gegenwärtigen Klimawandel hätten.

Neben seinem Hauptsitz an der Universität Ottawa in Kanada arbeitete Veizer auch in Deutschland an der Ruhr-Universität Bochum. Er hatte eine Menge Daten über das reiche Vorkommen schwerer Sauerstoffatome in fossilen Schalentieren zusammengetragen, die vor mehr als 550 Millionen Jahren in den tropischen Ozeanen gelebt hatten. An ihnen ließ sich erkennen, dass die Temperaturen der Oberflächengewässer in den Tropen mehr oder weniger in Übereinstimmung mit den Treibhaus- und Kühlhaus-Phasen um etwa 4°C angestiegen oder gesunken waren.

Im Jahr 2000 diskutierte Veizer mit Kollegen in Lüttich darüber, dass seine Daten dem weitverbreiteten Glauben widersprächen, Änderungen des Kohlendioxidgehalts in der Atmosphäre seien für die Temperaturschwankungen verantwortlich. Insbesondere in den Eiszeiten vor 150 und vor 450 Millionen Jahren hätten hohe Kohlendioxidkonzentrationen weit höhere Meerestemperaturen erwarten lassen, als sich anhand der Schalentiere in Veizers Sammlung zeigten. Stattdessen ließ sich an ihnen deutlich ein Zyklus von ungefähr 135 Millionen Jahren erkennen; dies war dem Zyklus von ungefähr 143 Millionen Jahren ähnlich, den Shaviv von der Dauer der Durchquerung der Spiralarme abgeleitet hatte. Shaviv nahm Veizers Kurve in die erweiterte Neuauflage seiner Analyse über die Spiralarme im Jahr 2003 auf.

Beide, der Astrophysiker und der Geologe, erkannten damals, dass sie eine genauere Einschätzung der Auswirkung von Höhenstrahlen auf Klimaänderungen erreichen konnten, wenn sie zusammenarbeiteten. Sie schrieben gemeinsam einen provokanten Artikel mit dem Titel *Celestial driver of Phanerozoic climate?* (Himmlischer Antrieb für das Klima im Phanerozoikum?) Er wurde von der Geologischen Gesellschaft Amerikas in der Zeitschrift *GSA Today*, die von vielen Geologen gelesen wird, veröffentlicht. Abgesehen von der Zusammenstellung ihrer eigenen Daten erklärten sie darin auch die dänischen Ergebnisse über den Zusammenhang zwischen Höhenstrahlen und Wolken. Dies war für viele vielleicht das erste Mal, dass sie darüber lesen konnten.

Shaviv und Veizer kamen zu dem Schluss, ein Zusammenhang zwischen dem Klima im Phanerozoikum und den Höhenstrahlen sei zwingend, während die Wirkung des Kohlendioxids auf das Klima geringer sein müsse als im Allgemeinen angenommen. Aus der fehlenden Übereinstimmung zwischen Kohlendioxidgehalt und Meerestemperaturen in den geologischen Aufzeichnungen schlossen sie, dass künftige Temperaturänderungen aufgrund einer Verdoppelung des Kohlendioxidgehalts niedriger ausfallen dürften, als vom Intergovernmental Panel on Climate Change (IPCC) vorausgesagt wird. Über Nacht mussten Shaviv und Veizer feststellen, dass sie zu Personae non gratae geworden waren.

Sechs Monate später griff ein Aufgebot von elf Wissenschaftlern ihre ketzerischen Thesen in der geophysikalischen Zeitschrift *Eos* an. Federführend war Stefan Rahmstorf vom Potsdamer Institut für Klimafolgenforschung. Der Artikel stellte eingangs die Auswirkung kosmischer Strahlen auf das Klima infrage und berief sich hierzu auf einen bereits überholten Versuch, diesen Effekt zu bestreiten. Da die Kritiker den von ihnen angegriffenen Artikel nicht gründlich gelesen hatten, konnten Shaviv und Veizer viele Punkte einfach dadurch widerlegen, dass sie wiederholten, was sie ursprünglich geschrieben hatten.

Die Debatte war zu kompliziert und obskur, um sie hier wiederzugeben. Nur ein Beispiel soll einen Eindruck davon vermitteln: Rahmstorf und seine Mitstreiter unterstellten, eine Temperaturkurve der Oberflächengewässer sei manipuliert worden, um die Übereinstimmung mit den Schwankungen der Höhenstrahlen hervorzuheben. Doch die berechneten Temperaturtrends waren bereits 1999 und 2000 veröffentlicht worden, als die Autoren Shavivs künftige Arbeit noch gar nicht kannten.

*GSA Today* veröffentlichte unter dem Titel *$CO_2$ as a Primary Driver of Phanerozoic Climate* ($CO_2$ als Hauptantrieb für das Klima im Phanerozoikum) einen Kommentar von fünf Verfassern unter Führung von Dana Royer von der Penn-State-Universität mit besseren Argumenten. Die Kritiker waren der Meinung, die anhand schwerer Sauerstoffatome in alten Karbonat-Ansammlungen ermittelten Temperaturen müssten wegen des Säuregrads im Meerwasser der damaligen Zeit korrigiert werden. Sodann ergebe sich, so unterstellten sie, zwischen Temperaturen und Kohlendioxidgehalt eine viel deutlichere Übereinstimmung.«Änderungen im Zustrom von Höhenstrahlen mögen sich auf das Klima auswirken, aber sie sind nicht der dominierende Klimafaktor im Zeitraum von Jahrmillionen.«[47]

Dem ließ sich leicht auf den Grund gehen: Die Verlaufskurve des Kohlendioxidgehalts weist in 550 Millionen Jahren nur zwei Ausstülpungen nach oben und unten auf, während die Intensität der Höhenstrahlen jeweils vier in jede Richtung zeigt. Da es vier Treibhaus- und vier Kühlhausperioden gab, unterstützt das Muster die These Shavivs und Veizers, die kosmische Strahlen als Hauptantriebskraft ausgemacht hatten. Doch die Unterschiede in der Strenge der Kühlhausphase deuteten an, dass noch etwas anderes ablief.

Einen Versuch, den Streit darüber, was einflussreicher sei – die Höhenstrahlung oder das Kohlendioxid –, zu schlichten, unternahm Klaus Wallmann vom Forschungszentrum Geomar in Kiel. Er schrieb in der Zeitschrift *Geochemistry Geophysics Geosystems* (*Geochemie Geophysik Geosysteme*), er könne die um den Säuregehalt korrigierten Temperaturtrends in seinen Kalkulationen nicht reproduzieren, ohne die Kühlwirkung der Höhenstrahlen hinzuzuziehen. Andererseits spiele Kohlendioxid eine merkliche Rolle bei stärkeren oder schwächeren Klimaänderungen, so Wallmann:

»Warme Zeiträume (Kambrium, Trias, Devon, Kreide) sind durch eine geringe Intensität kosmischer Strahlen charakterisiert. Für kalte Perioden während des späten Karbon bis zum frühen Perm und des späten Känozoikums [d. h. der Jetztzeit] sind eine hohe Intensität kosmischer Strahlen und niedrige Kohlendioxidgehalte bezeichnend. ... Die beiden gemäßigt kühlen Zeiträume vom Ordovizium bis zum Silur und von der Jura- bis zur frühen Kreidezeit sind sowohl durch hohe Kohlendioxidgehalte als auch durch hohe Intensität an kosmischen Strahlen geprägt, sodass die Treibhausgaserwärmung die Kühlwirkung der niedrigen Wolkenschichten ausgeglichen hat.«[48]

Wie stark war die Wirkung des Kohlendioxids in der weiter zurückliegenden Vergangenheit? Während der Kaltzeiten vor 300 Millionen Jahren und heute betrug der Anteil des Kohlendioxids in der Luft nur wenige Hundert Teile pro Million, doch in den Zwischenwarmzeiten erreichten sie zwischen 5000 und 2000 Teile pro Million. Wenn man dies auf heutige Begriffe des Klimawandels überträgt, müsste man fragen, welche Temperaturerhöhung einer Zunahme von 280 auf 560 Teilen pro Million – der Verdoppelung gegenüber dem vorindustriellen Niveau – entspräche? Das IPCC schätzt die mögliche Klimaempfindlichkeit auf 1,5 bis 4,5 °C.

Shaviv und Veizer ursprüngliche Einschätzung der Klimaempfindlichkeit über die letzten 500 Millionen Jahre lag aufgrund ihrer Studie bei nur 0,5 °C. Allerdings stimmten sie zu, dass wegen der Veränderung des Säuregehalts im Meerwasser Korrekturen nötig sein mochten, auch wenn sie glaubten, dass Dana Royer und ihre Kollegen übertrieben hatten. Shaviv und Veizer betonten außerdem, dass die Anzahl schwerer Sauerstoffatome, die zur Temperaturberechnung verwendet wird, wegen des jeweils auf der Erde vorhandenen Eises korrigiert werden müsse, weil die Bildung von Eispanzern die im Meer verbleibende Menge schwerer Sauerstoffatome vergrößere. Sie gelangten schließlich zu einer überarbeiteten Einschätzung der Klimaempfindlichkeit des Kohlendioxids von etwa 1,1°C.

Dies entspricht der Einschätzung der heutigen Atmosphäre von Richard Lindzen, einem anerkannten Meteorologen des Instituts für Technologie in Massachusetts (MIT). Lindzen hatte lange Zeit einen mäßigen Wert für die Klimaempfindlichkeit favorisiert und dies im Jahr 2005 auch als Sachverständiger vor dem Britischen Oberhaus ausgesagt:

»Wenn die hauptsächlichen Treibhaus-Substanzen – Wasserdampf und Wolken – gleich bleiben, sollte eine Verdoppelung von $CO_2$ nach allen Regeln der Physik zu einer globalen Erwärmung von durchschnittlich etwa 1°C führen.«[49]

So kamen Shaviv und Veizer durch Fossilien zu einem ähnlichen Wert wie die modernen Studien, die Lindzen zitierte. Dies regt sehr zum Nachdenken an. Svensmark zögert, das Ausmaß der Klimawirkung von Kohlendioxid zu beziffern, und fragt sich, ob sie für alle geologischen Perioden mit ihren gewaltigen Schwankungen der Kohlendioxidkonzentration gleich bleibt. Wie dem auch sei, Shavivs und Veizers Ergebnisse liegen wesentlich unter dem Wert, der die alarmierenden Vorhersagen über eine vom Menschen verursachte globale Erwärmung im 21. Jahrhundert rechtfertigt. Sie passen daher zu Svensmarks allgemeinem Optimismus über die Auswirkungen von Höhenstrahlen auf die Geschicke unseres Planeten im Industriezeitalter.

## Seemuscheln als Sensoren

Als Nir Shavivs aufregender Bericht über die Rolle der kosmischen Strahlung in der Klimageschichte der Erde im Jahr 2002 veröffentlicht war, wog Svensmark die Implikationen ab und begann eigene Papiere zu entwerfen. Die dürftige Qualität der ihm verfügbaren geologischen Daten behinderte ihn, bis ihn Shaviv bei einem Treffen auf Hawaii 2005 an eine bessere Datenbank verwies. Auch die Versuche im Keller hatten ihn lange von diesem Vorhaben abgehalten. Doch als die ersten abschließenden Ergebnisse von SKY vorlagen und ausgewertet waren, konnte sich Svensmark vermehrt der Aufgabe widmen, zu zeigen, dass Sterne und Felsen seit uralten Zeiten nach derselben Partitur sangen.

Er war überrascht, wie widersprüchlich die Meinungen waren, die unter den Astronomen über die Milchstraße und die Zeiträume herrschten, in denen die Sonne die Spiralarme durchquerte. Diese Widersprüche waren in gewisser Weise entmutigender als geologische Unsicherheiten über Klimaänderungen. Svensmark beschloss daher, die Argumentation umzukehren und von Jan Veizers fossilen Aufzeichnungen der Meerestemperaturen auszugehen, um die

Astronomie zu verbessern: »Spaßeshalber nannte ich das: ›Wie misst man die Masse der Galaxie mit dem Thermometer?‹«[50]

Schalentiere im Meer agieren als natürliche Sensoren und berichten über die sich stets ändernde stellare Umgebung. Das taten sie, lange bevor es von Menschenhand geschaffene astronomische Messinstrumente gab. Nachträglich interpretiert wirkten sie wie Fernrohre, die die Intensität der Höhenstrahlen anhand der Anzahl schwerer Sauerstoffatome, die sie zu Lebzeiten aufgenommen hatten, aufzeichneten. Die Idee, Meeresschalentiere für astronomische Zwecke zu nutzen, ist keine Fantasterei.

Die Versteinerungen zeigen relativ geringe Klimaänderungen in schnelleren Rhythmen an, als sie sich aus den Wanderungen des Sonnensystems durch die Spiralarme ergeben. Der Grund dafür ist, dass sich die Sonne wie ein verspielter Delfin benimmt. Während sie in der Milchstraße kreist, hebt und senkt sie sich immer wieder über und unter die Ebene der Sterne, die den zentralen Ball der Galaxie umgibt. Die mittlere Ebene dieser Scheibe ist nicht nur eine mathematische Fiktion. In ihr konzentrieren sich die kosmischen Strahlen. Denn das Magnetfeld, das die Strahlung lenkt, wird

Abb. 14: Frühere, von der Sonnenbewegung abhängige Klimaschwankungen helfen, das astronomische Wissen über unsere Galaxie zu verbessern.

durch die Schwerkraft, die auch Sterne und Gaswolken nahe an diese Ebene herandrängt, an ihrem Platz gehalten.

Daher treffen die Höhenstrahlen die Erde immer dann heftiger, wenn die Sonne die mittlere Ebene der Galaxie durchquert. Das geschieht in Abständen von ungefähr 34 Millionen Jahren. Wenn die Sonne die mittlere Ebene verlässt, steigt sie ungefähr 300 Lichtjahre über sie hinaus, kehrt dann um und beginnt zu ihr zurückzusinken. In dieser Phase sind die kosmischen Strahlen schwächer. Diese Schwankungen treten unabhängig davon auf, ob sich das Sonnensystem innerhalb oder außerhalb eines Spiralarms bewegt. Doch scheint das Tempo des Absinkens innerhalb eines Armes wegen der stärkeren Schwerkraft der dichteren Gase schneller zu erfolgen. Die Meerestemperaturen setzen der Zeiteinteilung deutliche Grenzen, weil die kühlste Phase in dem 34 Millionen Jahre dauernden Zyklus von Geologen genau datiert wird. Sie entspricht der Zeit, in der die Sonne die mittlere Ebene der Galaxie durchquert.

Svensmark ließ sich nicht zu einer voreiligen Antwort auf die Frage verleiten, wie schnell sich die Sonne im Verhältnis zu den Spiralarmen bewegt. Dies gehörte zu den Dingen, die er anhand der Temperaturaufzeichnungen Veizers für die vergangenen 200 Millionen Jahre ermitteln wollte, indem er untersuchte, wie sich die Galaxie am besten darauf beziehen ließ. Das mathematische Verfahren glich in etwa dem Versuch, für einen vorgefertigten Maßanzug die Person zu suchen, der er am besten passte: Nur eine einzige Zusammenstellung der wichtigsten Zahlen zur Beschreibung der galaktischen Umgebung ergibt die richtigen delfinartigen Bewegungen der Sonne.

Svensmarks Analyse lieferte eine Reihe von Antworten, um den engeren Bereich der Milchstraße und den Weg, den die Sonne darin zurücklegt, zu beschreiben. Die relative Geschwindigkeit der Sonne zu dem sich drehenden Muster der Spiralarme beträgt 12 Kilometer pro Sekunde. Der Besuch im Scutum-Crux-Arm erfolgte vor etwa 142 Millionen Jahren, der im Sagittarius-Carina-Arm vor etwa 34 Millionen Jahren. Die Arme waren jeweils etwa 1170 und

910 Lichtjahre breit. Die Materialdichte in den Spiralarmen ist etwa um 80 Prozent höher als in der Region zwischen den Armen. Solche Abmessungen der Galaxie ergeben sich tatsächlich aufgrund der Temperaturänderungen auf der Erde!

Keine Zahl fällt aus der Reihe bisheriger Annahmen. Doch wo früher noch viel Ungewissheit herrschte, zeigten die Versteinerungen den Astronomen nun, welche Zahl die richtige ist.

Diese erfolgreiche Umkehrung der Rückschlüsse vom Klima auf die Astronomie bestätigt, dass das Klima der Erde der strengen Kontrolle eines veränderlichen galaktischen Thermostats unterliegt. Das nächste Kapitel zeigt durch die unerwartete Übereinstimmung zweier anderer großer Entdeckungen der letzten zehn Jahre, dass unser Sternenhimmel eine sogar noch deutlichere Wirkung hat.

# 6 Sternenexplosionen, Eis in den Tropen und neues Leben

*Geologen staunen über Zeiten, in denen die Erde ganz zugefroren war. Sie traten ausschließlich dann auf, wenn die Geburt von Sternen einen Höhepunkt erreichte. Galaktische »Babybooms« verstärken die Höhenstrahlen. Der frühere Schutz der noch jungen Sonne half bei der Entstehung des Lebens. In eisigen Zeiten schwankt das Leben zwischen Überfluss und Mangel.*

Allen, die davon träumen, außerhalb der Erde auf Leben zu stoßen, bot der Mars schon immer die besten Jagdgründe. Heute dagegen weckt ein Mond des riesigen Planeten Jupiter ihre Neugier: Obwohl vollkommen von Eis überzogen, birgt Europa vermutlich einen flüssigen Ozean. Weltraumforscher durchbohrten nur allzu gerne das Eis und suchten darunter nach möglichen Anzeichen lebender Organismen! Wem dies abwegig erscheint, bedenke, dass die Erde in der entfernteren Vergangenheit mehr als einmal wie der Mond Europa ausgesehen hat. Hätte ein interplanetarischer Besucher damals durch das Eis gebohrt, um nachzusehen, ob irgendjemand zu Hause war, wäre er auf Mikroben gestoßen, die sich dort unten niedergelassen hatten und die Härten der Schneeball-Erde überlebten.

In den 1960er-Jahren vermutete man zum ersten Mal, dass solch extreme Bedingungen auf unserem Heimatplaneten geherrscht haben könnten. Eispanzer und Gletscher sind – von sehr hohen Bergen abgesehen – gewöhnlich auf Gebiete nahe den Polen beschränkt. In den kältesten Phasen der letzten Eiszeiten drangen die Eisschilder etwas über die Halbinsel Manhattan in New York in Richtung Äquator vor. Doch Brian Harland von der Universität Cambridge stellte an außergewöhnlich vielen etwa 600 Millionen Jahre alten Ablagerungen Vereisungssymptome fest, so als sei damals die ganze Erde vereist gewesen.

Hatten sich die wandernden Kontinente damals in der Nähe der Pole versammelt, wo Eis nicht überrascht? Diese Möglichkeit ließ sich überprüfen – und ausschließen. Hinweise, wo die Kontinente in der Vergangenheit lagen, kommen aus dem magnetischen Datenspeicher der Felsen. Lagen die Felsen nahe an den Polen, zeigen die Magnetismusspuren schräg nach unten, während der Magnetismus nahe am Äquator meist horizontal verläuft. Die vorhandenen Spuren des Magnetismus in den Felsen zeigten ganz und gar nicht an, dass sie sich um die Pole gruppiert hatten, sondern die Kontinente tummelten sich damals weitgehend in den Tropen.

1986 zeigten George Williams und Brian Embleton in Australien anhand des Magnetismus in Eisenoxidkörnern, die aus uraltem Eis abgefallen waren, dass diese Körner sich nur wenige Grad vom Äquator entfernt gelöst hatten. Ein paar Jahre später bestätigte Joseph Kirschvink vom Technologie-Institut Kalifornien dieses Ergebnis durch Untersuchungen des Magnetismus in anderen Gesteinsschichten in Australien, die von der Tätigkeit der Gletscher vor gut 700 Millionen Jahren herrührten. Er nannte dies einen »kugelsicheren Beweis«.

> »Es scheint jetzt klar zu sein, dass diese umfassenden Ablagerungen im Meer von sich weit ausbreitenden kontinentalen Gletschern herrührten, die nur wenige Grad vom Äquator entfernt waren. Die Daten lassen sich kaum anders als durch eine weitverbreitete, bis an den Äquator reichende Vereisung erklären.«[51]

Kirschvink führte die Bezeichnung »Schneeball-Erde« für jenen düsteren klimatischen Zustand ein. Sie müssen sich Eispanzer, Gletscher und zugefrorene Meere sogar am Äquator vorstellen. Inwieweit die Ozeane zugefroren waren, ist noch umstritten. Einige Forscher stellen sich Eisschichten von 1000 Meter Dicke und mehr vor, andere favorisieren einen Ball aus Schneematsch mit umhertreibenden Eisschollen und Eisbergen. Jedenfalls waren die Auswirkungen für das Leben schwerwiegend.

*Abb. 15: Dieser Mond des riesigen Planeten Jupiter namens Europa ist von zerborstenen Eisflächen umgeben. Unser Planet kann in seinen kältesten Zeiten, die »Schneeball-Erde« genannt werden, genauso ausgesehen haben. (NASA / Voyager 2)*

Alle Kontinente der Welt liefern Hinweise auf etwa drei voneinander unabhängige Schneeball-Erde-Episoden im Abstand von 750 bis 580 Millionen Jahren. Würmer, die überlebten, weil sie die Ablagerungen auf dem Meeresgrund durchstöberten, entwickelten jenen Bauplan, der die im vorigen Kapitel erwähnte Explosion tierischen Lebens ermöglichte, als die Erde im Kambrium vor 542 Millionen Jahren wieder anhaltend wärmer wurde.

Diese kalten, neoproterozoischen Zeiten – wie Geologen sie

nennen – beeinflussten nicht als einzige radikale Ereignisse die Vereisung und Evolution. Ende des 20. Jahrhunderts hatten Geologen Hinweise aus Südafrika, Kanada und Finnland zusammengetragen, die zwei Schneeball-Episoden in der Zeit zwischen vor 2400 und 2200 Millionen Jahren, also im Paleoproterozoikum, bestätigten. Unser Planet war damals erst halb so alt wie heute.

Zu den bemerkenswertesten Andenken an jene Zeit gehören die weltgrößten Ablagerungen von Eisen- und Manganerz, entstanden durch die Oxidation dieser im Meerwasser gelösten Metalle. Der gesamte Planet begann zu rosten. Viele uralte Bakterienstämme wurden während der Schneeball-Erde ausgelöscht, doch neuartige Mikroben, Eukaryoten genannt, überlebten das Sterben.

Es handelt sich um einzellige Pilze, Algen und tierartige Pflanzenfresser, die sich dadurch auszeichneten, dass sie den Zellkern zum Einkapseln ihrer Gene benutzten. Vor 1800 Millionen Jahren lagerten einige Eukaryoten Bakterien, die mit Sauerstoff umgehen konnten, als Energielieferanten in ihren Zellen ein. Diese neuartigen Zellen findet man nun in jeder Pflanze und jedem Tier. Die Nachfahren jener bakteriellen Untermieter befinden sich als Mitochondrien in unserem Körper. Ihr Alter ist bekannt. Sie entstanden noch vor der Trennung in Geschlechter und wir erben sie nur von der Mutter.

Die großen geochemischen und biologischen Ereignisse, die mit den extremen Klimabedingungen der Schneeball-Erde in Verbindung stehen, lösten eine Debatte über Ursache und Wirkung aus. Eine Theorie für den Kälteeinbruch im Paleoproterozoikum besagt, die übermäßige Sauerstoffproduktion der Bakterien habe die Verrostung des Eisens ausgelöst und die Vereisung des Planeten durch Änderungen in der Zusammensetzung der Atmosphäre verursacht.

Doch die größte Herausforderung für jeden, der die Schneeball-Ereignisse erklären wollte, blieb die Frage, weshalb diese Ereignisse in der langen Erdgeschichte in zwei ganz bestimmten, relativ kurzen Zeitfenstern vor 2300 und 700 Millionen Jahren aufgetreten sind. Eine befriedigende Lösung des Rätsels sollte auch beantworten, warum unser Planet zwischen diesen Ereignissen rund eine Milliarde Jahre lang vollkommen eisfrei war.

Kühlende Sterne liefern die einzige Erklärung für den jeweiligen Zeitpunkt der Schneeball-Ereignisse. Nachdem Nir Shaviv aus Jerusalem die Wechsel zwischen Treibhaus und Kühlhaus in den vergangenen 500 000 Jahren durch die Besuche in den Spiralarmen der Milchstraße erklärt hatte, war sein nächster Schritt, die Schneeball-Ereignisse mit Episoden der Sternbildung in der Galaxie in Verbindung zu bringen. Sie vermehrten die kosmische Strahlung in einem außerordentlichen Maße, bis die Erde so bewölkt und sonnenarm war, dass sie vereiste.

## »Babyboom« der Sterne

Während die Beweise für die Schneeball-Erde die Geologen in Erstaunen versetzten, forderten Galaxien, die weit wärmer waren als erwartet, die Astronomen heraus. Der holländisch-englisch-amerikanische Satellit für Infrarot-Astronomie entdeckte sie 1983 als Erster. Sie geben eine starke aber unsichtbare Strahlung ab. Um 1998, nachdem das europäische Infrarot-Weltraum-Observatorium Hunderte dieser ultrahellen Objekte eingehend untersucht hatte, teilte Reinhard Genzel vom Max-Planck-Institut für Extraterrestrische Physik in Garching mit, welche Schlüsse die Astronomen daraus gezogen hatten:

> »Zum ersten Mal können wir beweisen, dass die meiste, wenn nicht die ganze Strahlung der ultrahellen, infraroten Galaxien von der Entstehung der Sterne herrührt. Zu verstehen, wie und für wie lange die vermehrte Sternentstehung in diesen Galaxien auftritt, ist zurzeit eine der interessantesten Fragen der Astrophysik.«[52]

Die Auslöser dieser wahnwitzigen Aktivität heißen Sternenexplosions-Galaxien (Starburst-Galaxien). Die Infrarotstrahlung stammt von dem heißen Staub, die die Explosion zahlreicher massiver, kurzlebiger Sterne erzeugen. In den meisten Fällen, wenn nicht in allen, kommen die Sternenexplosionen durch den Zusammenstoß von Galaxien zustande. Die großen Teleskope liefern viele Bilder solcher fantastischen Verkehrsunfälle.

Auch wenn die davon betroffenen Galaxien aus vielen Milliarden Sternen bestehen, sind die Räume zwischen den Sternen so weit, dass die Wahrscheinlichkeit eines direkten Zusammenstoßes zweier Sterne gering ist. Stattdessen erzeugen die mit hoher Geschwindigkeit aufeinandertreffenden Gase in den Galaxien Stoßwellen, die das Gas komprimieren und die Entstehung neuer Sterne auslösen. Die weniger dichten, lange anhaltenden Störungen in den hellen Spiralarmen unserer Galaxie bringen etwa zwei neue Sterne pro Jahr hervor. Bei einer Sternenexplosion kann die Geburtenrate fünfzig- oder hundertmal höher ausfallen.

Die meisten Galaxien tanzen in großen Clustern umeinander. Wir sehen nur eine Momentaufnahme aus dem kosmischen Ballsaal, weil bei diesem Tanz ein Schritt Hunderte von Millionen Jahren dauern kann. Choreograph ist die Schwerkraft – nicht nur die der gegenseitigen Anziehung der Sternenmasse und der schwarzen Löcher, die Galaxien bilden, sondern auch die viel stärkere Schwerkraft jener rätselhaften dunklen Materie, welche die Sternencluster zusammenhält. Abgesehen von den zurzeit aktiven Starburst-Galaxien haben auch die meisten anderen großen Galaxien in der Vergangenheit solche Ereignisse erlebt. In einigen Fällen wurde dabei so viel interstellares Gas abgeschöpft, dass die Sternentstehung in ihnen ganz aufgehört hat.

Zusammenstöße sind in dem dichten Nebeneinander der Galaxien unvermeidlich. Wenn viele kurzlebige Sterne ihr Leben in Supernova-Ereignissen beenden, ist die Intensität der kosmischen Strahlung innerhalb einer Starburst-Galaxie so hoch, dass man sich fragen muss, ob Leben auf der Oberfläche eines ihrer Planeten überhaupt möglich wäre. Noch schwerer wiegt, dass eine Ansammlung vieler Galaxien fast die gesamte in ihnen entstandene

Höhenstrahlung einfängt, anstatt sie größtenteils ins Universum entweichen zu lassen. Vielleicht kann Leben nur in dünn besiedelten Teilen des Kosmos bestehen, in denen es vor großen Sternenexplosionen und weitreichenden Höhenstrahlen relativ geschützt ist. Unsere eigene galaktische Heimat, die Milchstraße, ist in dieser Hinsicht gut aufgestellt. Obwohl Fernrohre mehr als 30 Galaxien im Umkreis von etwa 5 Millionen Lichtjahren in einer Ansammlung, die »Lokale Gruppe« (Local Group) genannt wurde, entdeckt haben, sind die meisten davon recht klein.

Nur drei nahe gelegene Galaxien sind mit nacktem Auge zu sehen. Die Große und die Kleine Magellan'sche Wolke sind als Galaxien klein, aber nahe genug, sodass sie der Seefahrer Ferdinand Magellan 1519 sehr gut am Südhimmel sehen konnte. Sie sehen wie ungeordneter Schrott der Milchstraße aus. Im Norden hatten persische Astronomen im 10. Jahrhundert die eher schwache Andromeda-Galaxie bemerkt. Heute wissen wir, dass es sich um eine große Spirale, die Schwester der Milchstraße in fast drei Millionen Lichtjahren Entfernung handelt. Die Andromeda-Galaxie bewegt sich in unsere Richtung. Vielleicht wird sie einmal mit der Milchstraße zusammenstoßen und sich schließlich in einem ungeheuren Starburst-Ereignis mit ihr verschmelzen – aber das wäre erst in fünf Milliarden Jahren der Fall.

Doch ist kein direkter Zusammenstoß nötig, um Sterne entstehen zu lassen. Wenn zwei Galaxien nahe aneinander vorbeifliegen, rührt die Schwerkraft in beider Topf und erzeugt Unter- und Überdruckwellen. Einige der kleinen Galaxien in der Lokalen Gruppe sind Satelliten einer großen. Die Magellan'schen Wolken kreisen sogar um die Milchstraße. Sie sind die wahrscheinlichsten Kandidaten für eine Begegnung, die Sternenexplosionen auslösen könnten. Auch wenn Sternenexplosionen in unserer Galaxie nicht so häufig stattfinden wie in den ultrahellen Infrarot-Galaxien, könnte die Menge an Geburten und Untergängen von Sternen in unserer Galaxie in einem Ausmaß zunehmen, dass es zu einer deutlich höheren Intensität an Höhenstrahlung kommt.

Abb. 16: Verkehrsunfälle sind in den Galaxien üblich. Hier stoßen zwei riesige Sternansammlungen im Sternbild Corvus zusammen und bilden das sogenannte Antennenpaar. Die sich daraus ergießenden Infrarotstrahlen erzählen von großen Explosionen, von der Geburt und dem Untergang von Sternen infolge des Zusammenstoßes. Starke Höhenstrahlen sind ein Nebenprodukt. Wir können von Glück sprechen, dass nichts derart Spektakuläres seit Beginn des Lebens in der Milchstraße geschehen ist. (Francois Schweizer, CIW / DTM)

Um herauszufinden, wann mehr oder weniger Sterne entstanden sind, erheben die Astronomen statistische Daten der Sterne. Wenn man in einem Volk ungewöhnlich viele Menschen einer bestimmten Altersgruppe trifft, weiß man, dass sie in einer »Babyboom«-Phase geboren wurden. Ähnlich verhält es sich mit den Sternen. Doch um das Alter eines Sterns zu berechnen, müssen die Astronomen zuerst seine Entfernung bestimmen. Seit 1997, als der europäische Satellit Hipparcos zur Kartografie der Sterne erste Ergebnisse lieferte, wissen wir mehr über ihre Entfernung.

Astronomen in Brasilien und Finnland verglichen mithilfe der Daten des Hipparcos das Alter von 500 nahe gelegenen Sternen. Im Jahr 2000 konnten Helio Rocha-Pinto und Kollegen Häufungen von Sternen gleichen Alters feststellen. Sie deuten in der langen Geschichte der Galaxie auf mehrere stellare Babyboom-Phasen hin. Die heute noch erkennbaren Überlebenden sind entsprechend langlebige Sterne bescheidener Größe. Ihre massereichen Verwandten waren bald explodiert und sorgten für übermäßig viel kosmische Strahlung in Zeiten, in denen viele Sterne entstanden.

Eine dieser Babyboom-Phasen fiel in den Zeitraum vor 2400 bis 2000 Millionen Jahren. Eine ungewöhnlich hohe Anzahl gleichaltriger Sterne in der Kleinen Magellan'schen Wolke liefert Hinweise darauf. Dies lässt vermuten, dass die Nachbargalaxie nah genug herangekommen sein mag, um Aktivitäten in der Milchstraße auszulösen. Der Übeltäter könnte aber, so vermuten einige Astronomen, auch die Große Magellan'sche Wolke gewesen sein. Unser Wissen über das Kommen und Gehen der Magellan'schen Wolken und anderer kleiner Nachbarn ist bestenfalls dürftig. Das gilt auch für den Zeitplan, nach dem sie sich einander nähern oder sich durchdringen.

Die zeitlichen Bestimmungen bleiben ungenau, bis Gaia, der nächste europäische Satellit für Sternenkartografie, um das Jahr 2015 bessere Messdaten der gegenwärtigen Bewegungen unserer Nachbargalaxien liefert.

Vorerst besticht die zeitliche Übereinstimmung zwischen der

frühen Schneeball-Episode vor ungefähr 2300 Millionen Jahren und der von Rocha-Pinto entdeckten Sternenexplosionen in der Zeit vor 2400 bis 2000 Milliarden Jahren. Es gibt Gründe für die Annahme, dass die zwei Ereignisse durch die ungewöhnlich hohe Höhenstrahlung, der die Erde ausgesetzt war, miteinander in Verbindung stehen. Wenn dies mehr als nur ein zufälliges Zusammentreffen war, müsste in der nachfolgenden eisfreien Zeit die Geburtenrate der Sterne gering gewesen sein. Shaviv sah darin einen Schlüsselpunkt seiner Argumentation:

»Der lange Zeitraum von ein bis zwei Milliarden Jahren vor unserer Zeit, während der keine Eiszeit auftrat, fällt mit einer deutlich geringeren Sternbildungsrate zusammen.«[53]

Auch die spätere Schneeball-Erde-Phase, die vor rund 750 Millionen Jahren einsetzte, stand mit einer stellaren Babyboom-Phase in Verbindung. Die Zählung von Rocha-Pinto weist unter den von Hipparcos erfassten Sternen tatsächlich eine geringere Rate von Sterngeburten in der Zeit vor 2000 bis 1000 Millionen Jahren auf. Doch auch die Rate der Sternentstehung nach dieser Flaute ist nicht sonderlich beeindruckend. Überzeugender sind die Ergebnisse einer anderen Übersicht, die Raúl de la Fuente Marcos von den Universitäten Suffolk und Madrid und Carlos de la Fuente Marcos von der Universität Complutense de Madrid 2004 erstellt haben. Sie benutzten Daten über Sterngruppen, die »offene Cluster« genannt werden und von Astronomen über viele Jahre katalogisiert worden sind. Die beiden Forscher stellten einen Ausbruch an Sternentstehungen vor rund 750 Millionen Jahren fest. Sie bemerken, dass der Ausbruch zeitlich passend zu Shavivs Darstellung erfolgt war:

»Das Schneeball-Erde-Szenario scheint mit der stärksten Episode erhöhter Sternentstehung in Verbindung gestanden zu haben, die während der letzten 2000 Millionen Jahre in der Nachbarschaft der Sonne festgestellt worden ist.«[54]

Dies stützt sogar die Vermutung, dass kosmische Strahlen das Klima während der gesamten langen Erdgeschichte bestimmt haben. Wenn eine Hypothese falsch ist, wird sie gewöhnlich durch neue Untersuchungen und Beobachtungen widerlegt. Doch bei einer guten Theorie ist das Gegenteil der Fall: Sie steht immer besser da, je mehr Tatsachen genauer bekannt werden.

## Das Paradoxon der schwachen, jungen Sonne

Die kräftige Abkühlung während der Schneeball-Erde-Ereignisse wäre sogar noch heftiger ausgefallen, wenn der Magnetschild der Sonne gegen Höhenstrahlen in der fernen Vergangenheit nicht stärker gewesen wäre. Der Einfall der bis zum Erdboden vordringenden kosmischen Strahlen war vor 750 Millionen Jahren um einige Prozent geringer, als er heute wäre, wenn sich die gleichen Sternexplosionen wiederholten, weil der Sonnenwind damals stärker wehte. Vor 2400 Millionen Jahren war der Schutz durch die Sonne stark genug, um den Eintrag um 20 Prozent zu vermindern.

Gehen wir in der Zeit noch weiter zurück, so verhielt sich die Sonne damals deutlich anders als heute. Astronomen wissen das durch ihr Studium junger, sonnenähnlicher Sterne. Sie kennen auch die Theorien über die Geschichte der Vorgänge im Sonneninneren. Als die Sonne vor ungefähr 4600 Millionen Jahren mit der Familie ihrer Planeten aus ihrer eigenen staubigen Gaswolke entstand, drehte sie sich mindestens zehnmal schneller als heute. Ihre magnetische Aktivität war sehr viel kräftiger und der Sonnenwind viel dichter. Dadurch kann kaum Höhenstrahlung in den Umkreis der neu entstandenen Erde gelangt sein.

Klimatisch schuf dies einen Ausgleich, denn die junge Sonne war kühler als heute und gab deutlich weniger Sonnenlicht ab. Sie wurde erst allmählich im Laufe von Milliarden Jahren heller, während die nuklearen Reaktionen in ihrem heißen Zentrum einen wachsenden Kern mit selbst produziertem Helium füllten. Zu Beginn ihres Lebens strahlte die Sonne nur 70 Prozent ihres gegenwärtigen Lichts ab. Die Felsen an der Erdoberfläche waren zur Entstehungszeit der Sonne wahrscheinlich geschmolzen. Doch sobald sie weit genug abgekühlt waren, dass sich flüssiges Wasser daran niederschlagen konnte, hätte der junge Planet wegen des schwachen Sonnenlichts vereisen müssen. Dies geschah jedoch nicht.

In der Frühzeit war die Erdkruste unter dem schweren Beschuss aufprallender Kometen und Asteroiden, den Überresten der sich bildenden Planeten, fast vollständig zerstört und immer wieder hergestellt worden. Dieses höllische »Hades-Zeitalter« – wie es die Geologen nennen – dauerte 800 Millionen Jahre. Aus der Zeit der noch sehr jungen Erde blieben nur wenige mineralische Körner übrig, vor allem Zirkonium, das man in Australien entdeckte. Das älteste, 4400 Millionen Jahre alte Bruchstück aus Zirkonium wurde 2001 identifiziert. Zirkonium steht üblicherweise mit Granit in Verbindung, das zu seiner Entstehung flüssiges Wasser benötigt. Ein höherer Anteil an schweren Sauerstoffatomen im Zirkon deutet noch unmittelbarer auf eine nasse Entstehungsumgebung hin.

Aus archaischer Zeit, die vor 3800 Millionen Jahren begann, überlebten viele Gesteinsformationen, die häufig anzeigen, dass sie sich vor sehr langer Zeit auf dem Meeresboden angesammelt haben. Zu dieser Zeit hatte die Sonnenstrahlung etwa 75 Prozent ihrer heutigen Kraft erreicht. Dies ist gemessen an heutigen Maßstäben noch immer sehr schwach. Wären alle anderen Bedingungen gleich geblieben, hätte die durchschnittliche Oberflächentemperatur nicht bei 10 °C gelegen, wie heute, sondern bei −15 °C. Selbst zu Beginn des Proterozoikums vor 2500 Millionen Jahren lag die Sonnenstrahlung erst bei etwa 83 Prozent der heutigen und erlaubte globale Durchschnittstemperaturen um −5 °C. Wären die Geologen früher auf die Beweise einer Schneeball-Erde-Episode vor 2400 Millionen Jahren gestoßen, bevor sie über ältere und wärmere Zeiten Bescheid wussten, hätte es sie kaum überrascht. Sie hätten einfach der noch schwachen Sonne die Schuld an den damals sehr frostigen Bedingungen gegeben.

Stattdessen haben sie nun ein Problem: Seitdem der amerikanische Astronom Carl Sagan und sein Kollege George Mullen 1972 zum ersten Mal die Aufmerksamkeit auf das Paradox der noch sehr schwachen, jungen Sonne richteten, versuchen Wissenschaftler die warmen Bedingungen in der Frühphase der Erdgeschichte zu erklären. Einige schlugen vor, die Sonne habe sich anders als die anderen sonnenähnlichen Sterne entwickelt. Doch die zunehmenden Kenntnisse über die Vorgänge im Sonneninneren machen es unmöglich, weiter an dieser Vorstellung festzuhalten. Eine andere Vermutung lautete, die Atmosphäre sei damals dichter und wesentlich anders als die heutige gewesen. Große Mengen Wasserdampf, Kohlendioxid, Methan und/oder andere Gase übten – so wird vermutet – einen Treibhauseffekt aus, der genügte, um die Erde so warm zu halten, dass flüssiges Wasser auftreten konnte. Diese Vermutung wurde in den letzten 30 Jahren so oft wiederholt, dass einige Experten von einem Urtreibhaus wie von einer Tatsache ausgehen.

Woraus die Atmosphäre bestand, als die Erde noch sehr jung war, weiß niemand. Alle möglichen Rezepturen werden vorgeschlagen und diskutiert, mit einigen wenigen Einschränkungen aufgrund von Beweisen aus Felsgestein oder von anderen Planeten oder Monden im Sonnensystem. Selbst wenn man eine Momentaufnahme der ursprünglichen Atmosphäre fände, wäre sie nicht zuverlässig, weil die gewaltigen Einschläge im Hades-Zeitalter die vorhandene Atmosphäre wahrscheinlich weggesprengt und durch etwas ganz anderes ersetzt hätten. Einige Experten unterstellten eine sehr hohe Kohlendioxid-Konzentration in der Luft. Zu jener Zeit, über die tatsächlich Daten aus Felseinschlüssen zur Verfügung stehen, hätte dies aber die Ozeane sauer gemacht. Jan Veizer aus Ottawa glaubt, dass die Beweise dagegensprechen.

Wirklich klar ist lediglich, dass es bei einer schwachen, jungen Sonne flüssiges Wasser gegeben haben muss. Nur ein Ausweg aus dem Paradox kommt ohne die freie Erfindung besonderer Umstände oder besonderer klimatischer Mechanismen aus: Nach allem, was bisher über Höhenstrahlen und Wolken gesagt wurde, ergibt sich sehr einfach, dass wegen des magnetischen Elans der jungen Sonne damals sehr viel weniger kosmische Strahlen die unteren Atmosphäreschichten erreichten und es demnach nur wenige tief hängende Wolken gab, um die Erde kühl zu halten.

Diese Idee kam Nir Shaviv in Jerusalem, als er die Klimageschichte des Lebens bis in die Frühzeit der Milchstraße zurückverfolgte und dabei die Kühlhaus-Episoden beim Durchqueren der Spiralarme und die Schneeball-Erde-Ereignisse aufgrund der hohen Rate an Entstehungen und Untergängen von Sternen durchging. Er fasste Ende 2003 seinen Erklärungsvorschlag so zusammen:

> »Die üblichen Sonnenmodelle besagen, dass die Sonnenstrahlung in den letzten 4,5 Milliarden Jahren allmählich um etwa 30 Prozent zugenommen hat. Bei der geringen Sonnenstrahlung hätte die Erde die längste Zeit während ihrer Existenz fest zugefroren sein müssen. Doch flüssiges Wasser war seit der frühesten Erdgeschichte auf ihr vorhanden. Dieses Rätsel ... lässt sich zum Teil lösen, wenn wir bedenken, welche Kühlwirkung Höhenstrahlen möglicherweise auf das globale Klima ausüben, und auch, dass die jüngere Sonne einen stärkeren Sonnenwind gehabt haben muss, sodass dieser wesentlich wirksamer die Höhenstrahlung davon abhalten konnte, die Erde zu erreichen.«[55]

Svensmark hatte einige Jahre zuvor in ähnliche Richtung gedacht, das Problem allerdings beiseitegelegt. Als er es nun wieder aufgriff, schätzte er den Nutzen dieser Überlegung für die Klimadiskussion. Zurzeit reflektieren die niedrig hängenden Wolken etwa fünf Prozent des eintreffenden Sonnenlichts. Ohne sie entspräche das auf der Oberfläche der jungen Erde auftreffende Sonnenlicht jenem helleren, das von einer eine Milliarde Jahre älteren Sonne käme. Die globale Durchschnittstemperatur vor 3800 Millionen Jahren hätte demnach −10 °C anstatt −15 °C betragen. Dies verminderte den Bedarf an Treibhausgasen, um sicherzustellen, dass die wärmsten Gegenden der Erde das Wasser flüssig halten konnten.

## Kohlenstoff zeigt Überfluss und Mangel an

Schwarze Kohlenstoffflecken, die man in 3800 Millionen Jahre altem Felsgestein auf Grönland fand, sind wahrscheinlich die ältesten bekannten Spuren von Leben auf der Erde. Man fand sie in den Überresten einer dicken Tonschicht. Diese stammte aus Ablagerungen, die sich langsam auf dem Grund eines Urmeeres angesammelt hatten und zwischen dem Eispanzer und dem Ozean in der Nähe von Godthab an der Westküste Grönlands freigelegt wurden. Gewaltige Mengen mikroskopisch kleiner Grafitkügelchen im Ton scheinen die Überreste von Bakterien zu sein, die im Wasser lebten, als die Erde noch jung war.

Für Minik Rosing, einen Grönländer, der das Geologische Museum in Kopenhagen leitet, zeigen die Kügelchen, dass Lebewesen zwischen verschiedenen Atomen des Kohlenstoffs, des Hauptelements des Lebens, gewählt hatten. Noch heute bevorzugen Bakterien und Algen im Plankton der Meeresoberfläche bei der Aufnahme der im Wasser gelösten Kohlendioxid-Moleküle jene, die das häufigere Carbon-12-Atom enthalten. Das schwerere Carbon-13, das in einem von 90 Kohlendioxidmolekülen auftritt, wird eher verschmäht.

Daher enthalten lebende Organismen einen geringeren Anteil an Carbon-13 als üblich. Und gerade dieser Mangel an Carbon-13 führte Rosing zu der Annahme, dass die schwarzen Kügelchen aus Material stammten, das einmal lebendig war:

> »Die den Grafitkügelchen vorausgegangenen organischen Rückstände könnten mehr oder weniger kontinuierlich von planktonartigen Organismen stammen, die sich aus dem Oberflächengewässer abgelagert haben.«[56]

Nachdem Rosing diese Entdeckung 1999 veröffentlicht hatte, setzte er seine detektivische Arbeit über die Bedingungen im Urmeer, in dem die frühen Organismen gelebt hatten, fort. Im Jahr

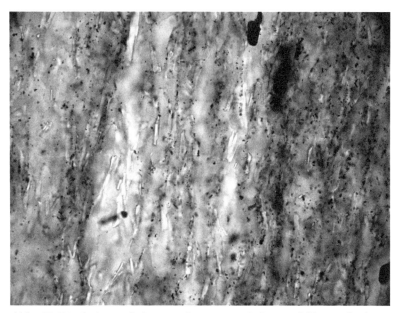

*Abb. 17: Die frühesten bekannten Spuren von Leben sind kleinste karbonisierte Kügelchen im 3800 Millionen Jahre alten Felsgestein Grönlands. Sie wurden als schwarze Flecke unter einem Mikroskop entdeckt. Ein Mangel an schweren Carbon-13-Atomen im Kohlenstoff deutet darauf hin, dass es sich um Bakterien handelte, die Kohlendioxid aufnahmen und dabei die leichtere Art des Kohlenstoffs bevorzugten. Die Existenz von Leben im Meer vor so langer Zeit lässt ein freundliches Klima vermuten. Obwohl die Sonne damals, als die Erde noch jung war, ziemlich schwach schien, hielt sie doch auch die Höhenstrahlen in Zaum. (Minik Rosing, Geologisches Museum, Kopenhagen)*

2004 konnten er und sein Kollege Robert Frei zeigen, dass das Wasser offenbar gelösten Sauerstoff enthalten hatte. Diesmal gaben Spuren von Blei mit unterschiedlichen Atomgewichten, das beim Zerfall schwerer, radioaktiver Elemente entsteht, den entscheidenden Hinweis. Das Verhältnis der unterschiedlichen Bleiisotope deutete darauf hin, dass sich vor 3800 Millionen Jahren im Meerwasser Uran, aber kein Thorium befunden haben muss. Beide Elemente stehen in enger Verbindung, bis Sauerstoff hinzukommt, der Uran wasserlöslich macht.

Dies bedeutete, dass bereits damals hoch entwickelte Bakterien lebten. Eine Milliarde Jahre früher, als andere Experten erwartet hatten, nutzten Bakterien die moderne Methode der Fotosynthese, bei der Sonnenenergie Wassermoleküle spaltet. Der Wasserstoff verbindet sich mit Kohlenstoff zu Molekülen, die als Energielieferanten und zum Aufbau lebender Zellen nötig sind, während die Sauerstoffmoleküle $O_2$ in die Umwelt entweichen.

Zur Zeit des ältesten erhaltenen Sedimentgesteins war Leben schon keine flüchtige oder erbärmliche Angelegenheit mehr. Einige Wissenschaftler spekulierten, dass das frühe Leben nicht vom Sonnenlicht, sondern von chemischer Energie aus dem Erdinneren abhängig war, wie es heute noch in der Umgebung von Tiefseevulkanen am Ozeangrund zu sehen ist. Doch Grönland liefert ein Bild von Lebewesen, die im großen Maßstab ein ausgewachsenes System bilden, das man zu Recht Biosphäre nennen darf, was so viel wie »Gesamtheit des Lebens an und nahe der Erdoberfläche« heißt. Rosing war sich über die Bedeutung der Aussage im Klaren, als er die Ergebnisse seiner Entdeckung zu Carbon-13 und Uran zusammenstellte: »Dies zeigt, dass die Erde vor 3,7 Milliarden Jahren eine funktionsfähige Biosphäre besaß.«[57]

Trotz der Schwäche der jungen Sonne lieferten ihre Strahlen viel Energie in das System. Sonnengestütztes Leben war seither an den geologischen Vorgängen auf dem Planeten entscheidend beteiligt. Nach Rosings Meinung ist es kein Zufall, dass die ersten Anzeichen für kontinentalen Granit in der gleichen Gegend Grönlands gefunden wurden wie die schwarzen Kügelchen, die auf Leben hindeuten.

Nachdem wir den Weg bis zu den Anfängen des Lebens zurückverfolgt haben, folgen wir ihm nun bis in die Gegenwart. Dabei stoßen wir auf einen weiteren bedenkenswerten Zusammenhang zwischen kosmischen Strahlen und sich verändernden Lebensbedingungen. Im Laufe ihrer langen Geschichte ist die Biosphäre manchmal gediehen und manchmal ins Stocken geraten – mit gewaltigen Schwankungen zwischen hoher Produktivität und großen

Mangelerscheinungen. Als geologische Zeitreisende können die Carbon-13-Atome, die wichtigsten Rückstände organischen Wachstums, das gesamte Auf und Ab des Lebens nacherzählen:

Die grönländischen Kügelchen wiesen einen Mangel an Carbon-13 auf, der für mikroskopisch kleine Meerespflanzen, Bakterien oder Algen typisch ist, weil sie wachsen, indem sie Kohlendioxid aus dem sie umgebenden Wasser aufnehmen. Wenn Leben üppig gedeiht, reichert sich im Wasser das verschmähte Carbon-13 auffällig an. Hinweise auf diese Anreicherungen sind im Kalkstein vermerkt, in uralten Karbonatfelsen, die sich aus dem damaligen Kohlendioxid gebildet haben. Die Schalenbildung ist nicht so wählerisch bei der Unterscheidung von Kohlenstoffatomen wie die Fotosynthese.

Je nachdem, ob sich der Kalkstein aus den Skeletten großer und kleiner Meereslebewesen oder ausschließlich aufgrund chemischer Reaktionen gebildet hat, lässt er die gesamte Aktivität des Lebens im Meer daran erkennen, wie viel Carbon-13 im Wasser verblieben ist. Geophysiker begannen vor gut einem halben Jahrhundert damit, routinemäßig Carbon-13 in den Kalkablagerungen zu messen, und zwar als Nebenprodukt ihrer Untersuchungen auf schweren Sauerstoff, Oxygen-18. Sie wussten, dass ihnen Oxygen-18 helfen würde, Temperaturen in der Vergangenheit zu bemessen. Es war leicht, gleichzeitig Daten über Carbon-13 zu sammeln. Zunächst waren sich die Forscher im Unklaren, was ihnen die Ergebnisse sagten. Doch bald merkten sie, dass Carbon-13 ihnen ein neues Verständnis von den Veränderungen der Lebensumstände in der Vergangenheit des Planeten lieferte – mit anderen Worten: über die Produktivitätsschwankungen der Biosphäre.

Die Milliarden Tonnen an organischem Material, die jedes Jahr neu gebildet werden, könnten vermuten lassen, das Leben sei in einem gemäßigt warmen Klima am produktivsten. Das ist nicht der Fall. Spitzenwerte an Carbon-13 zeigen, dass die höchste Produktivität der vergangenen 500 Millionen Jahre in die letzte Phase des Karbons, also vor 300 bis 320 Millionen Jahre fiel. Damals herrschte infolge der Wanderung der Erde durch den Norma-Arm der Milchstraße starke Höhenstrahlung. Den Südkontinent bedeckten riesige Eisschilde.

Warum sollte damals das Leben besonders gediehen sein? Wahrscheinlich aus den gleichen Gründen, weshalb es in der heutigen Kühlphase gedeiht. Der Temperaturgegensatz zwischen warmen Tropen und vereisten Polen sorgt für starke Winde und eine kräftige Meeresströmung. Die Wirkung, die solche globalen Wettermuster auf das Leben haben, lässt sich vom Weltraum aus gut erkennen. Satelliten können die Produktivität der Meeresoberfläche an der Menge Chlorophyll beurteilen, die sie aufweist. Sie beobachten, dass die riesige Flächen des subtropischen Ozeans viel weniger Leben pro Quadratkilometer erkennen lassen als die stürmischen Meere in mittleren Breiten oder in Polnähe. Dort wird das Wasser stärker mit lebenswichtigen Nährstoffen wie Phosphor angereichert. In ruhigeren Zeiten der Erdgeschichte war Nährstoffmangel weit verbreitet und hielt das Leben in engen Grenzen.

Es ist nicht erstaunlich, dass die Schneeball-Erde-Episoden vor 2300 und 700 Millionen Jahren in Karbonaten zum Teil nur äußerst geringe Mengen an Carbon-13 aufwiesen. Sie hatten sich gebildet, als die weltweite Vereisung die Photosynthese praktisch unterbunden und abgestorbene Organismen ihr Carbon-12 ins System zurückgegeben hatten. Doch diese Zeiten äußersten Mangels waren von Ausbrüchen hoher Lebensproduktivität unterbrochen. Immer wenn die extreme Vereisung nachließ, kehrte das Leben im Meer mit großem Elan zurück. Zur Wirkung der in großen Mengen freigesetzten Nährstoffe – wie wir sie aus dem Karbon-Zeitalter oder von heute kennen – kam die Düngung durch einen ungewöhnlich hohen Gehalt an Kohlendioxid hinzu, das aus der Zersetzung organischen Materials stammte. Der Nährstoffreichtum könnte das starke Wachstum in den Zwischenzeiten der Schneeball-Erde-Phasen gefördert haben.

Diese Hinweise auf das Drama des Lebens, wie es die Kohlenstoffatome erzählen, verhalfen Svensmark zu einem neuen Bild über die Umstände, welche die Lebensbedingungen über Milliarden von Jahren ändern. Es zeigte sich, dass das Sternenumfeld der Erde in der Milchstraße darüber entscheidet, ob die Schwankungen zwischen Knappheit und Überfluss in der Lebensproduktivität der Ozeane bescheiden oder üppig ausfallen.

## Höhenstrahlen beeinflussen das Leben

Abgesehen von den erklärlichen Schwankungen des Carbon-13 zwischen geringen Werten, wenn das Leben während der Schneeball-Erde-Phasen fast zum Erliegen kommt, und den hohen Werten während der produktiven Phasen, wie etwa im Karbon-Zeitalter, ging noch etwas anderes vor sich: Stete Schwankungen legen nahe, dass die Beziehungen zwischen Geologie, Klima und Biologie unbeständig waren. Auch die Intensität der Schwankungen selbst variierte von einer Phase der Erdgeschichte zur nächsten.

Im Jahr 2005 bemerkte Svensmark, dass die Schwankungen des Carbon-13 eng mit den Schwankungen der Meerestemperaturen einhergingen, die sich aufgrund von Oxygen-18-Messungen ergaben. Große und häufige Schwankungen in der Produktivität des Lebens begleiteten in den vergangenen 500 Millionen Jahren häufig Klimaänderungen. Doch als Svensmark zeitlich weiter zurückging, schlugen die Schwankungen manchmal noch viel heftiger aus.

Verwundert bemerkte er, dass die Schwankungen vor 2400 bis 2000 Millionen Jahren – um die Zeit der ersten Schneeball-Erde – einen Höhepunkt erreicht hatten. Damals war die Höhenstrahlung aufgrund der Sternexplosionen in der Milchstraße besonders stark. Svensmark nahm sich nun den Zeitraum der letzten 3600 Millionen Jahren vor, unterteilte ihn in Segmente von 400 Millionen Jahren und verglich die Änderungen der Carbon-13-Schwankungen mit den berechneten Intensitätsschwankungen der kosmischen Strahlung.

Die Übereinstimmungen waren mit einer Korrelation von 92

Prozent nahezu unglaublich gut. Ein Grund für die Übereinstimmung mag sein, dass bei insgesamt hoher Strahlungsintensität auch sehr hohe Intensitätsschwankungen auftreten. Daraus folgen nicht nur kalte Bedingungen bei starker kosmischer Strahlung, sondern auch größere Klimaschwankungen, wenn Sonne und Erde in der Galaxie wandern, sodass die Gegensätze zwischen den Zuständen innerhalb der Spiralarme und ihren Zwischenräumen stärker hervortreten.

Vor rund 3400 Millionen Jahren hielt die Aktivität der jungen Sonne die Höhenstrahlen auf einem niedrigen Niveau, und die Lebensproduktivität, angezeigt durch das Carbon-13-Verhältnis, schwankte nur wenig. Zwischen 3200 und 2800 Millionen Jahren vor unserer Zeit glich die Rate der Sternentstehungen derjenigen von heute. Dies gilt auch für die Schwankungen der biologischen Produktivität im Meer.

Wie seltsam! Damals existierten nur Bakterien. Heute sind dagegen viele lebenstüchtigere Organismen am Werk und bieten eine Nahrungskette bis hinauf zur Spitze der Fische und Wale. Doch bleibt die Reaktionsfähigkeit der frühen Bakterien und der modernen Ökosysteme auf den Klimawandel nahezu die gleiche, wenn man zur Beurteilung von den Abweichungen des durchschnittlichen Kohlendioxidverbrauchs für das Wachstum ausgeht.

Vor ungefähr 2800 Millionen Jahren stieg die Intensität der kosmischen Strahlung und führte zu einer größeren Veränderlichkeit des Klimas und der Produktivität der Biosphäre. Auf dem Höhepunkt der Entstehung und des Untergangs der Sterne vor 2400 bis 2000 Millionen Jahren, der zum ersten Schneeball-Erde-Ereignis geführt hatte, waren die Höhenstrahlen und die Carbon-13-Schwankungen, die Svensmark zuerst aufgefallen waren, noch stärker.

In der Zeit vor 2000 bis 1200 Millionen Jahren war die kosmische Strahlung wieder sehr niedrig und die Produktivität der Biosphäre schwankte nur noch wenig. Der aufkommende nächste Babyboom der Sterne vor 1200 Millionen Jahren regte auch wie-

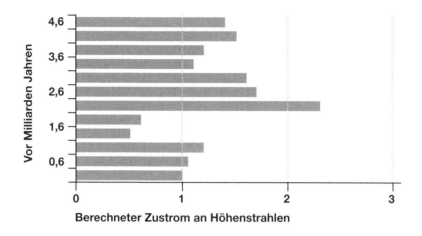

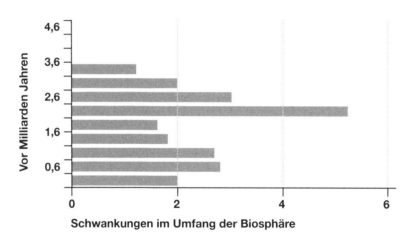

*Abb. 18: Die beiden ähnlichen Diagramme aus zwei vollkommen unterschiedlichen Quellen – aus der Astronomie und aus der Geologie – zeigen, dass die Veränderlichkeit des Lebens vom galaktischen Umfeld der Erde und von der allgemeinen Intensität der Höhenstrahlen abhängt. Das obere Diagramm zeigt den Zustrom an Höhenstrahlen im Vergleich zu ihrer gegenwärtigen Stärke, die mit 1 angenommen wird. Dagegen ergeben sich die Schwankungen im Umfang der Biosphäre als statistisches Maß aus den Schwankungen des Anteils an Carbon-13-Atomen in Meeresablagerungen.*

der die Variabilität an, selbst als er schon in das Schneeball-Erde-Ereignis vor 750 Millionen Jahren übergegangen war. Das war die Zeit des großen Urknalls der biologischen Entwicklung, in der die mehrzelligen Eukaryoten entstanden, die Vorfahren der Tiere und höheren Pflanzen. Die Schwankungsbreite der Biosphäre war vor 800 Millionen Jahren relativ hoch. Seitdem hat sie wieder abgenommen und steht auf demselben Level wie vor 3000 Millionen Jahren.

Diese neue Geschichte der Biosphäre, die uns die Interpretation der Carbon-13-Daten neben anderen astronomischen Geschichten erzählt, besticht in ihrer Einfachheit und lässt staunen. Ihre nähere Erklärung verlangt noch viele Diskussionen. Zum Beispiel werden Carbon-13-Niveaus nicht nur vom Wachstum der Lebewesen bestimmt. Eine hohe Ablagerung von absterbendem, organischem Material auf dem Meeresgrund kann das Verhältnis von Carbon-13 durch die Entfernung von Carbon-12 hochtreiben. Wenn sich die Körper toter Lebewesen im Meerwasser wieder auflösen und ihr Carbon-12 freisetzen, drücken sie das Verhältnis zu Carbon-13 wieder. Der Carbon-13-Spiegel im Meerwasser wird auch durch den jeweils vorherrschenden Überschuss an Kohlendioxid in der Atmosphäre bestimmt.

Die 400 Millionen Jahre, in die diese Geschichte unterteilt ist, sind ausreichend Zeit für das Leben und für die Geografie, um sich zu verändern. Sie ist sechsmal so lang wie die Zeitspanne seit dem Aussterben der Dinosaurier. In 400 Millionen Jahren kann sich die Lage der Kontinente zu einander mehr als einmal umgruppiert haben, während Sonne und Erde der Galaxie zwei oder drei Mal in verschiedenen Spiralarmen Besuche abgestattet haben.

Schwankungen im Grad der Veränderlichkeit der Biosphäre als Reaktion auf die sich ändernde Intensität der Höhenstrahlung können eine Tür zum besseren Verständnis der Geschichte des Lebens öffnen. Dass es nach dem Klimataumel in der letzten Schneeball-Erde-Episode Tiere gibt, könnte bedeuten, dass ein sich stark änderndes Klima im Gegensatz zu einem mäßigen Klimawechsel radikale Innovationen unter Lebewesen anregt. Andererseits ermöglichen geringere Veränderungen der Lebensbedingungen viele weniger radikale, aber umso kompliziertere Verbesserungen, die mannigfaltige, dem vorherrschenden Klima angepasste Arten hervorbringen. Doch zu gut angepasste Geschöpfe sind eher dazu bestimmt, späteren Klimaänderungen zu erliegen.

Noch eine weitere Kette von Wechselwirkungen wurde aufgedeckt: Wir begannen die Chronik dieses Kapitels mit der Rate der Sternentstehung und den Leistungsschwankungen der Sonne. Aufgrund ihrer Auswirkungen auf den Zustrom der Höhenstrahlen scheinen diese ausschließlich physikalischen Faktoren das Klima der Erde und folglich auch die dortigen Lebensbedingungen bestimmt zu haben. Kältere Bedingungen scheinen mit größeren Schwankungen der biologischen Produktivität verbunden zu sein. Als er über seine Entdeckung des Zusammenhangs von Carbon-13 und Höhenstrahlen berichtete, fasste Svensmark seine Begeisterung so zusammen: »Wenn sich dieser Zusammenhang bestätigt, ist die Evolution des Lebens auf der Erde sehr stark an die Evolution der Milchstraße gekoppelt.«[58]

Das Ergebnis dieser Analyse sollte Biologen zum Nachdenken anregen. Es ist unter Berücksichtigung von Änderungen, die sich über Hunderte von Millionen Jahren erstreckten, zustande gekommen. Das ist ein bisschen so, als wolle man einen Durchschnittswert zwischen Trilobiten und Säbelzahntigern bilden. Wenn man die Höhenstrahlen, das Klima und die Evolution genauer und in Zeiträumen von nur wenigen Millionen Jahren betrachtet, wird man einen noch viel deutlicheren und lebendigeren Film darüber sehen, wie Ereignisse in den Sternen der näheren Umgebung unser Klima mit dramatischen Konsequenzen bestimmen. Lassen Sie uns dies nun näher betrachten.

# 7 Sind wir Kinder einer Supernova-Explosion?

*Der Klimawechsel und die Entstehung des Menschen verliefen Hand in Hand. Sie fielen mit dem Beginn der Eiszeit zusammen. Mindestens ein sehr naher Stern explodierte damals. Kosmische Winter könnten die Evolution angetrieben haben. Astronomen spüren den Supernova-Explosionen nach, die die Erde aus dem Hinterhalt überfallen haben.*

Hat nahe dem Kreuz des Südens etwas so aufgeleuchtet, dass es aus den afrikanischen Tropen wie eine helle kosmische Laterne tief über dem Horizont zu sehen war? Oder geschah es hoch oben am Nordhimmel, wo es heller leuchtete als seine Begleiter unter den Sieben Schwestern? Astronomen werden darüber streiten, bis eindeutigere Beweise vorliegen. Beide sind mögliche Positionen eines nahe gelegenen Sterns, dem der nukleare Brennstoff ausging und der vor über zwei Millionen Jahren explodierte. Damals war die Erde noch ein Planet der Affen.

Die Supernova muss die Affen in Erstaunen versetzt und ihnen schlaflose Nächte bereitet haben. Sie ereignete sich so nahe bei der Erde, dass sie wochenlang ununterbrochen heller leuchtete als der Vollmond. Weder Lärm noch Erschütterungen traten auf, auch keine Vernichtung von Leben durch Strahlenkrankheit. Dies hätte eintreten können, wenn die Explosion noch näher am Sonnensystem erfolgt wäre. Doch vermehrte Höhenstrahlen müssen die Erde als Nachwirkung der Supernova Hunderttausende Jahre lang besprüht haben.

Ein anderer, weniger energiereicher Schwall exotischer Atome, die durch Kernreaktionen während der Explosion des Sterns entstanden waren, traf auf die Erde auf. Diese Atome konnten die Erde nur erreichen, weil sich die Supernova nicht mehr als rund 100 Lichtjahre entfernt ereignet hatte. Sie ist damit die nächstgelegene Supernova, über die es wissenschaftliche Aufzeichnungen gibt.

Durch die exotischen Atome waren deutsche Physiker dem Ereignis auf die Spur gekommen. Ihre Entdeckung löste eine Diskussion über die mögliche Rolle aus, die kosmische Strahlen beim Übergang vom Affen zum Menschen gespielt haben mögen.

Geologen, Fossilienjäger und Genetiker sind gemeinsam dem Zusammenhang zwischen einer starken Abkühlung vor 2,75 Millionen Jahren und den Umweltveränderungen nachgegangen, die das erste Vorkommen künstlicher Werkzeuge und eindeutig menschlicher Gene begünstigt haben könnten. Dies ist für jeden, der seine Existenz als denkendes Wesen in einem turbulenten Universum zu verstehen sucht, ein Schlüsselereignis. Eine verbindliche Erklärung für diese Abkühlung wird die Krönung der Klimawissenschaft sein – auch für die Erforschung der kosmischen Nachbarschaft der Erde.

Bis vor Kurzem spielten die Sterne in den Hypothesen zur Erklärung dieser Abkühlung keine Rolle. Aus Sicht der Geologen handelte es sich nur um einen weiteren Schritt in die zunehmende Kälte, die vor 50 Millionen Jahren eingesetzt hatte. Ein Großteil der Antarktis war schon vor 14 Millionen Jahren mit Eis bedeckt, und bald danach – nach geologischer Zeitmessung – breitete sich das Eis auch über Grönland aus. Die globale Geografie begann sich zu verändern.

In Afrika warf sich beiderseits des Great Rift Valley der Boden zu Gebirgen auf. Sie hielten den fallenden Regen von Ostafrika ab. Indien stieß in den Unterleib Asiens vor und schob den Himalaja und das tibetische Plateau in die Höhe. Dies schuf eine Kälteinsel in den Subtropen. Der Zusammenstoß von Australien und Asien blockierte die tropischen Ozeanströmungen. Nord- und Südamerika, die beide unabhängig voneinander nach Westen gedriftet waren, verbanden sich vor ungefähr 3 Millionen Jahren, als sich die Landenge von Panama bildete. Dies schloss die bestehende tropische Verbindung zwischen dem Atlantik und dem Pazifik und ordnete die Ozeanströmungen neu.

Diese Veränderungen trugen zweifellos zur Abkühlung bei, die vor 2,75 Millionen Jahren einsetzte. Doch geografische Änderungen erfolgen sehr langsam, mit der Geschwindigkeit, in der sich Kontinente bewegen – nicht schneller, als Fingernägel wachsen. Die vorausgegangene Periode vor etwa fünf Millionen Jahren war recht warm. Der Meeresspiegel lag etwa zehn oder 20 Meter über seinem gegenwärtigen Niveau und die Temperaturen waren ein paar Grade wärmer als zurzeit. Wer hat die Kühltruhe eingeschaltet?

Der klimatische Schock konnte sehr wohl aufgrund eines astronomischen Schocks erfolgt sein. In den vorherigen Kapiteln haben wir den Anspruch der Höhenstrahlen beschrieben, mächtige Agenten des Klimawandels zu sein. Kosmische Strahlen erklären über Jahrmilliarden eine Reihe klimatischer Besonderheiten unseres Planeten und liefern ein noch genaueres Bild der Veränderungen in den jüngsten Jahrtausenden und Jahrzehnten. Dazwischen ereignete sich vor einigen Millionen Jahren ein außerordentlich interessanter Klimawandel. Es gibt keinen Grund, warum Höhenstrahlen nicht damit in Zusammenhang gebracht werden sollten. Im Gegenteil: Sie spielten wahrscheinlich eine höchst bemerkenswerte Rolle.

Bei ihrer Wanderung durch die Milchstraße gerieten Sonne und Erde, wie in Kapitel 5 erwähnt, in den Orion-Arm der Galaxie. Die steigende Intensität der Höhenstrahlen, resultierend aus den entlang des galaktischen Magnetfelds explodierenden Sternen, ließ eine Abkühlung erwarten. Nahe gelegene Supernovae machen die Geschichte besonders dramatisch und eigenartig.

Die erste Begegnung unseres Planeten im Orion-Arm war mit einer Sternenexplosion en miniature, einem explosiven Feuerring, dessen Überreste wir heute als eine kreisförmige Sternenkette, Gould'scher Gürtel genannt, sehen. In den letzten Millionen Jahren glich unser Sonnensystem einem Kreis älterer Damen, die in einem kleinen Boot mitten in die Schlacht von Trafalgar geraten waren.

Um Klarheit zu schaffen, werden wir Ihnen in diesem Kapitel zunächst ohne weitere astronomische Erklärungen über diese Klima- und Evolutionsereignisse berichten. Danach kommen wir auf die nahe gelegene Supernova zurück, die wir eingangs erwähn-

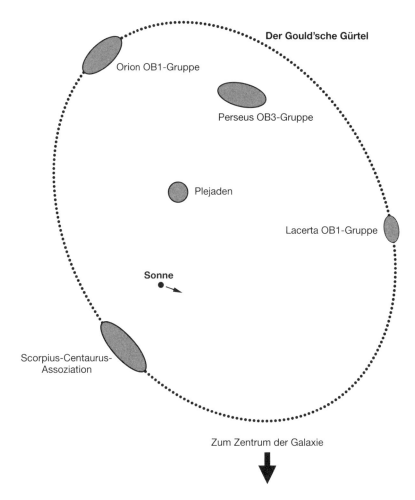

*Abb. 19: Die Waberlohe, in der Sonne und Erde in den letzen Millionen Jahren von den kosmischen Strahlen explodierender Sterne getroffen wurden, ist Astronomen als Gould'scher Gürtel wohlbekannt. Abgesehen von den großen, kurzlebigen Sternen, die innerhalb des Gürtels in Schwärmen, »OB-Gruppen« genannt, verstreut sind, mag besonders das in der Nähe des Zentrums gelegene Plejaden-Cluster zu dem damaligen Strahlenhagel beigetragen haben.*

ten. Eine Zeit lang hielt man sie für den stärksten Auslöser des Kälteereignisses vor rund 2,75 Millionen Jahren. Doch heute gilt dies als weniger wahrscheinlich. Das Kapitel endet damit, dass wir den Himmel nach Beweisen für andere nahe gelegene Supernovae absuchen.

## Die Austrocknung der Sahelzone

1995 untersuchte das Bohrschiffs *JOIDES Resolution* westlich von Schottland im Atlantischen Ozean den Meeresboden tausend Meter unterhalb des Rockall-Plateaus. Proben davon gingen an die Universität Bremen. Dort erkannten Karl-Heinz Baumann und Robert Huber an der veränderten Färbung der Sedimente deutliche Zeichen einer plötzlich eingetretenen Abkühlung. Das Eintreffen von Gesteinsschutt, der aus Eisschollen abgeregnet war, in den Breiten von Rockall kennzeichnete den Beginn der heutigen Phase in der Klimageschichte der Erde. Seither haben Eispanzer beträchtliche Landgebiete im Norden überzogen und sich oft zu richtigen Eiszeiten ausgeweitet.

Der erste fremde Kies trat an der Rockall Bank vor 2,75 Millionen Jahren auf. Die Schichten im Bohrkern lassen sich in diesem Bereich recht gut an Hand der Umkehrungen des Magnetfelds der Erde datieren, da der magnetische Nord- und Südpol in gut messbaren zeitlichen Abständen wechselt. Schon frühere Bohrungen hatten aufgrund eines deutlichen Anstiegs des Anteils an schweren Sauerstoffatomen im Meerwasser auf entsprechende Anzeichen einer Vereisung hingewiesen. Vor 2,7 Millionen Jahren hat es beträchtliche Eisschilder in Eurasien und Nordamerika gegeben. Daher bezweifelt niemand, dass damals ein deutlicher Klimawechsel eingetreten ist, der seither nicht wieder umgeschwenkt ist.

Um zu sehen, wie sich dieser Klimawandel in den Tropen ausgewirkt hat, muss man dem Atlantik von Rockall aus nach Süden zum Äquator hin folgen, bis man sich vor der Ausbuchtung Westafrikas befindet. Vorbeifahrende Seeleute sind an den lästigen Staub, der vom entfernten Ufer herüberweht, gewöhnt. Der Staub ist ein Symptom für die Wüsten und Halbwüsten, die sich vor wenigen Millionen Jahren dort gebildet haben und inzwischen weite Gebiete Afrikas bedecken.

Die Sahelzone, die die Saharawüste im Süden säumt, ist für ihren mangelnden Niederschlag und für Hungersnöte bekannt. In der Trockenzeit trägt der Nordost-Wind Staub weit hinaus ins Meer. Im Windschatten, 1500 Kilometer vor der Küste, lassen Ablagerungen in Bohrkernen, die 1986 vom Meeresboden des Atlantiks genommen wurden, erkennen, ab wann die Region arid wurde. Große Mengen des vom Wind verwehten Staubs setzten sich vor ungefähr 2,8 Millionen Jahren am Ozeangrund ab. Der Kontinent wurde seitdem immer trockener.

An anderen Bohrstellen, die näher vor der afrikanischen Westküste und vor Arabien im Osten Afrikas lagen, fand sich vom Wind verwehter Staub aus früherer Zeit, weil es dort bereits Wüste gab, als die Erde noch wärmer war. Nach dem Übergang vor 2,8 Millionen Jahren traf man öfters auf Höchstwerte für Wüstenstaub. Die rhythmischen Schwankungen in den Staubmengen wurden über viele Jahrtausende geringer.

Der Detektiv, der das Austrocknen Afrikas anhand des Staubes auf dem Meeresgrund erforschte, war Peter deMenocal vom Lamont-Doherty-Geo-Observatorium bei New York. Seit seinem ersten Bericht aus dem Jahr 1995 ging er dieser Frage in einer Reihe von Untersuchungen weiter nach und verglich seine Daten aus dem Meer mit fossilen Hinweisen auf Leben an der Küste Afrikas. DeMenocal machte kein Geheimnis aus seinem Motiv: »Der Grund, weshalb wir uns dafür interessieren sollten, ist, dass die Ergebnisse annehmen lassen, dass der Klimawandel eine bedeutende Rolle bei unserer Entstehung gespielt hat.«[59]

In Afrika fiel nun weniger Regen. Die großen Waldgebiete schrumpften, sodass es den Affen schwerer fiel, Feigen zu finden. Dafür fand sich eine Menge Großwild in der sich öffnenden Landschaft ein. Doch die Kiefer der Affen waren zum Fleischfressen nicht geeignet. Schließlich nötigten Klimaänderungen unsere frühesten menschlichen Vorfahren, Steinwerkzeuge mit messerscharfen Kanten herzustellen, um das zähe, rohe Fleisch zu schneiden, das im afrikanischen Grasland anzutreffen war.

## Evolutionäre Anpassung

In den Jahren 2000 und 2001 entdeckte man die fossilen Knochen affenartiger Geschöpfe, die schon vor sechs Millionen Jahren auf zwei Beinen gegangen waren. Sie brachten die Suche nach unserem Ursprung durcheinander. Man entdeckte die Knochen an weit verstreuten Orten – in Kenia, Äthiopien und, höchst unerwartet, im Tschad. Dies löste widersprüchliche Behauptungen über die frühesten Vorfahren der Menschheit aus. Leider zeigte dieser internationale »Eva-Wettbewerb« nur, dass sich auf die Hinterbeine zu stellen noch keine Garantie für weiteren Fortschritt war.

Die frühen Affenmenschen, von den Fossilienjägern mit liebevoller Sorgfalt beschrieben, erreichten über die Jahrmillionen nur wenig. Im Vergleich zu ihren Vettern, den normalen Affen, blieben sie auch zahlenmäßig gering. Ihr Gehirn war klein, ihr Verhalten und ihre Essgewohnheiten noch affenartig. Wenn Sie einem dieser Zweifüßer-Experimente der Natur begegnet wären, hätten Sie ihm wie einer Art zweibeinigem Schimpansen zunicken können.

Der Zensus tierischer Versteinerungen im Omo-Becken Äthiopiens, das für seine vor- und frühmenschlichen Funde berühmt ist, ergab, dass die Region früher von Wald bedeckt war. Die Wälder begannen sich vor rund 3,5 Millionen Jahren zu lichten. Als die Erde vor 2,8 Millionen Jahren deutlich abkühlte, begann die Zahl der Lebewesen, die sich an die Busch-Steppe angepasst hatten, merklich zuzunehmen, sodass sie innerhalb von 400 000 Jahren die der Waldtiere übertraf. In diesem Zeitraum traten zum ersten Mal Menschen auf.

Das Leben passte sich den neuen Möglichkeiten im sich ausbreitenden Grasland Afrikas an. Spektakuläre neue Antilopenarten lockten die großen Katzen und andere mögliche Fleischfresser an. Doch die Affen und ebenso die Affenmenschen waren aufgrund ihrer Kiefer und ihrer Anatomie auf eine hauptsächlich vegetarische Ernährung festgelegt. Um rohes Fleisch zu fressen, braucht man entweder scharfe Zähne oder ein scharfes Schneidewerkzeug.

Die ältesten bekannten Produkte, die menschliche Fähigkeiten zeigen, sind Steinwerkzeuge, die in den 1990er-Jahren in Äthiopien auftauchten. Einige sind fast 2,6 Millionen Jahre alt. Im Gona-Gebiet fand man – wie in einer Fabrik – viele beieinander, dazu große Mengen Bruchstücke. Jedes fertige Stück war ein scharfes Schneidewerkzeug aus faustgroßen Knollensteinen, die man vor Ort am Fluss gefunden hatte, geformt mit geschickter Hand und gutem Augenmaß. In der Nähe von Bouri zeigten ungewöhnliche Schäden an Tierknochen, dass diese Werkzeuge benutzt worden waren, um an Fleisch und Knochenmark heranzukommen. Der führende Forscher in Äthiopien, der die Werkzeuge untersucht hatte, Sileshi Sernaw, fasste im Jahr 2000 ihre Bedeutung in einem Bericht zusammen:

»Bearbeitete Steine zu verwenden bedeutete einen größeren technologischen Durchbruch, der es ermöglichte, die verfügbaren Lebensmittel, insbesondere das nährstoffreiche Fleisch und Knochenmark von Tieren effizient zu nutzen. Die Schnittspuren und Knochenbruchstücke von Bouri sind deutliche Beweise dafür, dass bereits vor 2 500 000 Jahren Fleisch zur Nahrung der Hominiden des späten Pliozäns gehörte.«[60]

Ähnliche Schaber, aber aus einer späteren Zeit, wurden mit anderen, allgemein als menschlich anerkannten Überresten in Verbindung gebracht, nämlich mit den Knochen des *Homo Habilis*, die 1960 in Tansania von Jonathan Leakey gefunden wurden. Man geht davon aus, dass diese Frühmenschen sich hauptsächlich von

*Abb. 20: Die ältesten bekannten künstlichen Werkzeuge sind Schaber, die vor fast 2,6 Millionen Jahren aus Steinknollen im Bezirk Gona in Äthiopien hergestellt wurden. Sie ermöglichten es den Frühmenschen, Fleisch zu essen, als die Frucht- und Nussbäume ihrer affenartigen Vorfahren bei einer Abkühlung der Erde der Grassteppe gewichen waren. (S. Semaw)*

dem ernährten, was Raubtiere gerissen hatten. Sie lebten vor rund 2 Millionen Jahren zeitgleich mit dem *Homo Rudolfensis*, einer etwas größeren Art.

Warum wurde das menschliche Gehirn viel größer als das der Affen? Mediziner, die Zustände einer geschwächten Muskulatur, muskulöse Dystrophie genannt, untersuchten, berichteten 2004 von einer genetischen Änderung, die den Anstoß zum Wachstum des Gehirns gegeben haben könnte. Ein Team der Universität Pennsylvania unter Führung von Hansell Stedman hatte ein Gen identifiziert, das die Dicke und Stärke der Kaumuskelfasern und des Kiefers aller Affenarten bestimmte. Es heißt Myh16 und sorgt für einen sehr kräftigen Kaumuskel, der den Schädel vollkommen umgreift und sein Wachstum einschränkt.

Jeder heute lebende Mensch besitzt eine veränderte Form dieses Gens und damit schwächere Kaumuskeln. Die schwächeren menschlichen Kiefer gehen mit flacheren Gesichtern, kleineren Zähnen und runderen Schädeln einher. Nach Stedmans Meinung gab die Änderung des Gens das Gehirn frei und ließ es wachsen. Als sich das Team daranmachte, die genetischen Hinweise auszuwerten, um herauszufinden, wann die Veränderung aufgetreten war, lautete das Ergebnis: vor ungefähr 2,4 Millionen Jahren.

Die genetische Datierung ist nicht genau genug, um den Streit unter den Fossilienjägern über die Frage beizulegen, wer die frühesten Werkzeuge hergestellt hat. Zum Teil rechnete man früheste Werkzeuge Affenmenschen zu, den *Australopitheci Garhi*, die damals in Äthiopien lebten. Die genetische Veränderung konnte bei ihnen greifen, weil diese Geschöpfe mit dem kleinen Gehirn bereits über Schaber verfügten, die es ihnen erlaubten, mit schwächeren Kiefern zu überleben. Eine andere Erklärung gibt der genetischen Veränderung den Vorrang, wonach die Menschen mit etwas größeren Gehirnen die Schaber gestaltet haben. Allerdings müssten dafür Überreste des *Homo Habilis* oder *Rudolfensis*, die so alt wie die ersten Schaber sind, erst noch gefunden werden.

Die Ereignisse gingen wie folgt vonstatten: Vom Einbruch der Vereisung im Norden bis zur Veränderung der Kaumuskeln in Afrika waren einige Hunderttausend Jahre vergangen. Das erklärt, warum die Suche nach der Ursache der Abkühlung eine solche Herausforderung war. Die Entdeckung einer außerordentlich nahen Supernova fachte die Erregung und den Streit weiter an.

## Die Bedeutung des Eisen-60-Atoms

Hinweise auf eine Supernova lieferten ungewöhnlich schwere Eisenatome aus den Tiefen des Pazifischen Ozeans. Sie sind als außerirdische Reste in metallischen Erzbrocken erhalten geblieben, die sich vor Ort verklumpt haben und nun auf dem Grund des tiefen Ozeans verstreut liegen. Britische Ozeanografen an Bord der *HMS Challenger* entdeckten die Ferromangan-Ablagerungen, die manchmal als flache Fladen oder rundliche Knollen auftreten, schon in den 1870er-Jahren. Hundert Jahre später sorgten die Ablagerungen für Begeisterung, unter anderem durch den Plan, sie wegen ihres Mangangehalts am Meeresboden abzubauen.

Im Jahr 1976 holte das deutsche Forschungsschiff *Valdivia* Proben vom Grund des Pazifiks herauf. Damals konnte sich noch niemand vorstellen, dass die Ferromangan-Ablagerungen von Sternen abgesprengte Atome wie Fliegenfänger eingefangen hatten und somit über Ereignisse im weit entfernten Weltraum berichten konnten. Doch genau dies stellte sich heraus, als in den späten 1990er-Jahren ein Team der Technischen Hochschule München unter Leitung von Günther Korschinek nach Hinweisen auf nahe gelegene Supernova-Explosionen zu suchen begann, die sich in den letzten Millionen Jahre ereignet haben konnten.

Ein explodierender Stern ist ein Alchemist riesigen Ausmaßes. Bei der Explosion transformieren Kernreaktionen ein Element in ein anderes und erzeugen dadurch die Rohstoffe für Planeten und Lebewesen. Die dabei entstehenden schweren Atome werden verstreut; einige davon mögen schließlich ihren Weg bis zur Erdoberfläche gefunden haben. Doch stieß das Münchner Team beim Versuch, sie näher zu bestimmen, auf ernsthafte Probleme:

In den Weiten des kosmischen Raums stiebt das Sternenmaterial fein auseinander. Selbst wenn sich eine Supernova-Explosion in relativer Nähe ereignet, gelangen nur sehr wenige der neu entstandenen Atome jemals zu uns. Darüber hinaus stammen die Erde und alle ihre Elemente aus ähnlichen Quellen – aus Sternen, die existierten und vergingen, bevor die Sonne und ihre Planetenfamilie entstanden sind. Man kann ein gewöhnliches Eisenatom, das aus einer jüngeren Supernova herrührt, nicht von einem identischen Atom unterscheiden, das seit Anbeginn der Welt da war.

Der Trick war, Atome (Isotope) von explodierten Sternen zu finden, zu denen es keine Gegenstücke auf unserem Planeten gibt. Sie sollten radioaktiv sein und eine Zerfallszeit besitzen, die wesentlich geringer als das Alter der Erde war, sodass Exemplare, die schon von Anfang an da waren, längst in andere Atome zerfallen sein mussten. Gleichzeitig wären radioaktive Atome mit zu kurzer Zerfallszeit transmutiert, bevor sie die Erde erreicht hätten – oder zumindest bald nach ihrer Ankunft –, sodass ein heutiger Forscher sie nicht mehr würde finden können. Die Suche engte sich somit auf Atome von mäßiger Lebensdauer ein. Nur solche Atome boten eine realistische Hoffnung, dass ein nahe gelegenes Supernova-Ereignis zu einer Zeit eingetreten war, die kurz genug zurücklag, damit einige Atome überleben konnten.

Der geeignetste Kandidat war Eisen-60. Sein Atom ist ein gutes Stück schwerer als das normale Eisen-56. Es zerfällt radioaktiv mit einer Halbwertszeit von 1,5 Millionen Jahren. Spuren davon wären also noch nach über 10 Millionen Jahren vorhanden. Physiker hatten errechnet, dass eine Supernova am ehesten geeignet war, eine große Menge Eisen-60 zu produzieren.

Solche von der Erde eingefangenen Atome zu finden verlangt außerordentliche Fähigkeiten. Doch besaßen Korschinek und Kollegen in ihrem Labor in Garching bei München ein für diese Aufgabe hervorragend geeignetes Werkzeug: Ein riesiges Instrument namens Beschleuniger-Massenspektrometer sortiert Atome nach ihrem Gewicht. Es bringt die Atome auf eine hohe Geschwindigkeit und lenkt sie mittels eines mächtigen Magneten ab. Die technische Raffinesse verringert die Durchmischung der Isotope mit annähernd gleichen Atomgewichten. Wenn sich nur ein einziges Eisen-60-Atom unter 10 000 Billionen normalen Eisenatomen befand, konnte das Analysegerät in Garching dieses ausfindig machen.

Der Oktober 2004 brachte die Neuigkeit, dass das Team den ersten eindeutigen Hinweis auf eine nahe gelegene Supernova entdeckt hatte, der jemals auf der Erde gefunden worden war. Das Eisen-60-Atom hatte sich in einer als 237kd bezeichneten ferromanganhaltigen Fladenprobe gezeigt. Die Probe war angenehm flach und offenbar ordentlich geformt gewesen. Beinah 30 Jahre waren vergangen, seit die *Valdivia* sie aus beinah 5000 Meter Tiefe südöstlich von Hawaii heraufgefischt hatte.

Es war nicht die erste Probe, die Korschinek und seine Gefährten untersucht hatten. 1999 hatten sie in einem Ferromangan-Fladen aus einem anderen Teil des Pazifiks den Impuls von Atomen eines wenige Millionen Jahre alten Eisen-60-Atoms entdeckt. Die Daten waren spärlich und die Ungewissheit bei nur drei Schichten, die im Fladen unterschieden worden waren, groß. Doch ist diese frühere Untersuchung ein wichtiger Hinweis darauf, dass das Ereignis – wie bei einer Supernova zu erwarten – an weit von einander entfernten Orten aufgezeichnet worden ist.

Ein verbessertes Verfahren ermöglichte eine viel genauere Analyse der Kruste 237kd. Sie war auf dem Ozeanfußboden nur sehr langsam dicker geworden, etwa um einen Zentimeter in rund vier Millionen Jahren. Die Forscher konnten das Alter von 28 unterschiedlichen Schichten bestimmen, das bis zu 13 Millionen Jahre zurückreichte. Als sie die Atome des Eisen-60 mit ihrem großen Massenspektrometer untersuchten, waren diese vor allem in drei aneinandergrenzenden, etwa 2,8 Millionen Jahren alten Schichten konzentriert.

Bis dahin war die tatsächliche Existenz von Eisen-60-Atomen im Kosmos nur eine theoretische Vermutung gewesen, und das trotz der früheren, indirekten Hinweise, dass es sich in uralten Meteoriten befunden haben könnte. Etwa zur gleichen Zeit, als das Münchner Team die Supernova in der Ferromangan-Kruste nachgewiesen hatte, fand auch ein NASA-Satellit, der Reuven Ramaty High Energy Solar Spectroscopic Imager, das Eisen-60 am Himmel. Es wurde in der Milchstraße mit anderen identifizierbaren Atomen aus der jüngsten Produktion von Stern-Explosionen anhand der Gammastrahlen entdeckt, die Sterne bei ihrem radioaktiven Zerfall abgeben. Seit 2006 hat der Satellit INTEGRAL der Europäischen Raumfahrt-Agentur die astronomische Identifizierung von Eisen-60 auf eine festere Grundlage gestellt.

# Kosmischer Strahlen-Winter

Astrophysiker, die die Sterne verstehen und herausfinden wollen, welche Kernreaktionen genau bei den verschiedenen Stern-Explosionen stattfinden, waren über die Entdeckung von Eisen-60 erfreut. Einer von ihnen war Brian Fields von der Universität Illinois. Er hatte spekuliert, dass Stern-Explosionen in der Nähe der Sonne eigentlich atomare Spuren auf der Erde hinterlassen müssten, und begrüßte die Münchner Ergebnisse begeistert:

> »Es ist ein experimenteller Triumph und ein Meilenstein auf diesem Gebiet ... Die Entdeckung von Eisen-60 gibt zu der Hoffnung Anlass, dass die weitere Suche nach Radioaktivität in den Tiefen des Ozeans Licht auf die Natur der Supernovae werfen kann. Man kann das Argument umkehren und das Muster der beobachteten Radioaktivität nutzen, um die Asche des nuklearen Feuers der Supernovae zu untersuchen – indem man das nukleare Feuer erforscht, das die Energie für die Sternexplosionen liefert.«[61]

Die detektivischen Atomforscher waren sich der Auswirkungen einer Supernova auf die Erdbewohner und ihrer möglichen Bedeutung für die Entstehung der Menschen bewusst. Gunther Korschinek und seine Kollegen formulierten den Schluss ihres Berichts so: »Diese Supernova könnte einen Klimawandel ausgelöst haben, der vielleicht einen bedeutenden Einfluss auf die Evolution der Hominiden hatte.«

Sie zitierten auch Svensmarks Theorie über Höhenstrahlen, Wolken und Klima als mögliche Verbindung. Denn seine Idee hatte einige Jahre zuvor die Spekulationen über eine nahe Supernova erst ausgelöst. Fields aus Illinois und John Ellis, Theoretiker am Laboratorium für Teilchenphysik CERN in Genf, waren beide der Meinung, dass ein solches Ereignis einen – wie sie es nannten – kosmischen Strahlen-Winter verursacht haben konnte. Ellis war von einem anderen CERN-Physiker, Jasper Kirkby, über die möglichen

Auswirkungen der Höhenstrahlen auf die Wolkenbildung informiert worden. Dieser wiederum hatte von Calder davon gehört und versucht, die Unterstützung seiner Kollegen für das von ihm vorgeschlagene Projekt CLOUD zu diesem Thema zu bekommen. So dreht sich das Rad der Entdeckungen.

Während Korschinek und sein Münchner Team versuchten, das Alter ihres Eisen-60-Atoms zu bestimmen, befassten sie sich auch mit der Idee von einem »Winter durch Höhenstrahlung«. Sie befragten dazu Ernst Dorfi vom Astronomischen Institut in Wien, einen Fachmann auf dem Gebiet der Produktion von Höhenstrahlen durch Supernovae. Er errechnete, dass die natürliche Teilchenbeschleunigung in den sich ausbreitenden Überresten eines explodierten Sterns noch Hunderttausende Jahre lang nach dem Supernova-Ereignis Höhenstrahlen ausstößt und dass der Einschlag der Strahlen auf der Erde 15 Prozent höher als normal ausgefallen sein könnte. In einer öffentlichen Erklärung äußerte sich der Hauptautor des Berichts über die Eisen-60 Atome, Klaus Knie, über den möglichen Zusammenhang wie folgt:

> »Der begleitende Beschuss der Erdatmosphäre durch kosmische Strahlen kann gleichzeitig jene globale Abkühlung bewirkt haben, die ihrerseits größere Schritte in der Entwicklung zum Menschen ausgelöst hat.«[62]

Die Münchner Supernova stieß auf breites Interesse, weil sie, auf die Zeit vor rund 2,8 Millionen Jahren datiert, gerade zum richtigen Zeitpunkt erfolgt war, um die größere Abkühlung in Verbindung mit dem Ausbruch der Eiszeit vor 2,75 Millionen Jahren ausgelöst zu haben. Doch als das Team ein anderes und genaueres Verfahren zur Datierung anderer Teile der Ferromangan-Kruste anwandte, ermittelte es ein jüngeres Alter. Das heißt, die Supernova-Explosion war vermutlich als Ursache für die frühe Vereisung zu jung, obwohl sie für die spätere Abkühlungsspitze vor 2,1 Millionen durchaus in Betracht kam. Zumindest den Affen, Affenmenschen und Frühmenschen dürfte ihr helles Licht am Himmel nicht entgangen sein. Die Vorstellung eines Winters infolge kosmischer Strahlen überlebte die vorübergehende Enttäuschung. Denn diese Supernova war sicherlich nicht die einzige in unserer näheren Umgebung, und auch wenn sie möglicherweise die nächstgelegene war, so war sie nicht notwendigerweise die einflussreichste. Eine Aufgabe der Astronomen besteht darin, Spuren von Ereignissen in der näheren kosmischen Umgebung zu finden. Dies beginnt schon mit der Frage, an welcher Stelle der Münchner Stern explodiert sein könnte.

Um ihre Eisen-60-Atome aus einer Entfernung von nicht viel weiter als 100 Lichtjahren abzuliefern, hätte die Supernova etwa 20- oder 30-mal weiter entfernt sein können als der uns am nächsten gelegene helle Stern, der Alpha Centauri. Zurzeit sind alle massereichen Sterne, die so aussehen, als könnten sie als ausgewachsene Supernovae explodieren, weiter weg.

Einer von ihnen ist der ungefähr 400 Lichtjahre entfernte rote Riese Beteigeuze, der hoch oben in der Schulter des Sternbilds Orion steht. Seine Masse ist etwa 15-mal größer als die der Sonne. Dies bedeutet, dass seine Lebenszeit kurz und sein Tod spektakulär sein wird. Schon ist er zu einem riesigen roten Ball angeschwollen – der Auftakt zu einer Explosion. Wenn man über die Bedeutung von Lichtjahren nachdenkt, heißt das: Würde Beteigeuze diese Woche zu einer Supernova werden, sähen unsere Nachfahren den Lichtschein bis zum 25. Jahrhundert nicht.

Beteigeuze gehört zu einer Gruppe, die Orion-OB1-Ansammlung genannt wird. Zu ihr gehören auch die hellen Sterne im Gürtel des Sternbilds Orion. Ansammlungen sind Haufen von Sternen, die alle zur gleichen Zeit entstanden und noch immer am Himmel nahe beieinander zu sehen sind. OB-Sterne haben zwischen 10- und 50-mal die Masse der Sonne. Sie glühen sehr heiß, sind blau gefärbt und senden heftige Sonnenwinde aus. Da diese Sterne relativ kurzlebig sind – zwischen 30 und 100 Millionen Jahren – ist die OB-Ansammlung das wahrscheinlichste Szenario für Supernovae. Im Orion OB1 entdeckte der NASA-Satellit Compton ein Gammastrahlenfeuer, das von Aluminium-26 stammt, das sich bei Sternexplosionen innerhalb der vergangenen eine Million Jahre zusammengebraut hat.

Der Gould'sche Gürtel ist nach Benjamin Gould benannt, einem amerikanischen Astronomen, der die Aufmerksamkeit darauf gelenkt hatte, als er in den 1870er-Jahren in Argentinien arbeitete. Die auffälligsten Merkmale des Gürtels sind einige OB-Ansammlungen, die in einer Ellipse von 2400 Lichtjahren Länge und 1500 Lichtjahren Breite auftreten. Da sich die Sonne mit ihren Planeten mitten im Gould'schen Gürtel aufhält, sind explosionsreife OB-Sterne überall um uns herum am Himmel verstreut.

Es kommt zu Ketten-Reaktionen, bei denen die Winde und Schockwellen einer Generation schwerer Sterne das dünne Gas, das den Raum zwischen den Sternen erfüllt, wegschieben. In diesem so komprimierten Gas entstehen neue OB-Sterne, die, wenn es so weit ist, selbst ebenfalls explodieren. In unserem Bereich des Orion-Armes der Galaxie haben Supernova-Explosionen das üblicherweise kühle interstellare Gas durch ein noch dünneres Plasma elektrisch geladener Atome ersetzt. Es ist heiß genug, um Röntgenstrahlen auszusenden. Astronomen nennen diese Region die »Lokale Blase« (Local Bubble). Einige bevorzugen die Bezeichnung »Lokaler Schornstein« (Local Chimney), weil sie inzwischen wissen, dass das verdünnte Gas die gesamte Scheibe durchströmt, in der die Sterne der Milchstraße konzentriert sind. Das heiße Plasma ergießt sich danach in Fontänen in den intergalaktischen Raum.

Welches Sternengeschwader enthielt den Stern, der nahe genug explodiert war, um die Erde mit jener erkennbaren Spur von Eisen-60-Atomen zu besprühen? Die relative Position der Sonne zu ihren gewalttätigen Nachbarn hat sich während der letzten Millionen Jahre verändert. Damals lag das Ereignis näher bei der Sonne, als es heute der Fall wäre. Die Aufzeichnung der Entfernungen und Bewegungen durch den Sternvermessungs-Satelliten Hipparcos (1987–93) der Europäischen Raumfahrt-Behörde half den Astronomen bei dem Versuch, die Position des Verursachers ausfindig zu machen.

Ein möglicher Standort lag, grob gesagt, in Richtung Kreuz des Südens und war daher von Europa oder Nordamerika aus nicht zu sehen. Es handelt sich um den unteren Teil der Centaurus-Crux-Untergruppe der OB-Ansammlung Scorpius Centaurus, die derzeit etwa 400 Lichtjahre entfernt ist. Nach Berechnungen von Jesus Maíz-Apellániz von der Johns-Hopkins-Universität in Maryland war die Untergruppe vor einigen Millionen Jahren uns noch um fast 100 Lichtjahre näher. Einer ihrer äußeren Sterne hätte bis auf 120 Lichtjahren herangekommen und dann explodiert sein können.

Andererseits könnten die verantwortlichen Sterne auch auf der anderen Seite des Himmels im Sternbild Stier gelegen haben. Die Plejaden, die bereits als die Sieben Schwestern erwähnt wurden, sind von allen der berühmteste Sternhaufen. Obwohl nicht mehr innerhalb des Gould'schen Gürtels gelegen, können sie dort einen gemeinsamen Ursprung gehabt haben. Sie sind nahe genug, dass wir mit bloßem Auge einige ihrer hellen, blauen Mitglieder im gesamten Haufen von etwa einhundert Sternen erkennen. Die Entfernung zu den Plejaden nimmt zu, sodass sie uns früher noch näher gestanden haben.

Die größten OB-Sterne des Clusters sind nicht mehr vorhanden, weil sie bereits explodiert sind. Etwa zwanzig von ihnen stieß dieses Schicksal in ebenso vielen Millionen Jahren zu. Die Deutschen Thomas Berghöfer von der Hamburger Sternwarte und Dieter Breitschwerdt vom Max-Planck-Institut für Extraterrestrische Physik in Garching nahmen an, dass einer der nun fehlenden Plejaden für die Spritzer der Eisen-60-Atome verantwortlich war.

Vielleicht muss die Antwort auf diese Frage warten, bis man weitere exotische, radioaktive Atome sowohl am Himmel als auch auf der Erde entdeckt. Vorerst bleibt die Nähe der Münchner Supernova für Astronomen ein bleibendes Rätsel. Es könnte sich auch erweisen, dass beide Interpretationen – die für den unteren Centaurus Crux und die für die Plejaden – falsch sind.

## Wirbel stellarer Explosionen

Die Suche nach weiteren Supernovae ist mindestens ebenso wichtig. Die eine oder andere könnte nahe genug geschehen sein, um exotische Atome hierher zu sprühen; solche werden noch immer gesucht – im alten antarktischen Eis ebenso wie in dem Material auf dem Meeresgrund. Auch wenn im Gould'schen Gürtel andere Supernovae zu weit entfernt waren, um die Atome beizusteuern, konnten sie dennoch eine deutliche Zunahme an Höhenstrahlen bewirkt haben.

Die Statistik des Gould'schen Gürtels unterstellt, dass ein Wirbel stellarer Explosionen in den vergangenen drei Millionen Jahren mehrere solche Ausbrüche erzeugt haben muss, von denen jeder einen mehr oder minder starken kosmischen Strahlen-Winter ausgelöst haben kann. Die Klimaaufzeichnungen aufgrund der Zahl schwerer Sauerstoffatome in Kleinfossilien auf dem Meeresgrund deuten auf eine Reihe scharfer Abkühlungsereignisse vor 2,7, 2,1, 1,3 Millionen, 700 000 und 500 000 Jahren hin. Doch um sie auf Supernovae zurückführen zu können, müssen die Astronomen keine Statistiken, sondern Daten liefern.

Fernrohre am Boden und im Weltraum bieten mehrere Möglichkeiten, bereits explodierte Sterne zu identifizieren. Dies ist die Voraussetzung, bevor man ihr Alter bestimmen kann. Das Offensichtlichste aus der Sicht eines Astronomen ist, die Überreste einer Supernova in einer Staubwolke zu finden, die in sichtbarem und unsichtbarem Licht nachglüht. Aber bei etwa 250 solchen Objekten am gesamten Firmament gelangt man bisher nur ein paar Tausend Jahre zurück.

Man kann es sich auch schwermachen und die Überreste finden, indem man nach den radioaktiven Atomen sucht, die bei diesen Explosionen entstanden sind und immer noch den Himmel verschmutzen. Sie geben sich von selbst zu erkennen, weil sie Gammastrahlen einer bestimmten Energie aussenden, die von besonderen Sensoren eines Satelliten auf der Erdumlaufbahn entdeckt

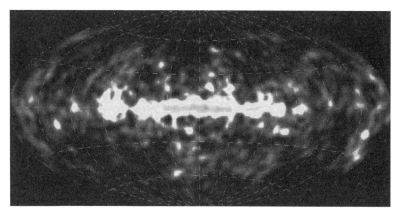

*Abb. 21: Eine den gesamten Himmel umfassende Karte zeigt die Emissionen von Gammastrahlen der radioaktiven Aluminium-26-Atome, die bei jüngsten Supernova-Explosionen entstanden sind. Sie umgeben uns vollständig, konzentrieren sich aber besonders im Zentrum der Galaxie (auf der Mittellinie der Karte) und sind über die flache Scheibe verstreut, die wir als das Lichterband der Milchstraße sehen. Die Beobachtungen machte das deutsche Comptel-Instrument auf dem US-Satellit Compton. (Roland Diehl)*

werden. Zum Beispiel haben Roland Diehl vom Max-Planck-Institut für Extraterrestrische Physik und seine Kollegen mithilfe des NASA-Satelliten Compton (1991–2000) die typischen Anzeichen für das über die gesamte Scheibe der Milchstraße verteilte Aluminium-26 dort gefunden, wo große Sterne konzentriert sind. Diese Gammastrahlen deuten auch auf Radioaktivität im Gould'schen Gürtel und insbesondere in der nahe gelegenen Scorpius-Centaurus-Ansammlung von OB-Sternen hin, die jetzt als mögliche Quelle für die Eisen-60-Atome, welche die Erde erreicht haben, in Betracht kommt.

Diehls Mannschaft bediente sich danach des europäischen Satelliten INTEGRAL (2002-10), um die Gammastrahlen möglichst genau zu messen und dadurch die Gesamtmenge an Aluminium-26 abzuschätzen. Die Forscher errechneten dafür drei Mal die Masse der Sonne. Um so viele der seltenen Atome zu erzeugen, muss im Durchschnitt alle 50 Jahre ein massereicher Stern in der Galaxie explodieren. Diese Zahl stimmt mit anderen Erwartungen der Astrophysiker überein.

Der Gould'sche Gürtel ragt schräg aus der Hauptscheibe der Galaxie heraus. Verlängerte Beobachtungen durch den INTEGRAL-Satelliten sollten schließlich genug Gammastrahlen einfangen, um die Konzentrationen von Aluminium-26 und anderer Elemente an speziellen Punkten des Gould'schen Gürtels festzustellen, die den Überresten anders nicht sichtbarer, einzelner Supernovae entsprächen. Sodann sollte das Verhältnis der unterschiedlichen radioaktiven Elemente zueinander anzeigen, vor wie langer Zeit die Explosionen stattgefunden hatten.

Einen dritten Hinweis liefern Neutronensterne, jene sehr komprimierten übrig gebliebenen Kerne der massereichen, explodierten Sterne. Sie wurden zuerst an ihren Emissionen als piepende Pulsare im Rundfunkwellenbereich entdeckt. Auf diese Weise fand man schon über tausend davon. Die meisten Neutronensterne sind wahrscheinlich im Bereich der Rundfunkwellenlängen ruhig, könnten aber als pulsierende Quellen von Röntgen- und Gammastrahlen entdeckt werden.

Prototyp eines im Bereich der Rundfunkwellen stillen Neutronensterns ist Geminga. Er wurde 1972 als eine helle Gammastrahlenquelle im Sternbild Gemini entdeckt. Er ist über 500 Lichtjahre entfernt und bewegt sich mit großer Geschwindigkeit durch die Galaxie. Geminga könnte im benachbarten Sternbild Orion vor etwa 300 000 Jahren bei einer Supernova in 1300 Lichtjahren Entfernung entstanden sein. In den 1990er-Jahren stellte der Satellit Compton in Richtung Gould'scher Gürtel zwanzig unbekannte Punktquellen von Gammastrahlen fest. Dabei könnte es sich unter anderem auch um Neutronensterne handeln. Genauere Aufschlüsse erwartet man sich vom Satelliten CLAST der NASA, der 2007 starten wird.

Um den Jagdinstinkt weiter anzuregen, bieten einige dieser Objekte ungewöhnliche Hinweise auf eine Supernova im interessanten Alter. Wenn ein massereicher Stern explodiert, der zuvor einen

Sternbegleiter in einer Umlaufbahn um sich hatte, fliegt der überlebende Stern manchmal mit großer Geschwindigkeit (als sogenannter »Runaway«- oder Ausreißer-Stern) davon. Ein solcher Ausreißer-Stern ist mit bloßem Auge im Sternbild Ophiuchus zu sehen. Es handelt sich um den massereichen blauen Stern Han oder Zeta Ophiuchi. Verfolgt man seine Flugbahn zurück, trifft man auf die Flugbahn eines ebenfalls wegfliegenden Sterns, nämlich des Neutronensterns Pulsar J1932. Der gemeinsame Ausgangspunkt lag im Gould'schen Gürtel in der Untergruppe der OB2-Ansammlung Scorpius. Man kann sich eine Supernova vorstellen, deren Kern als Neutronenstern davonflog und dabei seinen Begleiter Han wie bei einer Steinschleuder losließ. Astronomen der Sternwarte Leiden in den Niederlanden schätzen, dass dieses Ereignis vor etwa einer Million Jahre eingetreten ist.

Die verschiedenen Kälteperioden der letzten Millionen Jahre mit Ausbrüchen von Höhenstrahlen aufgrund bestimmter Sternexplosionen in Verbindung zu bringen dürfte künftig nicht mehr so schwer sein, wie es heute noch zu sein scheint.

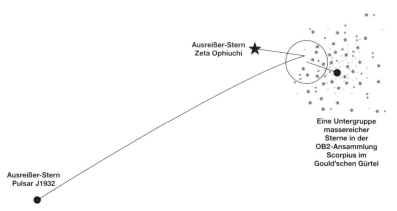

*Abb. 22: Eine Supernova-Explosion in Gould'schen Gürtel vor ungefähr einer Million Jahre setzte – wie von holländischen Astronomen grafisch dargestellt – zwei Ausreißer-Sterne frei. Der Pulsar J1932 ist der komprimierte Kern eines explodierten Sterns, und Zeta Ophiuchi, auch als Han bekannt, war sein massereicher früherer Begleitstern. (Nach R. Hoogerwerf, J. H. J. de Bruijne und P. T. de Zeeuw, Sterrewacht Leiden)*

Als Gammastrahlen-Astronom, der viele Jahre mit der Suche nach Hinweisen auf nahe gelegene Supernovae verbracht hat, denkt Roland Diehl auch über deren Auswirkungen auf das Leben nach:

> »Biologen reden über ›ökologische Störungen‹ und meinen die Einflüsse, die Stürme, Vulkane und dergleichen auf die Biodiversität haben. Auch die Auswirkungen von Asteroiden und Kometen werden viel diskutiert. Auch kosmische Störungen von Sternen müssen oft eine Rolle in der Geschichte des Lebens auf der Erde gespielt haben. Doch mit welchen genauen Folgen das der Fall war, muss noch geklärt werden. Die Astronomie der Nachbarschaft der Sonne mit der Geologie und den Fossilien in Einklang zu bringen wird eine harte Arbeit sein. Doch den Anfang haben wir gemacht.«[63]

Für nur wenige Forschungen gibt es eine stärkere Motivation. Denn gerade diese Untersuchung verspricht, die kosmischen Umstände zu durchleuchten, unter denen unsere menschlichen Vorfahren entstanden sind. Seit 1946, als Fred Floyle aus Cambridge mit den neueren Studien über den Ursprung der chemischen Elemente begann, kam die Redensart auf, wir seien aus Sternenstaub geschaffen. Außer dem ursprünglichen Wasserstoff ist jedes Element im menschlichen Körper von dem einen oder anderen Stern erzeugt worden. Neuerdings könnte es noch mehr Sinn machen, zu sagen, wir verdankten unsere Existenz als denkfähige Geschöpfe Lichtern, die längst nicht mehr am Himmel leuchten. Sind wir die Kinder der das Klima verändernden Supernovae im Gould'schen Gürtel?

# Fazit

In diesem Kapitel haben wir uns dem Meeresgrund vor Afrika und Sternen in der Nähe des Kreuzes des Südens zugewandt. Es behandelte auch scharfkantige Steinknollen und einen Ausreißer-Pulsar.

Wir haben eine Zeitspanne von Klimawechseln durchforscht, die sich über 400 000 Jahre – dies ist gerade einmal ein Zehntausendstel der Geschichte des Lebens – erstreckt. Frühere Kapitel führten uns über einen vereisten Pass in den Schweizer Alpen, zum Bereich des Sonnenmagnetismus, zu heute weit entfernten Spiralarmen der Milchstraße und zu Nachbargalaxien, die unsere eigene durcheinanderbrachten. Ein Laborversuch hat in atomarem Maßstab die chemischen Geheimnisse der alltäglichen Wolken enthüllt. Wir haben damit eine Kette neuen Wissens zusammengetragen, verbunden durch die Höhenstrahlen.

Im 19. und 20. Jahrhundert zerfiel die Erforschung der Arbeitsweisen der Natur in viele engstirnige Spezialgebiete. Die Schilder an den Labortüren wie Anthropologie, Astrophysik oder Atmosphärenchemie waren jeweils Beweise der Unabhängigkeit. Traditionell ausgerichteten Kritikern dürften die weit auseinanderliegenden Forschungsbereiche in diesem Buch absurd erscheinen. Wie kann die kleine Gruppe der an dieser Arbeit beteiligten Leute hoffen, etwas Gewichtiges in so viele, unterschiedliche, spezialisierte Wissensgebiete einbringen zu können? Die Antwort lautet: Wer die Gegenstände der Wissenschaft in beherrschbare und scheinbar selbstständige Themenbereiche unterteilt, erkennt nur sehr wenig von den Zusammenhängen, die die Natur knüpft.

Wieder und wieder hat sich gezeigt, dass die Selbstbeschränkung der Experten eine Illusion war. Im 20. Jahrhundert musste die Chemie mit der Quantenphysik zusammengehen, die Biologie mit der Kristallografie und die Geologie mit der Erforschung anderer Planeten, Monde, Asteroiden und Kometen. Die Naturphilosophen der Generation unserer Urgroßeltern würden sich wundern, dass heute routinemäßig wieder Zusammenhänge zwischen Forschungsgebieten, wie Astrochemie, molekulare Ökologie oder Physik der Gehirnfunktionen, entdeckt werden. Forscher in den Randgebieten der Wissenschaft wissen heute, dass sie aufhören müssen, wie Mitglieder eines exklusiven Klubs zu arbeiten. Sie müssen ihre Informationen und Ideen zusammenbringen. Die Gerichtsmedizin hat sich ausgeweitet; statt mit Vergrößerungsgläsern und Fingerabdrücken arbeitet sie mit Videoüberwachung und DNS-Analyse. Ähnlich muss, wer die verbliebenen Rätsel der Natur zu lösen versucht, Anhaltspunkte sehr unterschiedlicher Art wieder in einen Zusammenhang bringen.

Von den anfänglich schlichten Satellitenhinweisen, dass Höhenstrahlen möglicherweise die Bewölkung beeinflussen, wurde Svensmark, ohne es zu wollen, in neue Wissensgebiete hineingezogen. Es fing mit der physikalischen Chemie der Schwefelsäure in der Luft an und reichte bis zur Dynamik der Galaxie, begann bei den ungewöhnlichen Temperaturaufzeichnungen aus der Antarktis und erstreckte sich bis zur sich immer wieder ändernden Produktivität der Biosphäre. Die Kette aus Höhenstrahlen, Wolken und Klimata ist schon komplett, doch es haben noch viele Juwelen auf ihr Platz. Die bereits gemachten Entdeckungen und ihre Auswirkungen weiterzuverfolgen bietet Dutzenden Forschungsleitern und graduierten Studenten Arbeitsmöglichkeiten. Einige dieser Möglichkeiten werden im letzten Kapitel umrissen.

# 8 Was die Kosmoklimatologie leisten muss

*Energiereiche Höhenstrahlen erklären viele Details. Nun brauchen wir eine viel klarere Geschichte unserer Galaxie und eine noch reichhaltigere Klimachronik der Erde. Unsere Abhängigkeit von der Sonne prägt unsere Suche nach fremden Lebensformen. Die Klimawissenschaft sollte dazu beitragen, statt sich in großartigen Prophezeiungen zu ergehen.*

Im Sommer 2006 berechnete Svensmark mithilfe seines Sohnes Jacob weiter das Geschick der Höhenstrahlen in der Erdatmosphäre. Das deutsche Computer-Programm CORSIKA ermöglichte den beiden, beachtliche fehlende Auswirkungen eines schwächeren Magnetfeldes der Erde auf das Klima genau zu erklären. Wie in Kapitel 2 beschrieben, zeigt sich, dass die eintreffenden Höhenstrahlen, die für die Myonen verantwortlich sind, die bis in die untersten Höhenschichten vordringen, so energiereich sind, dass sie von Änderungen im Magnetfeld der Erde so gut wie nicht berührt werden. Durch das Erdmagnetfeld werden nur drei Prozent der Myonen beeinflusst.

CORSIKA-Berechnungen warfen auch ein neues Licht auf andere astronomische und solare Prozesse, die Höhenstrahlen und Klima beeinflussen und weit über die Frage des Magnetfelds der Erde hinausreichen. Als sich dadurch einige verbliebene Rätsel und Unklarheiten wie durch Zauberhand lösten, jubelte Svensmark: »Der Beweis ist jetzt stichhaltig und es ist, als würde ein Märchen wahr.«[64]

Höhenstrahlen von einer nahe gelegenen Quelle, etwa einer im vorherigen Kapitel beschriebenen Supernova, sind dafür ein Beispiel. Unter ihnen befinden sich viele energiereiche Teilchen aus der entfernteren Galaxie. Die Berechnungen zeigen, dass eine bestimmte Dosis an Höhenstrahlung aus einer nahe gelegenen Supernova dreimal mehr Myonen erzeugt als die entsprechende Dosis der üblichen aus der Galaxis eintreffenden Höhenstrahlen. Messungen von Beryllium-10 und anderer seltsamer Atome, die Höhenstrahlen mit relativ geringer Energie in höheren Atmosphäreschichten hinterlassen, spielen die klimatische Wirkung einer nahe gelegenen Supernova herunter. Das genaue Gegenteil geschieht, wenn das Magnetfeld der Erde verschwindet und die Beryllium-10-Werte – allerdings mit sehr geringer Auswirkung auf die energiereichen Myonen, die an der Wolkenbildung und am Klimawechsel beteiligt sind – in die Höhe schießen.

Das Magnetfeld der Sonne ist wesentlich einflussreicher als das der Erde. Svensmarks CORSIKA-Berechnungen ergaben, dass Schwankungen während eines elfjährigen Sonnenzyklus eine zehnprozentige Änderung der Menge an Myonen ergeben, welche die untersten 2000 Meter der Atmosphäre erreichen. Das entspricht der Menge in Meereshöhe und erklärt die drei- bis vierprozentige Änderung der Wolkendecke während eines Sonnenzyklus.

Ein anderes, inzwischen geklärtes Rätsel ähnelte dem des Erdmagnetfelds: Ab und zu kann die magnetische Stoßwelle einer großen Sonneneruption plötzlich die Menge der kosmischen Strahlen, die die Erde erreichen, um fünf oder zehn Prozent – und manchmal noch mehr – verringern. Diese Wellen werden nach Scott Forbush, der sie als Erster untersucht hat, Forbush-Minderungen genannt. Von solchen Ereignissen ist eine deutliche Verringerung der Wolkendecke zu erwarten.

Forbush-Minderungen treten nicht regelmäßig auf. Solange dieser Zusammenhang nicht entdeckt war, diente dies als Argument gegen die Theorie, dass Höhenstrahlen die Wolkenbildung beeinflussen. Wieder zeigen die CORSIKA-Berechnungen, dass die solaren Schockwellen sich auf Partikel, die entsprechende Myonen erzeugen, viel weniger auswirken als die Höhenstrahlung. Daher kann man von Forbush-Minderungen auch keine offensichtlichen Auswirkungen auf die Wolkenbildung erwarten. Trotzdem kommt es in seltenen Fällen dazu. Infolge einiger Vorgänge auf der Sonne im Jahr 1991 war die Erde tatsächlich etwas weniger bewölkt.

Bei diesen und anderen theoretischen Arbeiten war Svensmark allein und arbeitete oft abends und an Wochenenden zu Hause. Sein kleines Team am Dänischen Nationalen Weltraumzentrum war hauptsächlich mit dem Experiment SKY und mit der Chemie der Wolkenbildung durch Höhenstrahlen beschäftigt. Auch die Planung, die Sitzungen und die technische Vorbereitung der angekündigten Experimente in Genf verschlangen eine Menge Zeit. Im Frühjahr 2006 war Nigel Marsh, seit acht Jahren Svensmarks Kollege, nach Norwegen gegangen.

Trotz der Schwierigkeiten vor Ort und ständiger Finanzierungsprobleme wuchs Svensmarks innerer Jubel, weil er wusste, dass die Fortschritte seit 1996 Wissenschaftler aus anderen Ländern und aus sehr unterschiedlichen Fachgebieten in diese Forschungsarbeiten einbezogen hatten. Die Fragen der Höhenstrahlen und des Klimas waren zu einem rasch anwachsenden und unabhängigen Wissenschaftszweig geworden. Svensmark hatte diesem Zweig mit seinem Vorschlag zur Gründung eines Zentrums zur Erforschung der Kosmoklimatologie als Erster den Namen gegeben und sein Gebiet umrissen:

»Ein neues Forschungsgebiet untersucht außerirdische Ereignisse, die sich in allen Zeiträumen von Sekundenbruchteilen bis zu Milliarden von Jahren auf das terrestrische Klima auswirken, und überdenkt ihre Folgewirkungen für das Leben auf der Erde in Vergangenheit, Gegenwart und Zukunft.«[65]

Die Herausforderungen für weitere Untersuchungen, die nun ins Auge gefasst werden, übersteigen bei Weitem den bloßen Austausch wohl begründeter »Expertenmeinungen« aus unterschiedlichen Gebieten. Jede neue Wendung führt das Thema unmittelbar an die Grenzen der Forschung heran, sei es in der Atmosphärenchemie, der Astronomie, der Geologie oder in den Biowissenschaften.

# Aktuelle Experimente

Jeder, der noch immer glaubt, mit der Erforschung des Zusammenhangs zwischen Höhenstrahlen und Wolken irrten lediglich einige Spinner vom Weg der orthodoxen Meteorologie und Klimaforschung ab, sollte sich das CLOUD-Experiment der Europäischen Organisation für Kernforschung (CERN) in Genf, deren Sprecher Jasper Kirkby ist, vor Augen halten. Während ich dies schreibe, gehören der CLOUD-Gruppe fünfzig Fachleute aus siebzehn Instituten in Österreich, Dänemark, Finnland, Deutschland, Norwegen, Russland, der Schweiz, Großbritannien und den Vereinigten Staaten an. Wenn ich auch der Letzte bin, der behaupten will, dass das Gewicht großer Zahlen ein verlässlicher Hinweis auf wissenschaftliche Verdienste ist, so muss man ein Beschleunigerprojekt, das so breit gestreut anerkannte Fachleute der solarterrestrischen Physik und der Atmosphärenphysik anzieht, doch ernst nehmen. Als das Team das Projekt vorschlug, hegte es überschwängliche Erwartungen:

»Die Weltraumforschung hat gezeigt, welch erstaunliche Beiträge die ›Großforschung‹ zum Wissen über die Umwelt beisteuern kann, indem sie Fachleute unterschiedlicher Disziplinen zusammenbringt.«[66]

Zunächst will man in Genf Svensmarks SKY-Experiment aus Kopenhagen noch einmal durchspielen. Die kompliziertere CLOUD-Ausrüstung kommt dann ab dem Jahr 2010 ins Spiel. Mit den Teilchen aus dem Beschleuniger in CERN lassen sich nach jahrelangen Versuchen unterschiedliche Höhenstrahlen simulieren und damit untersuchen, welche Rolle die Höhenstrahlen bei der Erzeugung von Kondensationskeimen für die Wolkenbildung in allen Höhenschichten der Atmosphäre spielen. Das Team stellt als Auftakt für die Kosmoklimatologie einen Kader engagierter Forscher.

Weil sie elektrische und molekulare Ereignisse in Sekundenbruchteilen, in Stunden und Tagen nachverfolgen können, fallen die

CLOUD-Untersuchungen in den Bereich von Kurzzeituntersuchungen. Doch wird das Experiment auch in den Zeitrahmen von Milliarden Jahren greifen, wenn es die Aktivität der kosmischen Strahlen in besonderen Gasgemischen vergangener Zeiten testet, als sich die Zusammensetzung der Atmosphäre von der heutigen noch deutlich unterschied.

Ballone und Forschungsflugzeuge mit Instrumenten, die Kondensationskeime einfangen, werden bestätigen müssen, ob das, was die Forscher in ihren Laborversuchen in Kopenhagen oder Genf herausfinden, auch »in Wirklichkeit«, in der Luft im Freien auftritt. Die Theorien über die atomare und molekulare Maschinerie der Wolkenentstehung zu verfeinern, ist eine weitere Aufgabe. Der Erfolgsbeweis wird erbracht sein, wenn die Forscher den Einfluss der Höhenstrahlen auf die Wolkenbildung und die Eigenschaften der Wolken so gut berechnen können, dass sie genau sagen können, wie sie am heutigen Klimawandel beteiligt sind. Dies muss global und für alle verschiedenen Regionen der Welt geschehen, in Übereinstimmung mit den Schwankungen der kosmischen Strahlen aufgrund der sich ändernden magnetischen Launen der Sonne.

## Die Galaxie besser kennenlernen

Die Astronomen haben ebenfalls viel zu tun, um ihre Beiträge zur Kosmoklimatologie zu verbessern, und dies nicht nur über die Supernovae des Gould'schen Gürtels, mit denen wir das vorherige Kapitel beendeten. Die Herausforderungen beginnen mit der Frage nach dem Ursprung der Höhenstrahlen und ihrer Beschleunigung innerhalb der Überreste einer Supernova. Man nimmt an, dass ihre Produktion erst ungefähr 100 000 Jahre nach der Sternexplosion intensiv wird.

Die sehr empfindlichen HESS-Bodenteleskope für Gammastrahlen in Namibia haben einige nicht näher bekannte Objekte aufgespürt. Bei ihnen könnte es sich um Gaswolken handeln, die von Höhenstrahlen aus älteren Supernova-Überresten getroffen werden und nun »ihren Betrieb aufnehmen«. Wie im Jahr 2006 bekannt wurde, liegt ein typisches Objekt dieser Art in Richtung des Zentrums der Milchstraße. Die HESS-Astronomen schließen daraus, dass die Höhenstrahlung in jener Region sowohl intensiver als auch energiereicher ist als diejenige, die bis in die Nachbarschaft der Sonne gelangt. Jim Hinton vom Max-Planck-Institut für Kernphysik in Heidelberg bemerkte dazu, dass die Identifizierung der Objekte nur ein erster Schritt sei:

> »Wir richten natürlich weiterhin unsere Teleskope auf das Zentrum der Galaxie und werden hart arbeiten, den genauen Standort der Beschleunigung festzustellen. Ich bin sicher, dass es da weitere aufregende Entdeckungen geben wird.«[67]

Röntgen-Teleskope in Weltraum wie CHANDRA (ein NASA-Teleskop, das 1999 in eine Umlaufbahn gebracht wurde und noch immer arbeitet) und XMM-Newton (ein ESA-Teleskop; es wurde ebenfalls 1999 in eine Umlaufbahn gebracht und soll bis 2010 weiterarbeiten) untersuchen sehr genau die nahe gelegenen und relativ jungen Supernova-Überreste. Auch wenn diese Quellen noch keine ausgereiften Fabriken für Höhenstrahlung sein dürften, weisen sie doch schon Stoßwellen jener Art auf, von der man annimmt, dass sie Teilchen auf ein hohes Energieniveau beschleunigen. Die Satelliten entdecken Röntgenstrahlen, die beschleunigte Elektronen abgeben, und 2005 lieferte CHANDRA den ersten überzeugenden Hinweis auf die Beschleunigung von Protonen und anderen Atomkernen.

Die amerikanische Raumsonde begutachtete die Überreste des Sterns Tycho, der 1572 explodiert war. Die damalige Explosion war ein sogenanntes »Typ-1A-Ereignis« und keine massereiche Supernova, die als hauptverantwortlich für die Höhenstrahlen in der Galaxie gilt. Trotzdem gibt es zu denken, dass CHANDRAs Astronomen auf atomares Material stießen, das mit viel größerer Geschwindigkeit von dem Stern weggeschleudert wurde, als die üblichen Theorien erwarten ließen. Jessica Warren von der Rutgers Universität in New Jersey vermutet, man müsse die Theorien ändern:

»Die wahrscheinlichste Erklärung für dieses Verhalten ist, dass ein großer Teil der Energie der nach außen gerichteten Schockwelle in die Beschleunigung der Atomkerne auf annähernd Lichtgeschwindigkeit übergeht.«[68]

Die Magnetfelder, die sich durch die Milchstraße schlängeln und die Höhenstrahlen in unsere Richtung lenken, müssen besser erfasst werden, um nachzuzeichnen, welche Erfahrungen die Erde bei ihrer Reise durch die Spiralarme mit dem höheren und geringeren Beschuss durch Höhenstrahlen macht. Rückschlüsse auf die Magnetfelder ergeben sich aus der Schwingungsrichtung von Rundfunkwellen – ihrer Polarisation, wie es die Experten nennen. Radioastronomen, die für diese Aufgabe zuständig sind, werden weit bessere Ergebnisse mit der geplanten, einen Quadratkilometer großen Antenne (Square Kilometre Array) erzielen. Sie ist ein globales, noch nicht fertiggestelltes Projekt. Dabei sollen in Australien oder Südafrika über ein enorm großes Gebiet verteilt miteinander vernetzte Gruppen von Empfangsschüsseln aufgestellt werden, um schwächste Rundfunksignale aus dem Kosmos aufzuspüren.

Die Konzentration kosmischer Strahlen in der flachen Scheibe der Milchstraße, die die Sonne alle 32 Millionen Jahre durchkreuzt, bleibt ebenfalls unklar. Es wurde sogar vermutet, dass uns das Magnetfeld der Galaxie gegen zu viele energiereiche Höhenstrahlen abschirmt. Diese sollen weit entfernt im Raum von Stoßwellen aufgrund der Bewegung der Milchstraße durch den intergalaktischen Raum erzeugt werden. In diesem Fall müsste die Erde eher einer höheren als einer geringeren energiereichen Strahlung ausgesetzt sein, wenn sie sich mit der Sonne hoch über oder unter die Mittelebene der Galaxie hinausbewegt. Nach Svensmarks Meinung deuten die klimatischen Anzeichen eher in eine andere Richtung, weil die Abweichung aus der Ebene hinaus mit wärmeren Klimaperioden verbunden ist, die mit einer schwächeren kosmischen Strahlung korrespondiert.

Die Abenteuer von Sonne und Erde auf ihrer Reise durch die Milchstraße haben verschiedene Möglichkeiten gezeigt, wie sich der Beschuss durch Höhenstrahlen ändern kann und welche klimatischen Auswirkungen dies hat. Doch unsere Kenntnisse darüber, was Nachbarsterne und die gesamte Galaxie in der entfernten Vergangenheit gemacht haben, sind bisher noch dürftig.

Wenn die Sonne auf ihrer Reise durch die Galaxie in eine relativ dichte Wolke aus interstellarem Gas gerät, werden die Heliosphäre und das Magnetfeld der Sonne, das die Heliosphäre ausfüllt, zusammengedrückt. Dies ließ aufgrund der im Eis von Grönland und der Antarktis entdeckten hohen Beryllium-10-Werte aus der Zeit vor rund 60 000 und 33 000 Jahren eine hohe Strahlenintensität vermuten. Der Aufprall auf kleine, dichte Gaswolken, die Astronomen »Lokale Flusen« (Local Fluff) nennen, hat die Heliosphäre womöglich auf bis zu ein Viertel ihres derzeitigen Durchmesser schrumpfen lassen und dadurch die Intensität der aus der Galaxie kommenden Höhenstrahlen verdoppelt. Priscilla Frisch von der Universität Chicago arbeitet über den Einfluss von Gaswolken auf die Raumumgebung der Erde und darüber, was sie als »galaktisches Wetter« bezeichnet. Die Sonne hält sich derzeit in einer Region mit ungewöhnlich wenig interstellarem Gas auf. Daher sollte die Rekonstruktion vergangener Zusammentreffen mit Gaswolken grundsätzlich zur Analyse der Geschichte der kosmischen Strahlen in geologischen Zeiträumen gehören. Praktisch lassen sich Ereignisse vor mehr als rund einer Million Jahren nicht mehr rekonstruieren. In Zukunft können weitere Reisen durch Lokale Flusen durchaus möglich sein, doch ist sich Frisch nach dem Studium der Karte unserer Galaxie ganz sicher: »Die Flugbahn der Sonne deutet darauf hin, dass sie wenigstens in den nächsten mehreren Millionen Jahren wahrscheinlich nicht auf eine große, dichte Wolke treffen wird.«[69]

Das wichtigste Projekt des astronomischen Beitrags zur Kosmoklimatologie ist Europas Weltraummission Gaia, Nachfolger von Hipparcos. Gaia soll die hellsten Sterne noch genauer als je zuvor vermessen. Die Entfernungen der Sterne genauer zu bestimmen hilft ihr Alter zu klären und so die »Babyboom«-Phasen der Sternbildung zu entdecken, die, wie sich zeigte, mit der extremen Kälte der Schneeball-Erde-Episoden verbunden sind. Da nur wenige Sterne vermessen werden und die Hipparcos-Messungen noch immer ungenau sind, bleibt die Geschichte der Sternentstehung aufgrund der Zeitintervalle von 400 Millionen Jahren bei den Erhebungen verschwommen. Außerdem war die Analyse bisher auf unseren lokalen Bereich innerhalb der Milchstraße beschränkt, auf einen Bereich im Mittelfeld, der weit vom Zentrum der Galaxie entfernt ist.

Gaia soll Hipparcos an Genauigkeit, Ausmaß der Sternerfassung und hinsichtlich ihrer Reichweite in die Galaxie hinein weit übertreffen. Das internationale Team zielt darauf ab, die gesamte Geschichte der Sternentstehung in der Milchstraße über die letzten zehn Milliarden Jahre zu erzählen – und zwar der Sternentstehung in der zentralen Wölbung, in all den verschiedenen Ringen der Scheibe und im Lichthof um die Sterne herum. Erst wenn dies geschehen ist, wird man eine klare Antwort auf die Frage finden, ob die Entstehung der Sterne relativ gleichmäßig oder sehr sporadisch verlief. Je sporadischer sie war, desto größer wird der Bereich, in dem man nach den Auswirkungen der intensiven kosmischen Strahlen auf die Erde zu suchen hat.

Auch bessere Kenntnisse über die Spiralarme werden sich auszahlen. Hipparcos lieferte eine gute Karte des Orion-Arms, in dem sich die Sonne zurzeit befindet. Gaia wird alle größeren Arme auf der uns zugewandten Seite der Galaxie vermessen und in ihnen die neu entstandenen Sterne lokalisieren. Gaias hochpräzise Messungen sollen auch eine verlässliche Antwort auf die Frage nach der Geschwindigkeit liefern, mit der die Spiralarme um das galaktische Zentrum kreisen, und klären, ob die Umlaufbahn der Sonne um dieses Zentrum einen Kreis oder eine Ellipse bildet. Die Ergebnisse ermöglichen eine genauere Berechnung der Zeiten, in denen die Sonne mit den Planeten die Spiralarme besucht und dabei die hohen Belastungen durch kosmische Strahlen erlitten hat, die für die Kälteperioden in ihrer geologischen Geschichte verantwortlich sind.

Bis die Ergebnisse von Gaia vorliegen, kann man keine große Verbesserung unserer Kenntnisse über die Rate der Sternentstehung im Laufe der Erdgeschichte erwarten. Die Raumsonde wird nicht vor 2011 starten, und bis ihre Beobachtungen abgeschlossen sind, dürften ungefähr fünf Jahre vergehen. Währenddessen liefert die Astrophysik aufgrund der Beobachtungen anderer spiralförmiger Galaxien eine Fülle von Informationen, über denen die Theoretiker brüten können. Sie können z. B. versuchen, die Unterschiede des galaktischen Magnetismus und der kosmischen Strahlung zwischen den hellen Spiralarmen und den dunkleren Zwischenräumen besser zu verstehen.

Hohe Priorität hat auch das bessere Verständnis des Gravitationstanzes der Großen und Kleinen Magellanwolke und der anderen nahe gelegenen kleinen Galaxien, wie des Zwergs Sagittarius, der zurzeit die entfernte Seite unserer Galaxie besucht. Ziel ist, festzustellen, wie und wann Strahlenbündel unserer galaktischen Nachbarn in der Milchstraße die Entstehung von Sternen ausgelöst haben könnten. Genauere Berechnungen sind auch nötig, um die unsichtbare, dunkle Materie besser ermitteln zu können, die wesentlich zur Masse der kleinen Galaxien beiträgt. Die Suche nach dunkler Materie, eine der wichtigsten Fragen der Astrophysik, ist ein weiteres Beispiel dafür, wie Fortschritte in der Kosmoklimatologie von Fortschritten der Grundlagenforschung ganz unterschiedlicher Fachgebiete abhängen.

# Der Milankovitch-Effekt

Aus Untersuchungen der Erde und ihrer geologischen Geschichte konnten wir Hinweise zusammentragen, die über Milliarden Jahre den starken Einfluss der Höhenstrahlen auf das Klima anzeigen. Doch vorerst liefern sie nur eine flüchtige Skizze. Eine gründliche Auswertung muss viele andere Prozesse, die das Klima beeinflussen, berücksichtigen. Dazu gehören das Wachstum der Kontinente, die Entstehung der Gebirge, der Vulkanismus, die Verlagerung der Kontinente und ihr Einfluss auf die Ozeanströmungen und Eisbarrieren um die Pole, Änderungen in der Zusammensetzung der Atmosphäre, die geochemischen Auswirkungen des Lebens und eine lange Serie Kometen- und Asteroideneinschläge.

Ein lästiger Punkt ist auch der Milankovitch-Effekt. Er ist nach dem serbischen Ingenieur und Hobbyklimatologen Milutin Milankovitch benannt, der in den 1920er-Jahren damalige Vorstellungen korrigierte und Erklärungen für die jüngsten Eiszeiten gab. Er ermittelte, wie sich Sonnenschein, der in den verschiedenen Jahreszeiten auf unterschiedliche Bereiche der Erde fällt, über Jahrtausende ändert. Grund hierfür ist, dass die Gravitationswirkung anderer Objekte im Sonnensystem die Stellung der Erde im Weltraum beeinflusst und ihre Umlaufbahn um die Sonne verändert.

Heute ist die Antarktis ständig mit Eis bedeckt. Kritische Änderungen, das Sich-Ausdehnen und Zurückziehen der Eisschilder, finden auf der Landmasse der Nordhalbkugel statt. Sie (so die Theorie) hängen davon ab, ob der Sommersonnenschein stark genug ist, um den Winterschnee abzuschmelzen. Manchmal steht die Sonne im nördlichen Sommer relativ nahe und hoch am Himmel und kann Schnee und Eis wegfegen. Doch bei niedrigerer Sonne, die weiter weg steht, kann der Schnee den ganzen Sommer über liegen bleiben, sich von Jahr zu Jahr ansammeln und so allmählich einen Eisschild bilden.

Astronomen können diese Änderungen berechnen. Die Erdachse dreht sich wie ein langsam wackelnder Kreisel und ruft so in

Rhythmen von ungefähr 20 000 Jahren Veränderungen des Sonnenscheins in der Sommersaison des Nordens hervor. Die Erde schaukelt dabei auch wie ein Schiff. Dies ändert in einem Zyklus von etwa 40 000 Jahren die Höhe des Sonnenstands am Himmel. In einem noch langsameren Zyklus von ungefähr 100 000 Jahren ändert sich auch die Form der Umlaufbahn der Erde, welche sie zu unterschiedlichen Jahreszeiten näher an die Sonne heran- oder weiter von ihr wegbringt.

Mitte der 1970er-Jahre konnten die Forscher die Milankovitch-Rhythmen sehr deutlich anhand der schweren Sauerstoffatome auf dem Meeresgrund – ein Maßstab für das Klima – nachweisen. Für kurze Zeit war Calder mit einem ungeduldigen Ausflug in die Wissenschaft an diesem Abenteuer beteiligt. Um 1976 nannten amerikanische und britische Wissenschaftler die Veränderungen der Erdumlaufbahn die »Schrittmacher der Eiszeiten«. Seither sind die Milankovitch-Rhythmen auch in mehrere Hundert Millionen Jahre alten Ablagerungen aufgetaucht, als keine Eiszeiten im Anmarsch waren. Tatsächlich benutzen die Geologen sie, um ihre Zeitreihen zu bestimmen. Ihre Existenz wird nicht mehr bezweifelt.

Andererseits ist die Rolle der Milankovitch-Effekte in den jüngsten Eiszeiten, mit denen die Wissenschaft einsetzte, immer unsicherer, zumindest verwirrender geworden. Am meisten fällt in den Klimaaufzeichnungen der letzten Million Jahre der Wechsel zwischen allgemeiner Vereisung, relativ kurzen warmen Zwischeneinzeiten und einer erneuten Eiszeit auf, die ungefähr alle 100 000 Jahre einsetzte. Rätselhaft ist, weshalb eine schwache Änderung der Umlaufbahn der Erde so dramatische Auswirkungen haben sollte. Die Wirkung der Schwankungen des Sonnenscheins scheint sehr verstärkt zu werden.

Überlagert werden die Klimaaufzeichnung durch kürzere Intervalle schneller Erwärmungen oder Abkühlungen in Verbindung mit deutlichen Änderungen beim Einfall der Höhenstrahlen. Diese sind eher mit dem magnetischen Verhalten der Sonne in Verbindung zu bringen als mit ihrer Stellung am Himmel. Die Auswirkungen einer geringen oder starken kosmischen Strahlung waren während der allgemeinen Eiszeit viel deutlicher als in dem heutigen warmen Zwischenspiel. Daraus ergibt sich, dass die Erde ihre Empfindlichkeit gegenüber Klimaeinflüssen aller Art – seien es der Sonnenschein nach Milankovitch, Höhenstrahlen oder andere Verursacher – ändern könnte.

Die Lösung des Rätsels der Rhythmen dürfte davon abhängen, dass man den Grund für die sich ändernde Klimaempfindlichkeit findet. Ein naheliegender Grund könnte der während der Eiszeit sehr niedrige Meeresspiegel sein, weil eine riesige Menge Wasser in den Eisschilden auf Land gebunden ist. Große Landflächen waren nun vom Meer freigelegt, vor allem der Festlandsockel der Nordsee, der Ärmelkanal, das Irische Meer und die Adria in Europa, die Bering-Straße und ein großes Gebiet Nordsibiriens, Beringia genannt, und die südchinesische See. Auch der größte Teil des Meeres zwischen den indonesischen Inseln war ausgetrocknet und versperrte so wichtige Ozeanströme. Die Höhe des Meeresspiegels könnte die größere Empfindlichkeit der Erde gegenüber äußeren Klimaeinflüssen während der Eiszeiten verständlicher machen, würde aber erschweren, das schnelle Umschalten auf die wärmeren Zwischenzeiten zu erklären.

Sich auf Milankovitch einen Reim zu machen steht ganz oben auf der Tagesordnung der Kosmoklimatologie. Ein Weg, sich dem Problem zu nähern, ist, zusätzlich zu den sich ändernden Höhenstrahlen aus den sonst noch an den Vorgängen beteiligten Prozessen ein einfaches theoretisches Modell zu erstellen. Ermutigt werden die Wissenschaftler, weil die Eiszeiten der letzten zwei Millionen Jahre den Geologen wegen der leicht zugänglichen Ablagerungen auf dem Meeresgrund und der Eisbohrkerne aus den Eisschilden und den obersten Teilen der Kontinentalplatten außerordentlich gut bekannt sind. Wenn man tiefer gräbt und weiter in der Zeit zurückgreifen will, wird die Sicht auf Klimawandlungen und ihre möglichen Ursachen viel verschwommener.

# Die Erde besser kennenlernen

Der erste Gletscher aus der Kreidezeit vor ungefähr 140 Millionen Jahren, der den Streit der Geologen darüber beendete, ob es während der Herrschaft der Dinosaurier eine Kühlhausphase gab oder nicht, wurde 2003 entdeckt. Auf eindeutige Hinweise für die viel älteren und schlimmeren Schneeball-Erde-Episoden stieß man nicht vor den 1990er-Jahren. Dass diese größeren Entdeckungen noch so neu sind, zeigt, wie wenig wir über die Klimageschichte der Erde wissen. Welche weiteren Überraschungen halten die uralten Felsen noch für uns bereit?

Vieles von dem, was wir über frühere Klimata wissen, ergab sich aus den enormen Erfolgen der Bohrungen in den Meeresgrund und in die Eisschilde seit den 1960er-Jahren. Doch reichen die ältesten Proben vom Meeresgrund ungefähr 180 Millionen Jahre zurück und die Eiskerne decken einen noch kürzeren Zeitraum ab. Da die ältesten bekannten Gesteinsschichten vor 3800 Millionen Jahren entstanden sind, ist jeder auf die geologische Erforschung der Kontinente angewiesen, die viel schlechter dasteht.

An Land können Geologen fast nur Felsen untersuchen, die gerade zugänglich sind. Es können Felsnasen sein, die durch die natürliche Erosion freigelegt wurden, oder der Blick, den Bergleute, Tunnelbauer und Öl-Prospektoren auf das freigeben, was vor Ort unter der Oberfläche liegt. Auf den Kontinenten wurden nur wenige Bohrungen zu Forschungszwecken durchgeführt. So wie die Astronomen immer größere Teleskope benötigen, brauchen Geologen bessere Möglichkeiten, um die Erdkruste zu erforschen. Im Jahr 2004 forderte man bei einem Arbeitstreffen der Nationalen Wissenschaftsstiftung der USA über vergangene Klimata aufgrund der Erfahrungen mit Bohrungen am Ozeangrund auch ehrgeizige Bohrungsprogramme auf den Kontinenten.

Vorerst können einfache Rechenmodelle versuchen, aus bereits Bekanntem einen Sinn zu ermitteln, indem sie die Bewertung der Höhenstrahlung mit Kenntnissen über weitere an den Vorgängen beteiligte Faktoren verknüpfen. In Dänemark gibt es Vorschläge, solche Modelle über die letzten zwei Millionen Jahre hinaus bis auf das Phanerozoikum der letzten 500 Millionen Jahre auszuweiten. Dazu müsste man die Durchquerung der Spiralarme möglichst mit dem Proterozoikum, in dem die Schneeball-Erde-Episoden auftraten, und dem frühen Hades- und Archaikzeitalter, in denen das Leben bei einer relativ schwachen Sonne begann, in Zusammenhang bringen.

Es überrascht, dass das Signal der kosmischen Strahlen in den geologischen Daten trotz sonstiger Ungewissheiten eindeutig zutage tritt. Von allen Ursachen, die das Klima beeinflusst haben könnten, sind Höhenstrahlen bisher die einzigen, die in jedem Zeitmaß – von Milliarden von Jahren bis zu Monaten – eine deutliche Spur hinterlassen. Die Beweislast liegt jetzt bei jenen, die andere Ursachen einführen wollen, etwa Kontinentalverschiebungen, Vulkane, Auswirkungen veränderter Ozeanströmungen oder Treibhausgase. Sie müssen zeigen, wie diese zu verschiedenen Zeiten den Einfluss der kühlenden Sterne modifiziert haben könnten.

## Suche nach Leben im All

Die Suche nach Leben in anderen Welten steht im frühen 21. Jahrhundert hoch oben unter den Forschungszielen. Abgesehen von der Jagd auf Spuren vergangener oder noch lebender Organismen auf dem Mars, dem Trabanten Europa und an anderen möglichen Orten im Sonnensystem, versuchen Astrobiologen erdartige Planeten anderer Sterne zu entdecken. Sowohl die Europäische Raumfahrtagentur ESA wie auch die NASA bereiten dazu sehr ehrgeizige Projekte für die Zeit nach 2015 vor. Sie wollen eine ganze Flotte von Teleskopen in den Weltraum schicken. Sie werden so ausgelegt sein, dass sie die Infrarotstrahlung des Wasserdampfs und anderer Gase in den Atmosphären fremder Planeten, die auf mögliches Leben hinweisen könnten, entdecken.

Die philosophische Frage nach Leben in einem gewaltsamen Universum geht mit den technischen Fortschritten in der Raumfahrt, die entsprechende Projekte erst ermöglichen, einher. Die Astrophysik ist auf unendliche Widersprüche gestoßen. Damit Lebewesen entstehen und gedeihen können, müssen ruhige und relativ warme Bedingungen herrschen. Doch um hierfür eine geeignete Umgebung zu schaffen und aufrechtzuerhalten, bedarf es Ereignisse, die für das Leben sehr gefährlich sind.

Die Atome, aus denen unsere Körper bestehen, wurden in der enormen Hitze des Urknalls oder bei Sternexplosionen geschmiedet. Diese verbanden sich aufgrund von kosmischen Strahlen und bei Temperaturen bis zu ca. −250 °C zu lebenswichtigen Molekülen wie Wasser und Kohlenmonoxid. Die Erde selbst entstand, als Asteroiden mit Höchstgeschwindigkeit aufeinanderprallten, und auch die Ozeane könnten sich durch Kometeneis gebildet haben. Der inzwischen wesentlich seltenere Einfall von Asteroiden und Kometen verursacht gelegentlich noch immer Tod und Zerstörung in großem Maßstab.

Kürzlich haben sich Astrobiologen mit der Rolle des Magnetismus bei der Schaffung und Erhaltung von Lebensbedingungen auf der Erde und vermutlich ebenso in fremden Welten beschäftigt. 2005 leitete der italienische Astrophysiker Giovanni Bignami die Vorbereitungsarbeiten für das Raumforschungsprogramm »Kosmische Vision: Europäische Raumforschung 2015–2025«. Sein Papier stellt eingangs die Notwendigkeit heraus, die physikalischen Bedingungen für das Auftauchen von Leben im Universum zu verstehen, und hebt dabei besonders die magnetische Koppelung zwischen einem Stern und seinem Planetensystem hervor:

> »Die Bewohnbarkeit der Erde wird insbesondere durch eine sich nur langsam entwickelnde Sonne aufrechterhalten. Diese gibt ein nahezu beständiges Licht und schirmt uns gegen energiereiche Teilchen ab, die aus Supernovae in der Galaxie herrühren. Der Sonnenwind, der sich von der heißen Sonnenkorona über die Heliosphäre erstreckt, treibt

turbulente Magnetfelder an den Rand des Sonnensystems, wodurch der Einfall der Höhenstrahlen drastisch gesenkt wird. Um die für das Leben nötigen Bedingungen besonders in seiner entwickelten Form vollständig zu charakterisieren, müssen wir daher das solare Magnetsystem verstehen, seine Veränderungen, seine Ausbrüche in großen Protuberanzen und die Wechselwirkungen zwischen der Heliosphäre und der Magnetosphäre der Planeten und ihrer Atmosphären.«[70]

Die Beiträge der Kosmoklimatologie kommen gerade rechtzeitig. Sie zeigen, wie Höhenstrahlen das magnetische Verteidigungssystem der Sonne während vieler Sternentstehungen überwunden haben. Das Leben ging weiter, sogar während der Schneeball-Erde-Phasen. Hat die besondere Stellung unseres Planeten und seiner Umwelt innerhalb der von der Sonne geschützten Heliosphäre dazu beigetragen, dass er so lange dem Leben eine Heimat bieten konnte? Wenn das so ist, wie außergewöhnlich ist unser Planet dann? Und: War die Entstehung des Lebens auf der Erde nur wegen des Mangels an kosmischer Strahlung aufgrund des heftigen Sonnenwinds der noch jungen Sonne möglich? Die Antworten werden den Astrobiologen helfen, bei der Suche nach fremdem Leben die Liste möglicher Untersuchungsziele einzugrenzen.

Weitere Entdeckungen verraten uns sehr Wichtiges über die Lebensbedingungen – auch wenn wir ihre Botschaft noch nicht ganz verstehen. Gemeint ist die überraschend enge Verbindung zwischen extremer Intensität der Höhenstrahlung und extremen Schwankungen der Lebensproduktivität. Diese anhand von Carbon-13-Messungen festgestellten Zeiträume weisen die höchste und die niedrigste Produktivität des Lebens auf. Kosmoklimatologischer Stress hat zweifelsohne ebenso nützliche wie schädliche Auswirkungen auf die Produktivität der Biosphäre. Gegenstand einer dringenden Untersuchung ist die Frage, ob die auffälligen Blütezeiten auf eine bessere Nährstoffverteilung zurückgehen, die sich aus den größeren Wetterturbulenzen und der stärkeren Erosion auf den Kontinenten infolge der Gletscherarbeit ergeben hat.

Wenn die Bioproduktivität mit dem Klimawandel zusammenhängt, wie steht es dann mit der Biodiversität, der Anzahl unterschiedlicher Arten? Hierbei handelt es sich um einen ganz anderen Maßstab für das Wohlergehen des Lebens. Am Aussterben alter Arten und dem Auftreten neuer, die besser an die veränderte Umwelt angepasst sind, haben Paläontologen schon lange erkannt, dass der Klimawandel dazu beiträgt, die Evolution voranzutreiben. Doch die Geschichte des Lebens in seinem Verhältnis zu den Höhenstrahlen wird immer auch durch die Auswirkungen von Kometen- und Asteroideneinschlägen verkompliziert. Diese verursachten ungeachtet des jeweiligen Klimazustands bei Weitem die größten Verluste an Biodiversität durch Massensterben. Nach einer solchen Massenausrottung tritt eine Menge neuer Arten auf, um die Lücken wieder zu schließen, und die Bioproduktivität erholt sich noch schneller. Die Elastizität des Lebens zeigt, dass das Leben so programmiert ist, dass es Krisen des gewaltsamen Universums überstehen kann.

Höhenstrahlen können die Entwicklungsrate noch unmittelbarer beeinflussen, indem sie Mutationen in den Genen bewirken. Schritt die Evolution rascher voran, als die kosmische Strahlung besonders stark war? Und wie hat sich dies auf die molekularen Uhren ausgewirkt, die Evolutionsforscher benutzen, um ihre Ereignisse zeitlich einzuordnen? Die Uhren stützen sich vor allem auf belanglose Genveränderungen, indem sie die DNS-Stränge unmittelbar miteinander vergleichen oder kleine Unterschiede im Aufbau des Eiweißes erkennen, das auf Anweisung der Gene gebildet wird. Wenn die Kosmoklimatologie sich mit vergleichender Genomik und Proteomik befasst, grenzt sie an die Biologie.

## Die Sonne verstehen lernen

Die Untersuchung der Höhenstrahlen, von denen dieses Buch handelt, begann bei den heutigen Veränderungen im Verhalten der

Sonne und beim solaren Beitrag zum Klimawandel. Die Europäische Raumfahrt-Agentur hat weitere Studien über die Rolle der Sonne gefördert. Forscher vom Imperial College (London), dem Schwedischen Institut für Weltraumphysik (Lund) und dem Dänischen Nationalen Weltraumzentrum (Kopenhagen) haben sich zu dem ESA-Projekt ISAC zusammengetan (Einfluss der zyklischen Sonnenaktivität auf das Erdklima). Es untersucht die drei Arten, auf die sich die Sonne bemerkbar macht: sichtbares und unsichtbares Licht, der auf das Magnetfeld der Erde einwirkende Sonnenwind und die Modulation der Höhenstrahlen. Ziel ist, den Klimamodellierern vorzuschlagen, wie sie diese Auswirkungen in die Computerprogramme, mit denen sie den Klimawandel simulieren, einbauen können.

In Svensmarks Vorstellung haben Höhenstrahlen, die tief in die Atmosphäre eindringen, einen größeren Einfluss auf das Klima als die anderen vorgestellten Mechanismen der Sonnenschwankungen. Sie haben auch eine größere Wirkung als alle übrigen Naturkräfte, einschließlich der Vulkanausbrüche und El-Nino-Ereignisse, die den östlichen Pazifik und die Erde insgesamt erwärmen.

Der Zusammenhang zwischen Höhenstrahlen, Wolken und Klima ist heute noch genauso wichtig wie vor Milliarden von Jahren. Jeder Versuch, das Klima über Jahre und Jahrzehnte hinweg vorherzusagen, hängt weitgehend davon ab, Änderungen der Höhenstrahlung im Voraus bestimmen zu können. In dem engen Zeitrahmen, in dem sich die galaktische Umgebung nicht nennenswert ändert, beziehen sich Schwankungen der Höhenstrahlen von klimatischem Gewicht fast ausschließlich auf Änderungen im magnetischen Verhalten der Sonne. Dieses muss man vorhersagen können, wenn man ernst zu nehmende Vorhersagen zu machen hofft.

Die Verantwortung hierfür liegt auf die Schultern der Sonnenphysiker. Sie geraten bereits wegen der Gefahren, die Sonnenstürme für Astronauten und Raumsonden sowie für die Strom- und Kommunikationsnetze auf der Erde mit sich bringen, unter Druck, die magnetische Sonnenaktivität vorherzusagen. Wer eine bemannte

Mission zum Mond oder Mars plant, möchte die Risiken möglichst gering halten und dafür einen ruhigen Zeitraum wählen. Vorhersagen anhand der Anzahl der Sonnenflecke im aufsteigenden und abnehmenden Sonnenzyklus von ungefähr elf Jahren werden seit Langem getroffen – bisher mit nur mäßigem Erfolg. Jedenfalls besteht nur ein geringer Zusammenhang zwischen der Anzahl der Sonnenflecke und der Häufigkeit von Sonnenstürmen. Im September 2005, als es nur wenige Sonnenflecke gab und die Sonne sich auf ihr Minimum zubewegte, schossen aus einer einzelnen Gruppe von Sonnenflecken innerhalb einer Woche neun Protuberanzen hervor, von denen die erste die stärkste der letzten 50 Jahre war. David Hathaway vom Nationalen Raumforschungs- und Technologiezentrum in Fluntsville, Alabama, bekannte kläglich: »Das Sonnen-Minimum sieht seltsamerweise wie ein Sonnen-Maximum aus.«[71]

Die Höhenstrahlung richtet sich also nur vage nach der Anzahl der Sonnenflecke. Auch wenn sie im Allgemeinen bei wenigen Sonnenflecken stärker ist und bei vielen schwächer, gibt es keinen einfachen Zusammenhang. Höhenstrahleneffekte können der Anzahl der Sonnenflecke etwa um ein Jahr vorauseilen oder hinter ihnen zurückbleiben. Der Zustrom durchdringender Höhenstrahlen hatte beim Sonnenmaximum um das Jahr 2000 etwa den gleichen Umfang wie um 1979, als es viel mehr Sonnenflecke gab.

Die Aufzeichnungen der Höhenstrahlen anhand der radioaktiven Atome lassen auf längere Zyklen im Sonnenverhalten schließen, wobei die magnetische Abschirmung in Abständen von ungefähr 200 und 1400 Jahren schwächer und wieder stärker wird. Mehrere beherzte Forscher versuchten die Runen der Sonne zu lesen, indem sie die Zyklen fortschrieben. Einige sind der Ansicht, dass das Magnetfeld der Sonne, das während des 20. Jahrhunderts seine Kraft verdoppelt hat, in den 2020er-Jahren noch stärker sein wird. Dies bedeutet, dass es weniger Wolken geben wird und die globalen Temperaturen weiter steigen. Andere vermuten, dass das Feld seinen Höhepunkt erreicht hat und bald wieder abnehmen wird.

Tatsache ist, dass es niemand genau weiß. Selbst die 11- und 22-jährigen Sonnenfleckzyklen sind noch nicht ganz erforscht. Die Ursachen für die langfristigen Zyklen sind unklar, obwohl es Spekulationen darüber gegeben hat, dass sich der Kern der Sonne im Schwerefeld des Sonnensystems aufgrund der sie umkreisenden Planeten verschiebt. Große Fortschritte der Sonnenphysik, sowohl in der Theorie als auch in der Observation, sind nötig, wenn es möglich werden soll, die Höhenstrahlung für brauchbare Klimavorhersagen zu nutzen.

Der bereits in Kapitel 5 erwähnte Vater der Sonnenwind-Forschung, Eugene Parker aus Chicago, will dazu die Anzahl der sonnenähnlichen Sterne, deren Magnetismus bereits regelmäßig überwacht wird, von 10 auf 1000 erhöhen. Dies erhöht die Wahrscheinlichkeit, mögliche Extreme in ihrem Verhalten zu entdecken, die uns bisher nicht bewusst sind. Ein Einbruch der magnetischen Aktivität, der auf der Erde mit der Kleinen Eiszeit (dem Maunder-Minimum) einherging, ist bei anderen Sternen bereits beobachtet worden, nicht aber jene Aktivitätsspitzen, zu denen es in der Sonne bei den plötzlichen Warmphasen während der letzten Eiszeit gekommen sein muss.

Leute, die gerne das künftigen Verhalten der Sonne prophezeien, werden bereits durch die Schwierigkeit, die gegenwärtige Stärke ihres Hauptmagnetfelds zu beurteilen, entmutigt. Das ist so, weil von der Erde und von den meisten Raumsonden aus fast nur die Außenkante des Gebiets um die Sonnenpole zu beobachten ist. Die Sonde Odysseus umkreist die Sonne inzwischen über den Polen und misst das Magnetfeld in Polnähe. Aber die Sonde ist nicht mit den erforderlichen Sensoren ausgestattet, um das Magnetfeld direkt an der Sonnenoberfläche aus der Ferne messen zu können. Dieser Mangel wird bei künftigen Raummissionen behoben werden.

Europas Sonnen-Raumsonde wird in den nächsten sieben Jahren eine Begegnung mit der Venus nutzen, um sich in eine Position zu manövrieren, von der sie einen der Pole unter einem Einfallswinkel von 38 Grad beobachten kann. Im Vergleich dazu beträgt der Beobachtungswinkel von der Erde aus nur 7 Grad. Es gab den Vorschlag, eine Raumsonde zu nutzen, die durch ein Sonnensegel angetrieben wird und schließlich die Sonne über dem Nord- und Südpol im halben Erde-Sonne-Abstand umkreist. Sie ermöglichte den Sonnenphysikern zum ersten Mal einen umfassenden Blick auf den Magnetismus an der sichtbaren Oberfläche der Sonne. Die Hoffnung, dadurch das Verhalten der Sonne besser vorhersagen zu können, wird werblich als Hauptmotiv der Mission hervorgehoben.

Doch deshalb müssen Sie den Atem nicht anhalten. Die Sonnensonde soll nicht vor 2015 an den Start gehen und wird noch bis zum Jahr 2020 keine gute Sicht auf die Pole bieten. Was die Sonnensonde betrifft, so ist sie kaum mehr als der Glanz in den Augen ihrer Verfechter. Auch wenn die Europäische Raumfahrt-Agentur sie als eines ihrer neuen Vorhaben angenommen hat, die zwischen 2015 und 2025 durchgeführt werden sollen, können sich die beteiligten Wissenschaftler und Ingenieure glücklich preisen, wenn ihr Sonnenschiff am Ende dieses Zeitraums die Umlaufbahn um die Sonne erreicht hat.

Man weiß noch zu wenig über die sich ändernden Launen der Sonne, um Prognosen über die Sonnenaktivität und die Höhenstrahlen als Grundlage für ernsthafte Voraussagen über den zu erwartenden Klimawandel im 21. Jahrhundert nutzen zu können. Im Jahr 2005 gab es eine schwedische Voraussage, dass der nächste Sonnenzyklus 2006 beginne und der schwächste seit 100 Jahren sei. Im Gegenteil, besagte eine amerikanische Prognose ein paar Monate später, der nächste Zyklus setze Ende 2007 ein und gleiche den sehr kräftigen Zyklen der 1970er- und 1980er-Jahre.

Drei britische Sonnenmathematiker erlaubten sich 2006 eine ironische Bemerkung über solche Vorhersagen. Nachdem sie bemerkt hatten, dass die Theorie nicht physikalisch untermauert war, boten Steven Tobias, David Hughes und Nigel Weiss eine eigene Vermutung an:

»Natürlich ist es interessant, darüber zu spekulieren, welche Richtung die magnetische Sonnenaktivität in Zukunft einschlagen könnte. Die letzten Sonnenfleckzyklen sind außerordentlich kräftig ausgefallen ... Bekanntlich neigten solche Episoden hoher Sonnenaktivität in der Vergangenheit dazu, dramatische Abstürze in eine streng reduzierte, magnetische Aktivität, sogenannte ›Grand Minima‹, folgen zu lassen. Auch wenn wir uns nicht erlauben, zu prognostizieren, dass dies bald geschehen wird, wäre es sicherlich interessant, solch einen Absturz zu erleben.«[72]

Solche »interessanten« Zeiten zu erleben gilt gemeinhin als Fluch. Die hier erwähnten Grand Minima waren das Maunder-Minimum vor gut 300 Jahren, das mit der kältesten Periode der Kleinen Eiszeit einherging, und ähnliche Aktivitätspausen der Sonne, die häufig jene Kälteperioden auslösten, die – wie in Kapitel 1 beschrieben – immer wieder das Schnidejoch über die Alpen unpassierbar gemacht hatten. Angesichts der Unsicherheiten der Sonnenphysik sollten sich die Kosmoklimatologen wahrscheinlich nicht beeilen, mit irgendwelchen Rückschlüssen auf das im 21. Jahrhundert zu erwartende Klima aufzuwarten.

## Neuinterpretation des Klimawandels

Da die Höhenstrahlen den Klimawandel verursachen, sind alle Versuche, der Öffentlichkeit verlässliche Vorhersagen über das Klima der nächsten Jahrzehnte zu bieten, wissenschaftlich übereilt. Solche Prognosen führen Politiker in die Irre und erteilen den Menschen zu ihrem Schaden falsche Ratschläge angesichts der zu erwartenden, fallenden oder steigenden Temperaturen. Die frühe Warnung Joseph Smagorinskys aus der Pionierzeit der Klimamodellierung mittels Computer ist noch immer gültig. Er hatte in den 1970er-Jahren in Princeton gesagt: »Eine schlechte Klimavorhersage ist schlimmer als gar keine Vorhersage.«[73]

Seit damals sind die Computer viel besser geworden. Doch die verkürzten Annahmen, die den Klimamodellen zugrunde liegen, werden immer fadenscheiniger. Die möglichen Auswirkungen von Kohlendioxid auf die globalen Temperaturen sind für die Modellbauer eine Frage weitgehend freier Einschätzung innerhalb eines weiten Spielraums. Obwohl mehrfach erklärt wurde, man müsse die Vorhersagen herunterschrauben, schwankt die für das 21. Jahrhundert angekündigte Erwärmung zwischen 0,5 und beinahe 6 °C. Die meisten Prognosen liegen bei drei oder vier Grad. Journalisten, Umweltaktivisten, Politiker und einige vorlaute Wissenschaftler diskutieren die Konsequenzen im Geiste eines »Weltuntergangs«.

Wenn man die offensichtlich überschätzten Auswirkungen des Kohlendioxids richtigstellt, heißt das nicht, einen sorglosen Umgang mit gaserzeugenden fossilen Brennstoffen zu empfehlen. Es ist üblich geworden, jeden zu verleumden, er sei von Öl-Gesellschaften bezahlt worden, der sich skeptisch über die angeblich bevorstehende Klimakatastrophe äußert. Es gibt durchaus zwingende Gründe, sparsam mit fossilen Brennstoffen umzugehen. Sie haben aber nichts mit dem Klima zu tun, sondern damit, ungesunden Smog zu mindern, die beschränkten Vorräte der Erde an Treibstoffen zu bewahren und die Energiepreise zugunsten der ärmeren Nationen niedrig zu halten.

Wie Kapitel 3 ausführt, erklärt die Wolkenbildung aufgrund veränderlicher Höhenstrahlung wichtige Merkmale des gegenwärtigen Klimawandels von Jahrzehnt zu Jahrzehnt. Die Überprüfung der Klimawirkung von Kohlendioxid ist überfällig. Zu erklären, warum seine Wirkung oft so viel geringer erscheint als erwartet, ist zu einer der dringendsten Aufgaben der Klimawissenschaft geworden.

Für Modellbauer am Ende des 20. Jahrhundert war die Konzentration auf Kohlendioxid von Nutzen, weil ihnen damals noch als realistisches Ziel vorschwebte, Vorhersagen über das künftige Klima machen zu können. Wenn man nur die richtigen Zahlen über die wahrscheinliche Zunahme an Kohlendioxid in der Atmosphäre und deren Auswirkungen auf die Temperatur bekäme, könnte man auch die Änderungen der globalen Temperatur und des Niederschlags berechnen. Dass die Computermodelle bei der Erfassung der Wolken hoffnungslos versagten, widersprach an sich noch nicht ihren Ambitionen. Doch zurzeit sind langfristige Klimavoraussagen unmöglich, weil niemand sagen kann, was die Sonne als Nächstes tun oder wie sie die Bewölkung der Erde beeinflussen wird.

Was für die Möchtegern-Klimapropheten eine Hiobsbotschaft ist, könnte für die Menschheit im Großen und Ganzen ermutigend sein, und zwar nicht nur, weil sich die Katastrophen-Vorhersagen über die globale Erwärmung wahrscheinlich als übertrieben herausstellen werden. Aus einem besseren Verständnis der Mechanismen von Klimaänderungen ergeben sich sinnvolle Ratschläge für jene ärmeren Teile der Welt, für die der unaufhörliche Klimawandel Armut oder Tod bedeutet.

Jemandem, der mit verwüstenden Überschwemmungen, Trockenheit oder Stürmen zu kämpfen hat, ist mit der Aussage, die globale Erwärmung sei schuld, ebenso wenig geholfen wie dem Opfer eines Verkehrsunfalls mit einer politischen Rede. Beides trägt nicht zu praktischen Lösungen bei. In ihren Voraussagen über die Wahrscheinlichkeit von Überschwemmungen, Trockenperioden und Stürmen in bestimmten Regionen widersprechen sich offensichtlich die verschiedenen Klimamodelle, die sich an den Treibhausgasen orientieren.

Selbst wenn Kosmoklimatologen keine langfristigen Vorhersagen wagen, können sie doch ein besseres Verständnis für die Ursachen und Muster der regionalen Klimaänderungen anbieten. Dies kann der betroffenen Bevölkerung helfen und vielleicht den Planern ermöglichen, die schlimmsten Folgen abzumildern. Die widersprüchliche Reaktion der antarktischen Temperaturen ist nur ein Beispiel dafür, wie vorteilhaft es ist, die Oberflächenerwärmung oder -abkühlung aufgrund einer spezifischen, prozentualen Änderung der Wolkendecke in jeder Breite benennen zu können.

Der asiatische Monsun, den der Sommersonnenschein in tropischen und subtropischen Breiten anfacht und der riesige Gebiete mit einer dichten Wolkendecke überzieht, ist hierfür das wichtigste Beispiel. Das Wohlergehen von Milliarden Menschen hängt vom Monsunregen ab. In der Vergangenheit hat sein Ausbleiben oft zu Hungersnöten und manchmal sogar zum Zusammenbruch ganzer Kulturen geführt. Zu viel Regen hat unüberschaubare Überschwemmungen in Asien mit sich gebracht.

Aufgrund des jährlichen Wachstums eines Tropfsteins in einer Höhle im Süden Chinas konnte ein Team unter Führung von Yongjin Wang von der Universität Nanking zeigen, dass im Laufe der vergangenen 9000 Jahre die Aktivität der Sonne wiederholt den Niederschlag während der Regenzeit beeinflusst hat. Auch wenn ihr Bericht aus dem Jahr 2005 unterstellt, dass Schwankungen der Helligkeit des Sonnenlichts dafür verantwortlich waren, sprechen ihre Daten für sich. Vermehrte Höhenstrahlen schwächen den Monsunregen, während geringe Höhenstrahlung reichlich Regen begünstigt. Bei weniger Wolken über dem tropischen Ozean erwärmt sich die Meeresoberfläche stärker und reichert die Winde, die einige Tage später den Monsunländern Regen bringen, mit zusätzlicher Feuchtigkeit an. Ähnliche Zusammenhänge zwischen Sonnenaktivität und Sommerregen stellte man in den vergangenen 50 Jahren nicht nur in Asien, sondern auch in der von Trockenheit geplagten Sahelzone Afrikas fest.

Am deutlichsten drückte sich K.M. Hiremath, ein Sonnenphysiker am indischen Institut für Astrophysik in Bangalore, aus. Er hatte die Schwankungen des indischen Monsuns über die letzten 130 Jahre untersucht. Im Jahr 2006 zitierte Hiremath bei einem internationalen Arbeitstreffen der Raumforschung in Coa über den Einfluss der Sonne auf die Heliosphäre und die Umgebung der Erde Svensmarks Höhenstrahlen- und Bewölkungstheorie: »Es scheint eine Kausalbeziehung zwischen den Schwankungen des Regens, der Sonnenaktivität und dem Zufluss der kosmischen Strahlung aus der Galaxis zu geben.«[74]

Ein faszinierendes Rätsel ergibt sich aus der Dreierbeziehung zwischen Monsun, Sonne und El-Nino-Ereignissen, die die Meerestemperaturen im Pazifik in Äquatornähe erhöhen. Auf El-Ninos folgen manchmal, aber nicht immer, ernste Trockenperioden in Indien. Die Verwendung der Daten aus dem Pazifik für saisonale Vorhersagen führte bereits sowohl zu Fehlalarm als auch zum Ausbleiben richtiger Warnungen vor Trockenheit. Meteorologen tun gut daran, auch die Sonne zu berücksichtigen.

Wenn, wie Hiremath annimmt, die Zyklen feuchter und trockener Monsunzeiten mit dem 22-jährigen Zyklus des Sonnenmagnetismus verbunden sind, kann man entsprechend vorausplanen. Bauern könnten entsprechend der vorherrschenden Intensität der Höhenstrahlung ihre Aussaaten vornehmen oder Beregnungssysteme aufstellen. Für Nahrungsmittelbehörden gilt derselbe Rat, den Joseph dem Pharao erteilt hat: Legen Sie Nahrungsmittelvorräte in den sieben guten Jahren für die sieben Hungerjahre an, die diesen mit Sicherheit folgen werden.

Klimawissenschaft sollte nützlich sein. Wir wollen mit dieser Bemerkung schließen, anstatt mit langfristigen Spekulationen darüber, ob sich die Treibhauserwärmung fortsetzt oder die Möglichkeit einer Abkühlung besteht, wenn die Sonne wieder in die mürrische Laune der Kleinen Eiszeit verfallen sollte. Der Drang, die Zukunft vorherzusagen, ehe noch die Prozesse völlig verstanden sind, kann Wissenschaftler irreführen. Jeder, der noch ungeduldig auf eine Klimavorhersage wartet, sollte sich an den Rektor der Tübinger Universität, Johann Stoffler, erinnern, dessen prophetische Bemühung Voltaire in seinem 1764 erschienenen *Philosophischen Wörterbuch* verewigt hat:

»Einer der berühmtesten Mathematiker Europas namens Stoffler, der im 15. und 16. Jahrhundert seine Blüte erlebt und lange an der vom Rat zu Konstanz vorgeschlagenen Kalenderreform gearbeitete hatte, kündigte für das Jahr 1524 eine universelle Flut an. Diese Flut sollte im Monat Februar eintreffen. Und nichts war einleuchtender, denn Saturn, Jupiter und Mars standen gemeinsam im Zeichen der Fische. Alle Menschen in Europa, Asien und Afrika, die von der Vorhersage hörten, waren bestürzt. Jeder erwartete trotz des Regenbogens die Sintflut. Einige zeitgenössische Schriftsteller berichten, dass die Einwohner der Küstenprovinzen Deutschlands eilends versuchten, ihren Landbesitz billig an jene zu verkaufen, die das meiste Geld besaßen und nicht so leichtgläubig waren wie sie selbst. Jeder rüstete sich mit einem Boot als Arche aus. Ein Doktor aus Toulouse namens Auriol hatte für sich, seine Familie und seine Freunde eine große Arche gebaut; dieselben Vorsorgemaßnahmen wurden in weiten Teilen Italiens getroffen. Endlich kam der Monat Februar und nicht ein Tropfen Wasser fiel vom Himmel: Nie war ein Februar trockener und nie waren die Astrologen beschämter gewesen. Trotzdem waren sie weder entmutigt, noch wurden sie von ihren Mitmenschen gemieden; fast alle Fürsten fuhren fort, sie zu konsultieren.«

# Nachwort von Eugene Parker

In den letzten 50 Jahren bestätigten geologische und geophysikalische Studien zu der Frage, wie früheres Klima in Fossilien sichtbar ist, dass es im langen Leben unseres alten Planeten zu extremen Veränderungen gekommen ist. Das Klima schwankte zwischen einer von den Polen bis zum Äquator zugefrorenen, sogenannten »Schneeball-Erde« und warmen Perioden, die sich bis zu den Polen erstreckten. Diese sich wiederholenden Klimata werden von vielen Umständen beeinflusst: von der Lage der treibenden Kontinente und, damit verbunden, von den Ozeanströmungen, von der Zusammensetzung der Atmosphäre, von dem sich allmählich verstärkenden Sonnenlicht und von der Lage der Drehachse der Erde, verbunden mit veränderten Abweichungen von ihrer Umlaufbahn. Es stellte sich heraus, dass das gegenwärtige Klima stark auf einige Aspekte der magnetischen Aktivität der Sonne reagiert, dazu zählt unter anderem auch die geringe Steigerung der Sonnenstrahlung um etwa ein Promille bei hoher Sonnenaktivität.

Und doch ergibt sich aus alledem kein wissenschaftliches Verständnis. Man weiß noch zu wenig über sehr viel frühere Bedingungen. Bisher konnte keine bestimmte Ursache für Klimaänderungen ausgemacht werden. Die jüngsten, mäßigen Schwankungen zwischen Wärme und Kälte in Verbindung mit der magnetischen Sonnenaktivität sind in den letzten Jahrhunderten viel stärker ausgefallen, als es die geringe Zunahme der Sonnenstrahlung erklären konnte.

In dieser Situation können wir von Glück reden, dass Henrik Svensmark vor einigen Jahren die Bedeutung der Wolkendecke bei der Temperaturregelung des Planeten Erde erkannte. Wolken spiegeln das eingehende Sonnenlicht stark zurück. Svensmark erkannte, dass die einzelnen Wassertröpfchen, aus denen Wolken weitgehend bestehen, sich zumeist dort bilden, wo durch vorüberschießende, kosmische Strahlenteilchen Ionen entstanden sind. Daraus ergibt sich eine feste Beziehung zwischen Wolkenbildung und schwankender Intensität der Höhenstrahlung. Das heißt, die Höhenstrahlen kontrollieren das mächtige »Wolkenventil«, das die Heizung der Erde reguliert. Es bleibt angesichts der gegenwärtigen, globalen Erwärmung noch die gewaltige und dringliche Aufgabe, ihre Auswirkungen zu quantifizieren.

Erstaunlicherweise hat diese Dringlichkeit nicht, wie man hätte erwarten können, sofort die Akzeptanz und Unterstützung dieser Forschung erleichtert. Die globale Erwärmung ist zu einer politischen Frage sowohl bei Regierungen als auch in der wissenschaftlichen Gemeinschaft geworden. Die wissenschaftliche Linie wurde von »bedeutenden« Forschern vorgegeben, denen die wichtige neue Idee nur ein unerwünschter Eindringling ist, der die bestehende Lehrmeinung irritiert.

Das ist kein ungewöhnliches Phänomen. Es erinnert mich an meine jungen Jahre als Forscher. Damals hatte ich gezeigt, dass sich die eine Million Grad warme Korona der Sonne ausdehnt und einen Sonnenwind mit Überschallgeschwindigkeit erzeugt. Damit ließ sich die »korpuskulare Sonnenstrahlung« erklären. Sie ist dafür verantwortlich, dass Kometenschweife eine Richtung annehmen, die von der Sonne wegzeigt, und dafür, dass die Höhenstrahlung schwankt. Der hydrodynamische Sonnenwind war damals eine unerwünschte Idee und wurde nur deshalb zur Veröffentlichung in einer beachteten wissenschaftlichen Zeitschrift angenommen, weil sich der Redakteur über die inständigen Einwände der zwei »bedeutenden« Referenten hinwegsetzte.

Svensmark erfuhr wegen seiner wissenschaftlichen Kreativität eine härtere Behandlung und hatte Schwierigkeiten, eine sichere Position mit angemessener Finanzierung zu bekommen. Er befindet sich dabei in guter Gesellschaft. Wie wir uns erinnern, verlor Jack Eddy seinen Job, als er die frühere Arbeit von Walter Maunder bestätigte und erweiterte. Dieser hatte darauf hingewiesen, dass die Sonne in dem langen Zeitraum von 1645 bis 1715 einen deutlichen Mangel an Sonnenflecken aufwies. Eddy hob den wichtigen Punkt hervor, dass das Maunder-Minimum auch die Zeit eines kalten Erdklimas war, wodurch er die erste direkte Verbindung zwischen Klima und magnetischer Sonnenaktivität herstellte.

Svensmark hielt trotz der beständigen Finanzierungsschwierigkeiten bei der Erforschung der Beziehung zwischen Höhenstrahlung und Wolken nicht still. Er war in seinem Kopenhagener Labor mit einem relativ einfachen, aber erschwinglichen Versuch beschäftigt, der deutlich die wesentliche Rolle der Ionen in der Luft bei der Wolkenbildung nachwies. Das CERN in Genf startete kürzlich einen ausgefeilten Versuch, der auf der Simulation der Höhenstrahlung durch schnelle Teilchen aus einem Beschleuniger basiert.

Glücklicherweise hatte sich Svensmark, sobald sein Kopenhagener Experiment verlässliche Ergebnisse lieferte, mit dem Wissenschaftsjournalisten Nigel Calder zusammengetan, um den gesamten Gegenstand und seine Geschichte in diesem allgemein verständlichen Buch zu erklären. Da Svensmarks Theorie über die Höhenstrahlen, Wolken und das Klima eine große Bandbreite von Wissenschaften berührt, vermute ich, dass Spezialisten auf verschiedenen Gebieten von dieser Einführung ebenso profitieren werden wie die allgemeine Leserschaft.

*Eugene Parker*

*Ein halbes Jahrhundert nachdem Eugene Parker den Sonnenwind entdeckt hat, arbeitet er noch immer als Professor Emeritus in Physik, Astronomie und Astrophysik an der Universität von Chicago. Er wurde mit der US-National-Medaille der Wissenschaft und dem Kioto-Preis für seine Lebensleistung in der Grundlagenforschung ausgezeichnet.*

# Anmerkungen

1. P. Suter, zitiert nach *Die Welt*, 14. November 2005.
2. J. Eddy in einem Interview mit S. R. Weart am 21. April 1999.
3. E. Parker in: *European Space Agency Science News*, 2. October 2000.
4. B. van Geel 1997 in einem persönlichen Brief an N. Calder.
5. H. Heinrich 2002 in einem persönlichen Brief an N. Calder.
6. G. Bond et al. (2001): *Science*. Vol. 294, S. 2130–2136.
7. C. Hillman et al. (2001): *The Holocene*. Vol. 11, S. 383–393.
8. J. Beer (2005): *EAWAG News*. No. 58, S. 16–18.
9. P. Chadwick in einer Presseerklärung des UK Particle Physics and Astronomy Research Council vom 4. November 2004.
10. K. M. Ferrière (2001): *Reviews of Modern Physics*. Vol. 73, S. 1031–1036.
11. E. Parker 2000 in einem persönlichen Brief an N. Calder.
12. J. Simpson 1994 in einem persönlichen Brief an N. Calder.
13. NASA-Bericht über Gesundheitsrisiken: The Mars Human Precursor Science Steering Group, NASA, 2. Juni 2005.
14. Das Ereignis wird oft zitiert, so von S. Geer: *CERN Courier*, Dezember 1997.
15. K. Trenberth wird zitiert von J. Hogan in: NewScientist.com news service, 27. Mai 2004.
16. M. H. Zhang et al. (2005): *Journal of Geophysical Research*. 110, D 15S02.
17. Stephens wird zitiert in der Presseerklärung der NASA vom 15. September 2005.
18. B. Bolin wird zitiert in: *Information*, Kopenhagen, 19. Juli 1996. (Im dänischen Original: *leg finder dette pars skridt videnskebeligt set yderst naivt og uansvarligt.*)
19. Nach der Erinnerung H. Svensmarks an das NOSA/NORSAC Symposium on Aerosols, Helsingor, 1996.
20. N. Marsh und H. Svensmark über niedrig hängende Wolken (2000): *Physical Review Letters*. Vol. 85, S. 5004–5007.
21. M. Lockwood wird zitiert in einer ESA-Presseerklärung vom 3. Juni 1999.
22. N. Marsh und H. Svensmark (2000): *Physical Review Letters*. Vol. 85, S. 5004–5007.
23. Intergovernmental Panel on Climate Change (IPCC, 2001): *Climate Change 2001: The Scientific Basis*. Cambridge.
24. D. Dahl-Jensen (1999): Taste ›data‹ unter: http://www.glaciology.gfy.ku.dk/data/ddjtemp.TXT. (Im dänischen Original: *Ser man at Antarktis har en tendens til at 'varme op'ndr Gronland er 'kold'og 'kole af'ndr Gronland er 'varm'.*)
25. Mitteilung H. Svensmarks an N. Calder im Jahr 2006.
26. Beitrag von S. B. Das und R. B. Alley auf dem 7. Annual West Antarctic Ice Sheet Workshop, 2000.
27. N. J. Shackleton (2001): *Science*. Vol. 291, S. 58–59.
28. M. J. Pavolonis und J. R. Key (2003): *Journal of Applied Meteorology*. Vol. 42, S. 827–840.

29 H. Svensmark (2006): *The Antarctic Climate Anomaly Explained by Galactic Cosmic Rays*, eingereicht bei *Physical Review Letters*, eprint unter: http://arxiv.org/abs/physics/0612145.
30 T. Blunier und E. J. Brook (2001): *Science*. Vol. 291, S. 109–112.
31 H. Lamb (1977): *Climate: Present, Past and Future*. Vol. 2. Methuen.
32 H. Svensmark 2006 zu N. Calder.
33 A. R. Wallace (1898): *The Wonderful Century*. New York.
34 Abschrift von *The Climate Conflict*. TV-Dokumentation von Lars Mortensen, Kopenhagen 2001.
35 R. J. McNeal et al. (1998): *The NASA Global Tropospheric Experiment*. In: *IGACtivities Newsletter*, No. 13.
36 CLOUD proposal: *A study of the link between cosmic rays and clouds with a cloud chamber at the CERN PS*. CERN, SPSC/P317, 24. April 2000.
37 Dieser Kommentar zirkulierte privat, wie deutsche Teilnehmer des CLOUD-Teams 2000 mitteilten.
38 J. Kirkby in einer persönlichen Mitteilung an N. Calder 2006.
39 H. Svensmark zu N. Calder 2005.
40 Über das missglückte Experiment berichtete H. Svensmark N. Calder 2005.
41 Über die Funken berichtete H. Svensmark N. Calder 2005.
42 E. Friis-Christensen zitiert in der Presseerklärung des DNSC vom 4. Oktober 2006.
43 C. Puggaard, übersetzt und zitiert von H. H. Howorth (1896) in: *Geological Magazine*. Vol. 33, S. 298–309.
44 Vgl. N. J. Shaviv (2005): *Cosmic Rays and Climate*. In: PhysicaPlus, online magazine of the Israel Physical Society.
45 N. J. Shaviv in einem persönlichen Gespräch mit N. Calder 2006.
46 Zhou Zhonghe, zitiert nach He Sheng, China Daily, 28. März 2003.
47 D. Royer et al.: *GSA Today*, März 2004, S. 4–10.
48 K. Wallmann (2004): *Geochemistry, Geophysics, Geosystems*. Vol. 5.
49 R. S. Lindzen, Economic Affairs, Minutes of Evidence, House of Lords, 25. Januar 2005.
50 H. Svensmark an N. Calder 2005.
51 J. L. Kirschvink (1992) in: J. W. Schopf und C. Klein (Hg.): *The Proterozoic Biosphere*. Cambridge.
52 R. Genzel, zitiert in: *Success Story*. European Space Agency Publication. BR 147, April 1999.
53 N. J. Shaviv (2003): *New Astronomy*. Vol. 8, S. 39–77.
54 R. Fuente Marcos und C. Fuente Marcos (2004): *New Astronomy*. Vol. 10, S. 53–66.
55 N. J. Shaviv: *Journal of Geophysical Research*. Vol. 108 (A12), S. 1437.
56 M. Rosing (1999): *Science*. Vol. 238, S. 674–676.
57 M. Rosing, zitiert nach P. Rincon: BBC News Online, 17. Dezember 2003.
58 H. Svensmark (2006): *Cosmic Rays and the Biosphere over 4 Billion Years*. In: *Astronomische Nachrichten*. Vol. 327, S. 871–875.
59 P. DeMenocal in den Unterlagen zu einer Vorlesung an der Universität Utah am 18. Feburar 2004.
60 S. Semaw (2000): *Journal of Archological Science*. Vol. 27, S. 1197–1214.
61 B. Fields; erster Teil: *Nature News*, 2. November 2004; zweiter Teil: Fields Webseite, November 2004.

62 K. Knie, Veröffentlichung der Technischen Universität München, November 2004.
63 R. Diehl im Gespräch mit N. Calder 2006.
64 H. Svensmarks persönliche Mitteilung an N. Calder 2006.
65 H. Svensmark im Forschungsantrag von 2006.
66 Forschungsvorschlag für CLOUD, CERN/SPSC 2000–02, SPSC/P317, 4. April 2000.
67 J. Hinton in einer Presseerklärung von HESS vom 6. Februar 2006.
68 P. C. Frisch (2000): *American Scientist*. Vol. 48, S. 52–59.
69 Ebd.
70 C. Bignami et al. (2005): *Cosmic Vision: Space Science for Europe 2015–2025*. ESA BR-247.
71 D. Hathaway: science@nasa, 15. September 2005.
72 Tobias et al. (2006) Korrespondenz in: *Nature*. Vol. 443, S. 26.
73 J. Smagorinsky in einer persönlichen Mitteilung an N. Calder 1973.
74 K. M. Hiremath beim Poster-Vortrag auf dem Arbeitstreffen »International Living with a Star« in Goa vom 19.–24. Februar 2006.

# Relevante wissenschaftliche Literatur von Henrik Svensmark

Svensmark, Henrik, Ditlevsen, Peter und Johnsen, Sigfus (1996): Contrasting Atmospheric and Climate Dynamics of the Last Glacial and Holocene Periods. *Nature*. Vol. 379, S. 810–812.

Svensmark, Henrik (2003): Cosmic Rays and the Evolution of Earth's Climate During the Last 4.6 Billion Years. Eprint http://arxiv.org/abs/physics/0311087.

Svensmark, Henrik (1998): Influence of Cosmic Rays on Earth's Climate. *Physical Review Letters*. Vol 81, S. 5027–5030.

Svensmark, Henrik (2006): Cosmic Rays and the Biosphere over 4 Billion Years. *Astronomische Nachrichten*. Vol. 327, S. 871–875.

Svensmark, Henrik (2006): Imprint of Galactic Dynamics on Earth's Climate. *Astronomische Nachrichten*. Vol 327, S. 866–870.

Svensmark, Henrik (2006): The Antarctic Climate Anomaly Explained by Galactic Cosmic Rays. Eprint http://arxiv.org/abs/physics/0612145.

Svensmark, Henrik (2007): *Cosmoclimatology: A New Theory Emerges. Astronomy and Geophysics*. Royal Astronomical Society London. Vol. 48, Issue 1.

Svensmark, Henrik und Friis-Christensen, Eigil (1997): Variation of Cosmic Ray Flux and Global Cloud Coverage – a Missing Link in Solar-Climate Relationsships. *Journal of Atmospheric and Solar-Terrestrial Physics*. Vol. 59, S. 1225–1232.

Svensmark, Henrik und Svensmark, Jacob (2007, in Vorbereitung): *Cosmic Ray Ionization Low in the Earth's Atmosphere and Implications for Climate*.

Svensmark, Henrik und Marsh, Nigel (2000): Cosmic Rays, Clouds, and Climate. *Space Science Review*. Vol. 94, S. 215–370.

Svensmark, Henrik und Marsh, Nigel (2000): Low Cloud Properties Influenced by Cosmic Rays. *Physical Review Letters*. Vol. 85, S. 5004–5007.

Svensmark, Henrik, Pepke Pedersen, Jens Olaf, Marsh, Nigel, Enghoff, Martin und Uggerhoj, Ulrik (2007): Experimental Evidence for the Role of Ions in Particle Nucleation under Atmospheric Conditions. *Proceedings of the Royal Society*. Vol. 463, S. 385–396 (online verfügbar seit 2006).

# Index

Aerosole 112, 125
Afrika 17, 22, 31, 36, 44 f., 93, 113, 167, 188 f., 193 ff., 197, 210, 219, 238, 240
Aitken, John 108 f., 111 f.
Aluminium 204, 207 f.
Andromeda 145, 170
Antarktis 14, 33, 38, 71, 90 ff., 96 ff., 105 f., 140, 143 f., 189, 212, 220, 223
Asteroid 154 f.
Atmosphäre 85

Bakterien 113, 167, 178 ff., 184
Beer, Jürg 32 f., 39, 41 f., 65, 69
Beryllium 33, 39, 41, 65, 69 f., 214, 220
Beteigeuze 203
Bignami, Giovanni 228
Biosphäre 180 f., 184 ff., 212, 229
Bond, Gerard 30 ff., 34 f., 39
Bouri (Äthiopien) 195

Carbon-13 178 ff., 229
Carbon-14, s. a. Kohlenstoff-14 22 f.
Carlsberg-Stiftung 82 f., 128
Centaurus-Crux (Sternansammlung) 205
CERN (Europäische Organisation für Kernforschung, Genf) 15, 120 ff., 139, 201, 216, 243 ff.
Chlor 41, 69 f., 116
Clarke, Tony 118 f.
CLOUD-Experiment 15, 120, 122, 124 ff., 216
CORSIKA (Cosmic Ray Simulation) 62, 65 f., 69, 213 f.
Crab-Nebel 45, 47
Cro-Magnon-Mensch 36

Dahl-Jensen, Dorthe 91 f., 96
Dalton-Minimum 25

Dänisches Nationales Weltraumzentrum 83
Dänisches Zentrum für Weltraumforschung 15, 83, 126, 138, 212, 231
Dansgaard, Willi 34 ff., 69, 100
Dansgaard-Oeschger-Ereignis 35, 37, 69
Devon 150, 158
Diehl, Roland 7, 207, 210
Dimethylsulphid 114 f., 118
Dinosaurier 16, 140, 151 ff., 186, 226
Dorfi, Ernst 49, 202
Dryas 31, 36 f.

El Nino 76
Eisen 32, 47, 49, 167, 197, 199 ff., 207
Eiskern 34, 41 f., 69
Eisschild 97, 100 f., 223
Elektron 63, 133, 136
Eukaryoten 167
Evolution 61, 140, 151, 155, 167, 187 f., 201, 230

Ferromangan 197 f., 200, 202
Fields, Brian 201
Fluorkohlenwasserstoff 96
Forbush, Scott 59, 103, 214
fossil 21, 115, 154 f., 193 f., 236
Fossilien 16, 160, 189, 194, 196, 206, 210, 241
Friis-Christensen, Eigil 7, 77 ff., 83 f., 90, 107, 138

Gaia (Satellit zur Sternenkartografie) 172, 221 f.
Galaxie, s. a. Milchstraße 5, 9, 16 ff., 23, 34, 40, 44, 46, 49 ff., 54, 59, 65, 67, 140, 144 ff., 148 f., 151 f., 154 f., 161 ff., 168 ff., 172, 184, 186, 190, 204, 207 f., 212 f., 217 ff., 228
Gammastrahlen 43

Gas, interstellares 45, 48, 52, 55 f., 115, 145, 169, 204, 220
Geminga (Neutronenstern) 208
Genzel, Reinhard 168
Gletscher 16 f., 19, 21, 25, 36, 141 ff., 150, 153, 164 f., 226
Globale Erwärmung 14, 20, 35, 71 f., 82, 99, 105, 107, 160, 237, 242
Gona (Äthiopien) 195 f.
Gould, Benjamin 190 f., 204 ff., 217
Gould'scher Gürtel 190, 208
Gravität 52
Grönland 92
Gubbio (Italien) 155

Hades-Zeitalter 175 f., 227
Halley, Edmond 39 f., 94, 99
Han (blauer Stern) 209
Heck, Dieter 66
Heinrich, Hartmut 29 ff., 34 f., 37, 100
Heinrich-Ereignis 30 ff., 35, 37
Heliosphäre 220
Hess, Victor 43, 45, 53, 61, 217 f.
Hipparcos (Satellit) 172 f., 204, 219, 221
Hiremath, K. M. 238 f.
Hockeyschläger-Kurve 21 f.

Intergovernmental Panel on Climate Change (IPCC) 81, 88 ff., 157, 159
Internationales Projekt Wolken-klimatologie 76

Jura 151 f., 158

Kalkstein 155, 181
Kälteereignis 32
Kälteperiode 32, 38, 92, 153
Kambrium 149, 158, 166
Kaolin 116
Karbon 150 f., 158, 182 f.
Karbonat 140, 157
KASCADE (Karlsruher Shower Core and Array Detectors) 66
Keim 15, 86 f., 108 ff., 114 ff., 123, 127, 130 ff.
Keimbildung 132

Kirkby, Jasper 7, 120 ff., 124 ff., 129, 201, 216
Kirschvink, Joseph 165
Kleine Eiszeit 10, 21 f., 24 f., 28, 35, 92
Klimamodell 72 f., 231, 235 ff.
Klimawandel 10, 14, 20, 22, 27 f., 30, 32 f., 36, 38 f., 42, 74, 76, 80, 82, 94, 97, 101 ff., 105, 107, 121, 141, 146 f., 155, 159, 184, 190, 192 f., 201, 217, 230 f., 234 ff.
Kohlendioxid 106, 158
Kohlenstoff 22 f., 28, 33, 38, 46 f., 49, 53, 65, 69 f., 114, 178 ff.
Kohlenstoff-14, s. a. Carbon-14 23, 33, 38, 65, 69 f., 114
Kohlenwasserstoff 113
Komet 39, 151, 154 f., 174, 210 f., 223, 228, 230, 242
Kondensation 111, 115
Kondensationskeim 15, 86 f., 108 ff., 115 ff., 119 ff., 127, 136 f., 139, 216 f.
kondensieren 15, 109, 111
Korschinek, Gunther 7, 198 ff.
Kosmoklimatologie 18
Kreidezeit 140 f., 151 ff., 158, 226
Kreuz des Südens 188, 205
Kühlhausperiode 158
Kühlhausphase 16, 152 f., 158, 226

Laschamp-Ereignis 12 f., 41 f., 65, 69 f.
Lockwood, Mike 88
Lokale Blase 204
Lokale Fluse 220
Lokaler Schornstein 204
Luftverschmutzung 108

Magellan, Ferdinand 170, 172
Magellan'sche Wolke 170, 172
Magnetfeld 10, 12, 23, 39 ff., 43, 48, 50 ff., 54 f., 57 ff., 61, 65, 67 ff., 83, 161, 213 f., 219 f., 231 ff.
magnetisch 12, 23, 25
Magnetismus 13, 51 f., 55 f., 58, 165, 222, 228, 233 f.
Mars 14, 59, 60, 64, 232, 240
Marsh, Nigel 83 f., 86, 88, 90, 106, 128 f., 215

249

Maunder 24, 233, 242
Maunder-Minimum 10, 24 ff., 28, 32, 233, 235, 243
Meeresspiegel 20, 63 f., 140, 150, 190, 225
Meeresströmung 91, 93, 182
Mesozoikum 16, 151 ff.
Meteorit 147
Milankovitch, Milutin 96, 223 ff.
Milankovitch-Effekt 96, 223 ff.
Milchstraße, s. a. Galaxie 9, 16 f., 43, 49, 51 f., 140, 143 ff., 148 ff., 160 ff., 168, 170 ff., 177, 182 f., 187, 190, 200, 204, 207, 211, 218 ff.
Miozän 151
Møns Klint 140 ff., 151
Monsun 76, 238 f.
Myon 13, 63 f., 66 f., 127, 213 f.

Natriumchlorid 116
Neandertaler 36
Nebelkammer 110 f., 122 ff.
Neutrino 47, 63
Neutronenstern 47, 49, 208 f.
Niels-Bohr-Institut 91
Nordatlantik 28 ff., 32 f., 35, 86, 97, 143
Norma-Arm 151, 182

Ockhams Skalpell 101 f.
Oeschger, Hans 34 ff., 69, 100
Omo-Becken (Äthiopien) 194
Ordovizium 150 f., 158
Orion-Arm 144, 146, 151, 190, 204, 221
Ötzi 20
Ozonloch 96

Paleoproterozoikum 167
Parker, Eugene 5, 7, 26, 55, 233, 241, 243 f.
Pepke Pedersen, Jens Olaf 7, 128 f.
Perm 151, 158
Permokarbon-Eiszeit 150
Perseus-Arm 146, 150 f.
Pflanze 22, 167
Phanerozoikum 149, 156 f., 227
Pierre-Auger-Observatorium 66

Pleistozän 151
Plejaden 205
Pliozän 151
Polare Wippe 93
Proterozoikum 166 f, 175, 227
Proton48 f., 55, 60, 63 f., 67, 122, 218
Protuberanz 57, 229, 232
Pulsar 47, 209 f.

Raes, Frank 119, 123
Reptil 140, 150, 152
Rockall Bank (Atlantik) 192
Rosing, Minik 178 ff.
Ruß 113

Sagittarius-Carina-Arm 143 f., 146, 149, 151, 162
Sahel 192 f., 238
Sauerstoff 34, 38, 42, 46 f., 49, 53, 100, 127, 130, 136, 155, 157, 159, 161, 167, 175, 179, 180 f., 192, 206, 224
Schneeball-Erde 183
Schnidejoch 19 ff., 28, 35, 235
Schockwelle 48, 204, 214, 219
Schwefel 108, 113 ff.
Schwefeldioxid 115, 118, 121, 130 f., 133, 135 f.
Schwefelsäure 15, 108, 113, 115 ff., 122, 130 ff., 136, 139, 212
Scorpius-Centaurus 207
Scutum-Crux-Arm 146,, 151 f., 162
Shaviv, Nir 7, 143 f., 146 f., 149, 152 f., 155 ff., 159 f., 168, 173, 177
Silberjodid 116
Silur 150 f, 158
SKY-Experiment 15, 128 ff., 138 f., 216
Sonnenaktivität 10, 23 ff., 34, 36, 57, 69, 81, 84, 87, 89, 101 f., 104, 146, 231, 234 f., 238, 241, 243
Sonnenfleck 10, 56, 232
Sonnenwind 26, 53 ff., 80, 139, 174, 177, 203, 228 f., 231, 233, 242 f.
Spiegelteleskop 45
Spiralarm 9, 16 f., 145 f., 153 f., 156, 160 ff., 168 f., 177, 184, 186, 211, 219, 221 f., 226

Sporer-Minimum 24
Sporer, Gustav 24
Steinwerkzeug 18, 194 f.
Sternenexplosion 47, 107, 164, 168 ff., 173, 190
Stratokumulus-Wolken 75
Supernova 9, 17 f., 43, 45 ff., 52, 169, 188, 190, 192, 197 ff., 213 f., 217 f., 228
Svensmark, Jacob 7, 65, 67, 213

Temperatur 94
Tier, wirbelloses 150
Toba (Sumatra) 37 f.
Treibeis 31 f., 35
Treibhauseffekt 73 f., 106, 176
Treibhausgas 96, 98, 102, 107
Treibhausklima 150
Treibstoff 120, 236
Trias 151 f., 158
Turco, Richard 120, 123, 127, 135

Ulysses (Satellit) 55, 57, 88

Veizer, Jan 7, 155 ff., 162, 176

Vulkan 33, 37, 89, 106, 113 f., 180, 210, 227, 231
vulkanisch 31, 37, 154

Wärmeperiode 10, 21, 38
Wallace, Alfred Russel 108
Warmzeit 21 f., 31, 35, 142, 150
Wasserdampf 73, 98, 107 ff., 111, 116, 118, 121 f., 131, 159, 176, 227
Wasserstoff 46, 48, 52 f., 55, 64, 114, 145, 180, 210
Wilson, Charles (C.T.R.) 110 f., 123
Wirbeltier 154
Wolf-Minimum 25
Wolkenbildung 11 f., 14 ff., 33, 39, 68 f., 82 ff., 107 ff., 115 ff., 120 ff., 202, 214 ff., 236, 242 f.

Yu, Fangqun 120, 123, 125, 127, 135

Zentrum für Sonne-Klima-Forschung 129
Zeta Ophiuchi 209
Zirkonium 175
Zirruswolken 75, 116

Georgios Zervas
**Global Fair Trade –
Transparenz im Welthandel**
Der Weg zum gerechten
Wohlstand
190 Seiten
ISBN 978-3-491-36013-6

Zervas' Modell eines Fairhandelssystems soll hemmungsloses Sozial- und Ökodumping weltweit verhindern und eine gerechtere Verteilung des Wohlstands fördern. Wesentliche Forderungen sind u. a.:
- Soziale und ökologische EU-Standards in Unternehmen durchsetzen
- Prüfung der Unternehmen durch international anerkannte Institute
- Ausstellung von zeitlich begrenzten Zertifikaten verbunden mit dem Recht, Produkte mit dem Global Fair Trade-Label auszuzeichnen als Signal und Kaufanreiz für den Verbraucher
- Periodische Überprüfungen der Unternehmen, regelmäßiger Nachweis der Einhaltung der Standards

Björn Süfke
**Männerseelen**
Ein psychologischer
Reiseführer
230 Seiten
ISBN 978-3-491-42113-4

Warum können Männer ihre Gefühle so schlecht ausdrücken? Auf Fragen wie: »Wie war dein Tag?«, »Wie geht es dir?«, »Wie fühlst du dich?« folgen häufig unverständliches Gemurmel, ein Themenwechsel oder eine nichtssagende Floskel. Denn der Mann weiß oft gar nicht genau, wie es ihm gerade geht!
Der Psychotherapeut Björn Süfke unternimmt eine spannende Reise durch die männliche Seelenlandschaft. Er beschreibt, wie die Entfremdung von den eigenen Gefühlen entsteht und welche männlichen Eigenheiten sie hervorruft. Mit viel Humor und Sympathie für seine Geschlechtsgenossen führt er uns in die Innenwelt des Mannes. Und dort gibt es viel zu entdecken!

Johann-Günther König
**Was hat das große Geld mit uns vor**
Ca. 230 Seiten
ISBN 978-3-491-36015-0

Unsere Reallöhne sinken, nur nicht die der cleveren Manager. Der globale Finanzmarkt wird immer mehr zu einem Labyrinth, in dem Spekulanten und Lobbyisten ihr undurchsichtiges Spiel treiben. Immer wieder gefährden ihre Machenschaften Unternehmen und Arbeitsplätze und untergraben politische Entscheidungsprozesse. Die Öffentlichkeit ist zutiefst verunsichert, und die Politiker haben den globalen Bewegungen des Kapitals lange tatenlos zugesehen.
König macht die Zusammenhänge der Wirtschaft verständlich und verdeutlicht, dass dringender Handlungsbedarf besteht.